U0267557

A Review of Global Cyberspace Security
Strategy and Policy（2020-2021）

全球网络空间安全
战略与政策研究（2020—2021）

葛自发 孙立远 胡英◎编著

人民邮电出版社

北 京

图书在版编目（ＣＩＰ）数据

全球网络空间安全战略与政策研究 ：2020—2021 /
葛自发，孙立远，胡英编著． -- 北京 ：人民邮电出版社，
2021.7 （2021.12重印）
　ISBN 978-7-115-56658-4

　Ⅰ．①全… Ⅱ．①葛… ②孙… ③胡… Ⅲ．①网络安
全—研究—世界—2020-2021 Ⅳ．①TN915.08

中国版本图书馆CIP数据核字(2021)第109777号

内 容 提 要

　　本书按时间、地域和主题对 2020 年度全球网络空间安全战略与政策进行梳理，其中涉及全球数据治理、个人信息保护、超大平台治理、5G、人工智能等领域。本书对美国、俄罗斯、欧盟等部分重点国家及地区在网络空间的重要政策动向和发展趋势进行梳理总结，对其安全政策、实际举措做出分析研判，并摘述了相关国家及地区在 2020 年出台的具有代表性的重要网络安全战略、政策及立法文件。

　　本书主要面向党政机关、事业单位、高校和研究机构等的相关从业人员，期望为对网络空间安全问题感兴趣的读者掌握宏观形势提供帮助。

◆ 编　　著　葛自发　孙立远　胡　英
　　责任编辑　唐名威
　　责任印制　陈　犇

◆ 人民邮电出版社出版发行　　北京市丰台区成寿寺路 11 号
　　邮编　100164　　电子邮件　315@ptpress.com.cn
　　网址　https://www.ptpress.com.cn
　　北京七彩京通数码快印有限公司印刷

◆ 开本：700×1000　1/16
　　印张：17　　　　　　　　　2021 年 7 月第 1 版
　　字数：278 千字　　　　　　2021 年 12 月北京第 4 次印刷

定价：159.80 元
读者服务热线：(010)81055493　印装质量热线：(010)81055316
反盗版热线：(010)81055315
广告经营许可证：京东市监广登字 20170147 号

前　言

　　自党的十八大以来，以习近平同志为核心的党中央坚持从发展中国特色社会主义、实现中华民族伟大复兴的中国梦的战略高度，系统部署和全面推进网络安全和信息化工作。2014年2月，习近平总书记在中央网络安全和信息化领导小组第一次会议上强调，网络安全和信息化是事关国家安全和国家发展、事关广大人民群众工作生活的重大战略问题，要从国际国内大势出发，总体布局，统筹各方，创新发展，努力把我国建设成为网络强国。

　　在"两个一百年"奋斗目标历史交汇期，实现从网络大国走向网络强国，必须统筹国际、国内两个大局，在互鉴共赢中推动构建网络空间命运共同体，与世界各国休戚与共，共担责任，共谋发展，体现全球网络治理的中国担当。鉴于此，梳理各国网络安全和信息化政策，把脉全球网络安全和信息化战略动向，深刻认识信息技术对新一轮技术革命和产业革命产生的深远影响，对于我们明辨方向、把握大势，抓住机遇、应对挑战，引领变局、争取主动，切实把信息化发展时代潮流转化为加快经济社会发展、增强综合国力、推进建设社会主义现代化强国的强劲动力具有重大意义。

　　本书从全球网络空间战略政策入手，系统梳理了2020年部分重点国家及地区在网络空间安全领域的重要政策动向，跟踪分析了重点领域的趋势特点，并对部分国家及地区的安全政策、实际举措做出分析研判。全书共分4章：第1章，对2020年重点国家及地区的网络治理举措和网络空间重点领域的重要动向和发展趋势进行了概括性评述；第2章，按月份对2020年全球网络空间形势进行了分析研判；第3章，对2020年相关国家及地区出台的具有代表性的重要网络安全战略、政策及立法进行了摘述；第 4 章，编译了 2020 年美国、欧盟等国家及地区出台的 6 项政策文件。全书在描述事件发生的时间时，若没有特意指出具体年份，均默认为 2020 年。

　　本书力图通过对 2020 年美欧等主要国家及地区的网络安全政策进行全景梳理，为相关部门决策提供参考依据。同时，本书立志于服务高校和相关机构的科研人员及网络治理相关专业人员，期望为对网络空间安全问题感兴趣的读者掌握宏观形势提供帮助。

目　录

第 1 章　2020 年总体形势 ·· **1**

1.1　新型冠状病毒肺炎疫情背景下的全球网络治理综述 ········ 2

1.2　2020 年美国网络空间治理综述 ························· 7

1.3　2020 年俄罗斯网络空间治理综述 ······················· 16

1.4　2020 年日韩网络空间治理综述 ························· 22

1.5　2020 年欧盟网络空间治理综述 ························· 27

1.6　2020 年全球数据治理综述 ··························· 32

1.7　2020 年全球个人数据保护综述 ························· 36

1.8　2020 年互联网超大平台治理综述 ······················· 43

1.9　2020 年 5G 领域大国竞争态势综述 ····················· 55

1.10　2020 年全球人工智能发展综述 ························ 59

第 2 章　2020 年月度分析 ·· **67**

2.1　1 月全球网络安全和信息化动态综述 ···················· 68

2.2　2 月全球网络安全和信息化动态综述 ···················· 71

2.3　3 月全球网络安全和信息化动态综述 ···················· 75

2.4 4 月全球网络安全和信息化动态综述 ················· 79

2.5 5 月全球网络安全和信息化动态综述 ················· 84

2.6 6 月全球网络安全和信息化动态综述 ················· 87

2.7 7 月全球网络安全和信息化动态综述 ················· 91

2.8 8 月全球网络安全和信息化动态综述 ················· 95

2.9 9 月全球网络安全和信息化动态综述 ················· 99

2.10 10 月全球网络安全和信息化动态综述 ··············· 103

2.11 11 月全球网络安全和信息化动态综述 ··············· 107

2.12 12 月全球网络安全和信息化动态综述 ··············· 110

第 3 章 2020 年相关国家及地区重要战略立法评述 ················· **115**

3.1 美国《确保美国 5G 技术的安全和弹性》 ··············· 116

3.2 美国《关键与新兴技术国家战略》 ················· 118

3.3 美国"量子互联网国家战略" ················· 120

3.4 英国《国家数据战略》 ················· 124

3.5 梵蒂冈《人工智能伦理罗马倡议》 ················· 126

3.6 欧盟《人工智能白皮书》 ················· 129

3.7 欧盟《欧洲数据战略》《塑造欧洲的数字未来》等战略文件 ·············132

3.8 欧盟发布《数据监管战略》 ················· 135

3.9 欧盟新版《欧盟安全联盟战略 2020—2025》 ··············· 138

3.10 欧盟《欧盟数字十年的网络安全战略》 ··············· 142

第 4 章 2020 年主要战略文件选编 ················· **147**

4.1 美国《关键与新兴技术国家战略》 ················· 148

4.2 美国《当选总统拜登关于技术和创新政策的议程》 ··············· 153

4.3　英国《国家数据战略》……………………………………166

4.4　《基于印度＜个人数据保护法案＞实现印美负责任的数据跨境

传输报告》……………………………………………………211

4.5　欧盟《塑造欧洲的数字未来》……………………………224

4.6　欧盟《欧洲数据战略》……………………………………235

第 1 章

2020 年总体形势

1.1 新型冠状病毒肺炎疫情背景下的全球网络治理综述

1.2 2020年美国网络空间治理综述

1.3 2020年俄罗斯网络空间治理综述

1.4 2020年日韩网络空间治理综述

1.5 2020年欧盟网络空间治理综述

1.6 2020年全球数据治理综述

1.7 2020年全球个人数据保护综述

1.8 2020年互联网超大平台治理综述

1.9 2020年5G领域大国竞争态势综述

1.10 2020年全球人工智能发展综述

1.1 新型冠状病毒肺炎疫情背景下的全球网络治理综述

2020 年暴发的新型冠状病毒肺炎（COVID-19，以下简称新冠肺炎）疫情成为突如其来的"黑天鹅"，对全球网络治理产生了巨大影响，网络空间国际治理的主体、议题、方式都呈现出新特点、新变化、新趋势。治理主体方面，国家行为体积极作为，国家间的竞合关系微妙变化；非国家行为体活动频频，并在全球网络治理舞台上崭露头角。治理议题方面，网络攻击、个人隐私等传统问题被疫情放大，成为全球关注的焦点，量子计算、卫星互联网等成为新的技术焦点。治理方式方面，网络空间碎片化和无序态势明显，各国逐步收拢互联网管控。在这场全球性的公共卫生危机中，各国普遍呈现出国家交往、企业运作及民众生活由线下转向线上的趋势，如何更好地发挥信息通信技术在维护国家利益、促进企业增长、保障民众生活等方面的作用，是各国政府和国际社会面临的共同挑战。

一、新冠肺炎疫情背景下全球网络治理主体变化

（一）西方发达国家加强合作联动，通过战略合作防范疫情期间网络空间安全风险

随着新冠肺炎疫情在全球范围内不断扩散，西方发达国家通过内部现有合作框架，在涉及数据保护、关键核心能力、防范打击虚假信息和网络攻击等方面深化战略与军事合作。2020 年 4 月 16 日，欧盟委员会发布关于应对新冠肺炎新应用程序在数据保护方面的指南。该指南在欧盟《通用数据保护条例》（GDPR）和《电子隐私指令》的总体框架下，基于自愿、数据最小化、时间限制等原则，力图保障用户在使用新冠肺炎应用程序时的个人数据安全。2020 年 6 月，法国国防部长、德国国防部长、意大利国防部长和西班牙国防大臣谋划

建立欧洲国防基金，旨在培育和控制关键技术及其生产能力，包括应对新冠肺炎疫情的军事能力。四国表示，将合作打击虚假信息和网络攻击行为，改善和保护欧洲通信网络，提升网络互操作性、安全性和恢复能力。2020年10月13日，七国集团财政部长召开线上会议，对新冠肺炎大流行期间恶意网络攻击增加表示关切。会议发表声明，主张谨慎使用加密货币，认为在确保制定并遵循完善的法律与监管要求之前，任何全球稳定币项目都不应开始运营。2020年11月16日，北约举行年度"网络联盟"演习，演习基于防范疫情期间网络安全而举行，主要为了演练北约维护网络空间安全的能力，测试北约网络防御的决策过程、技术和操作步骤。

（二）发展中国家推进疫情期间数据使用规范落地，通过开展联合演习提高网络安全防范水平

在疫情期间，亚洲多个发展中国家严格遵守疫情相关数据的采集和使用规范，避免出现数据泄露问题。2020年5月，印度电子和信息技术部公布了针对新冠肺炎追踪应用程序使用数据的规范协议。协议规定，印度国家信息中心"只收集必要和相关的数据，用于制定或实施适当的健康对策"。收集的数据包括用户姓名、手机号码、年龄、性别和职业，以及与哪些用户有过接触、接触时长和接触地点等。应用程序在默认状态下收集的联系人、个人位置和自我评估数据将保留在用户设备上，也可能上传到印度国家信息中心的服务器上，但最多保存180天。在使用应用程序期间，用户可以保留个人数据，也可以在30天内要求删除相关数据。印度政府将以匿名形式与其他政府机构共享应用程序中的数据，还将与当地大学和研究机构共享数据，进行相关研究。2020年5月15日，菲律宾国家隐私委员会（NPC）面向公共和私营部门发布个人数据保护准则。根据该准则，菲律宾国家隐私委员会要求各机构部门确保为员工提供适当的信息通信技术设备，鼓励员工仅使用机构部门配发和授权的信息通信技术设备和软件，并在使用便携式媒体传输数据时确保采取加密措施。此外，亚洲发展中国家利用东盟国家组织开展的网络安全应急演练，开展针对疫情期间网络安全的演习，提高网络安全防范水平。

（三）非国家行为体深度参与疫情防控，主动影响塑造网络空间新格局

在全球抗击疫情的进程中，脸谱网、推特等社交媒体，以及谷歌、亚马逊、苹果、微软、IBM等跨国公司，在国家行为体的监督管理下，深度参与配合打击涉疫情网络谣言等网络空间国际治理进程，深度影响构建网络空间新格局。2020 年 3 月，美国白宫与包括谷歌、脸谱网、推特、亚马逊、苹果、微软、IBM 在内的科技公司举行电话会议，讨论对有关新冠肺炎疫情的网络谣言进行有效打击的相关措施。欧盟推动恢复 2019 年与美国科技公司建立的旨在打击网络虚假信息的联盟，并将关注点聚焦于打击与新冠肺炎疫情有关的虚假信息。2020 年，欧盟委员会已经重启其与脸谱网、谷歌、微软和推特等公司共同创建的快速警报系统。推特发布新规则，加大推特平台打击与新冠肺炎病毒相关谣言的力度。根据规则，推特要求用户删除涉及否定专家建议、推广虚假治疗和发布虚假"官方通报"等信息，还通过系统对违规内容进行鉴别分类，对影响范围较广的谣言进行优先处置。世界卫生组织与脸谱网、微软、TikTok 等科技公司举办了一场名为"新冠肺炎病毒全球编程马拉松"的活动，通过推动软件开发来应对与新型冠状病毒大流行有关的挑战。

二、2020 年各国网络治理特点分析

（一）出台相关法案，应对疫情期间出现的新情况、新问题

针对疫情期间出现的新情况、新问题，主要是对个人信息数据的获取使用与个人隐私泄露之间的矛盾，以及网络攻击暴增等特殊情况，各国政府及时调整策略，适时推出顺应实际的法律法规。2020 年 5 月，英国国会人权联合委员会提出新的法案，保证英国新冠肺炎接触者追踪应用程序生成数据的安全性和隐私性，呼吁设立新的专员对保护效果进行严格监督；美国卫生与公众服务部（HHS）民权办公室（OCR）发布系列关于新冠肺炎的安全、隐私指南，帮助各组织"发现、预防、应对和恢复"以新冠肺炎为主题的网络威胁，包括从勒索病毒和其他类型的勒索到网络钓鱼，以及对视频会议技术平台的攻击。欧洲数据保护委员会（EDPB）发表声明表示，在新冠肺炎疫情严重影响公众生活的情况下，他们的数据保护措施将有所放宽，允许使用公众移动数据进行通用位置数据趋势分析。

（二）加快布局下一代信息基础设施建设

新冠肺炎疫情之下，人工智能（AI）、网络攻击等凸显出当前互联网基础设施建设依然薄弱。为了弥补这一缺陷，各国或出台大量政策，或组建相关设施平台，推动网络空间治理。如法国、德国、西班牙和意大利四国在建立"欧洲国防基金"的基础上，合作打击虚假信息和网络攻击，改善和保护欧洲机构和成员国通信网络，提升各国网络互操作性、安全性和恢复能力。再如 2020 年

5月15日，美国众议院通过了《英雄法案》，为新冠肺炎疫情提供10亿美元技术资金支持，该资金被用于支持与技术相关的现代化项目，包括完善互联网、物联网基础设施设备，解决家庭宽带的连接需求等。2020年10月，美国大西洋理事会发布报告称，建议建立以关键基础设施恢复为核心的战略框架，开发"网络安全韧性架构"等。

（三）国家间的合作行为明显增多

新冠肺炎疫情对全球各国造成严重影响，全球的通力协作必不可少。2020年利用新冠肺炎疫情进行的恶意活动迅速增加。2020年10月7日，新加坡网络安全局（CSA）主办了第15届东盟计算机应急响应小组事故演习（ACID）。东盟10个成员国以及中国、澳大利亚、印度、日本、韩国5个主要对话伙伴的计算机应急响应小组都派代表参加了演习，演习主题为"利用大流行开展的恶意软件活动"。

（四）全球供应链面临"脱钩"和重组

正如中国信息安全测评中心桂畅旎在《新冠疫情对于网络空间的影响：机遇与挑战》一文中的论述，突如其来的疫情使全球市场数十年形成的供应链几近断裂，暴露了欧美产业"空心化"的问题，再加上疫情造成的经济停摆，以本国为优先调整供应链政策的趋势逐渐明显。美欧等国家和地区持续通过泛化的国家安全名义加速收紧关税、许可证、产品标准以及出口管控，加强贸易管理，推行在数据流通和通信领域的"脱钩"。在这轮全球供应链重组中，"去中国化"的特点非常突出。美国不断加强技术出口管制，如2020年10月敲定一份技术清单，加强对技术出口控制；2020年11月，美国政府又将89家中国企业定义为"有军事背景"的企业，并限制其采购美国商品和技术。美国还不断鼓动其他西方国家加入对中国的围追堵截，阻扰中国网信领域的技术发展。

三、2020年全球网络治理形势变化

（一）网络空间大国竞争和地缘政治对抗加剧，多边治理机制的有效性被削弱，"志同道合"的国家之间小范围合作成为高频治理方式

中国社会科学院世界经济与政治研究所国际政治理论研究室副主任郎平认为，大国间的竞争聚焦于科技、数字经济规则制定以及网络安全能力建设等方面，竞争的手段将会是科技、人员、资本、贸易等多种要素的捆绑和融合。在全球化时代，一个国家不可能解决所有的问题，多边合作机制的式微会助推一

些周边国家或"志同道合"的国家在小范围内进行合作。从这次疫情中的一些政府行为能看出，相似国家之间小范围进行合作的趋势越发明显，西方大国对我国围追堵截、对第三世界国家施压也越发明显。

（二）网络空间安全形势恶化，军事化和武器化进程加快

国际刑警组织警告称，网络犯罪正在通过勒索软件威胁医疗卫生关键设施；钓鱼软件、恶意网站和恶意软件增长率急剧上升；数据泄露事件更是频频发生。疫情期间严峻的网络犯罪态势凸显了当前网络空间国际治理的严重赤字。在大国竞争的背景下，网络空间的军事化和武器化将会改变未来的战争形式。2020年，兰德公司发布的《2030年未来战争》建议美国就未来10年的战争做准备，其中就包括将人工智能应用于军事领域以及提升信息战能力。随着人工智能等新技术被运用到军事领域，自主性武器的使用将会在很大程度上改变未来战争的格局，这急需新的规则来规范各国的行为。

（三）网络空间的碎片化和无序态势或进一步加剧，各国将逐步收拢互联网管控

网络空间的碎片化加大了规则制定的广度，大国合作意愿的下降增大了网络空间规则制定的难度，网络空间国际秩序的形成还需更长的时间。没有规则就意味着没有约束，这可能导致强者横行。无序对不同的国家有不同的影响，在很大程度上增加了网络空间国际秩序形成的难度。受新冠肺炎疫情影响，各国政府越发明确认识到将网络治理主权掌握在自己手中的重要性，从各国民众的个人信息、大数据，到服务器存放、数据路径的争夺等方面，掌握了网络治理主权就掌握了国家安全。由此，去全球化、加强区域化的趋势已经从政治、经济、贸易等实体领域向网络空间蔓延。

四、对我国的启示和思考

（一）保持理性思维，客观认识我国将长期面临境外技术封锁与遏制的现状

2020年5月，美国白宫发布《美国对中华人民共和国战略方针》称，美国将加强对我国的战略竞争，一是提高与各组织机构、盟友和合作伙伴之间关系的弹性，二是在经济、价值观和国家安全三大战场对我国发起挑战。随着美国总统拜登的上台，有人期待拜登能给我国带来不一样的国际形势，但需清晰认识到的是，美国对我国的技术封锁与遏制不会有根本性的变化，整体形势或许会缓和，但不会发生根本性的转变。在这种情况下，我国必须引领和推进互联网治理制度的变革。这就需要我国进一步提升技术水平和完善治网理念。

（二）维持战略定力，持续突破互联网基础领域的技术瓶颈

要在总体国家安全观的视野下统筹考虑互联网治理，要统筹处理好网络安全、科技安全、金融安全等各方面问题。要加强技术创新扩散，加快在我国铺设 5G 基站，尽快实现全面覆盖和生产生活应用，加强海外市场拓展，推动我国技术和设备的全球普及，在激烈的国际竞争中取得先发优势和份额优势；还要完善技术保障机制，为技术的进步提供资金、制度和人才等方面的支持。

（三）拓展既有优势，加强网络空间国际治理合作

面对中美间日益加剧的互联网技术与理念之争，我国可以在联合国的框架下、国际电信联盟（ITU）等机构中，以及中俄等双边合作中，上海合作组织（简称上合组织）、"一带一路"等多边合作中，与有共同诉求的国家、国际组织等行为体共同推动国际互联网治理制度领域的变革。

（四）聚力技术突破，力争在新一轮科技革命中占据一席之地

经过多年发展，我国的网络基础设施建设已经处于世界领先行列，顶级域名与 IP 地址保有量、网民数量、移动互联网数量均位列世界第一。我国在互联网产业与数字经济的发展上有目共睹，但核心技术受制于人、被"卡脖子"的情况依然突出，未来还需着力攻克关键核心技术的突破，争取在新一轮科技革命中占据一席之地。

1.2　2020 年美国网络空间治理综述

2020 年，面对疫情与选情的双重压力，美国政府持续加强在网络空间治理的投入力度。一方面，顺应网络威胁与技术的发展演变，持续推进网络空间战略布局，明确防护重点，全面提升攻防能力；另一方面，美国与西方国家加强合作联动，将网络安全问题政治化，在网络空间展开全方位竞争，抢夺主动权，借机对我国进行战略围堵，殃及网络空间全球战略稳定。

一、2020 年美国治网举措

（一）完善网络空间战略布局，立法推进网络安全能力建设

一是提出"分层网络威慑"战略等新主张，进攻性、对抗性、指向性明确。在战略布局方面，2020 年 3 月，美国网络空间日光浴委员会（CSC）发布《网络空间未来警示报告》，报告呼吁美国政府"提高速度和敏捷性"，改善美国的网络空间防御能力，首次提出"分层网络威慑"的战略路径，并且由 6 项政策支柱以及超过 75 条政策建议加以支撑，融入"向前防御"的理念，旨在减少重大网络攻击的概率和影响。CSC 联席主席表示，正在利用《国防授权法案》（NDAA）把"分层网络威慑"战略中的建议变成法律，约有 30% 的建议可以被纳入 NDAA 程序。在网络安全防御方面，2020 年 2 月，美国国家反间谍与安全中心（NCSC）发布《2020—2022 年国家反情报战略》，阐明关键基础设施、核心供应链、经济、民主、网络和技术行动为可能对美国国家和经济安全造成严重损害且美国必须投入精力和资源的 5 个领域，其比 2016 年发布的战略更加关注美国面临的数字威胁。2020 年 10 月，美国发布《关键与新兴技术国家战略》，将推进美国国家安全创新基地和保护技术优势作为两大战略支柱，为保持全球领导力而强调发展"关键与新兴技术"。美国参议院提出《经济连续性法案》《国民警卫队网络互操作性法案》两项法案，以在遭遇全国性网络攻击、危及关键系统和经济安全的情况下保卫美国。在机构设置方面，美国国务院成立首个官方企业级数据分析中心。该机构由国务院首席数据官领导，将为联邦数据管理和分析提供"最新的工具、培训和技术"，旨在建立全球领先的应用数据分析评估系统和完善的外交政策。

二是推动网络安全防御能力建设，筑牢核心领域安全防线。在安全能力保障方面，美国众议院军事委员会通过 2021 财年《国防授权法案》，强调关键基础设施安全，并授权国防部明确与国民警卫队有关的网络安全能力和权限。美国众议院金融服务委员会通过了《2019 年网络安全和金融系统弹性法案》，旨在确保美国联邦储备系统将网络安全和现代化置于优先地位，以应对日益肆虐的网络攻击给金融体系带来的日益严重的威胁。在核心领域安全方面，美国众议院通过《网络感知法案》《公私合作加强电网安全法案》《能源应急领导法案》《电力网络安全研究与发展法案》，旨在加强能源安全，保护电网及其他能源基础设施免遭网络攻击。美国时任总统特朗普签署《确保美国大容量电力系统安全》行政令，宣布外国对美国电力系统的网络安全威胁是国家紧急状态，该行政令旨在保护美国电网供应链安全。美国国家标准与技术研究院（NIST）发布《负责任地使用定位、导航与授时服务（PNT）的网络安全配置文件》草案，旨在保护使用 PNT 数据的系统，支撑现代金融、交通、能源和其他经济部门等重要体系。美国参议院军事委员会通过《频谱现代化法案》加强对联邦频谱的管理；美国得克萨斯州两党参议员提出《为美国半导体制造创造有益激励法案》，建议将半导体行业发展列为国家优先事项。美国众议院能源和商业委员会批准《2020年利用战略联盟电信法案》，以促进和支持在全国部署由美国主导的可互操作的开放无线接入网（RAN）技术。美国众议院通过《物联网网络安全改进法案》，对物联网设备实施特定安全要求。

三是强化网络言论内容管理，提升对新兴技术和网络欺诈的管控能力。2020年，美国时任总统特朗普签署一项针对在线言论自由的行政令，旨在限制联邦法律对社交媒体和其他在线平台提供的广泛法律保护，限制措施包括冻结用户账户或删帖。美国国会提出《深度伪造报告法案》，将其作为2021财年《国防授权法案》（NDAA）的修正案。该修正案要求国土安全部（DHS）每年对深度伪造技术进行一次研究。2020年10月23日，美国时任总统特朗普签署了《美国安全网络延期法案》，重新授权2007年的一项法律，该法律授权联邦贸易委员会（FTC）开展旨在保护美国消费者免受跨境互联网欺诈和欺骗的执法行动。

（二）持续提升网络攻防能力，多措并举防范政治安全风险

首先，加强网络防御，全力确保选举安全。一是严阵以待应对网络攻击，保护投票基础设施安全。2020年年初，美国国土安全部（DHS）下属网络安全与基础设施安全局（CISA）发布了《保护2020大选安全战略规划》，明确优先要务、使命任务和目标愿景，规划了工作路线，以确保选举基础设施以及竞选和政治基础设施的网络安全，及时向美国选民发出警告，并全力响应安全事件。CISA投资220万美元，用于保护美国选举系统免受网络威胁。美国网络司令部和国家安全局马里兰州米德堡联合总部的军事网络团队保持戒备状态。美国网络司令部有力打击全球最大的僵尸网络Trickbot，对其进行威慑，以避免其影响美国大选。二是多措并举打击虚假信息和有害言论，防止谣言传播、播种混乱。美国时任总统特朗普签署《捍卫投票制度完整性法案》，将黑客入侵联邦投票系统定为联邦犯罪，授权司法部根据《计算机欺诈和滥用法案》对任何试图入侵投票系统的人提起诉讼。这成为联邦政府帮助各州抵御选举威胁的一种重要方式。2020年9月美国联邦调查局（FBI）和CISA发布联合声明《"选民信息被黑"相关谣言或旨在引发对美国选举合法性的质疑》，以提高公众对谣言传播的潜在威胁的认识；美国国务院宣布，对于能够指认任何与外国政府合作通过"非法网络活动"干扰美国选举的，指认人将获得最高 1000 万美元的奖励。谷歌在 2020 年 11 月美国总统大选期间屏蔽一些自动搜索建议，以阻止错误信息在网上传播。

其次，升级网军战斗能力，加紧构筑网络空间战略威慑。一是在网络战略方面更加积极。2020 年 8 月，美国网络司令部司令保罗·中曾根发文解析对抗网络威胁的新战略，主张"持续交战"原则，将以更加主动的方式对抗在线威胁，以捍卫美国利益。美国国防部发布一项新的太空防御战略，以保持美国在太空的军事优势。美国国防部发布《电磁频谱优势战略》，旨在指导国防部如何在频谱上提高能力，从而在与对手的电子战中占得优势。二是在机构配置方面更加主动。美国网络空间日光浴委员会建议美国国防部增加网络战士人数。美国海军陆战队组建新的网络营和网络连，以减少负责网络作战的机构数量，改善网络监管能力。美国海军陆战队首次在舰上部署网络防御部队，采取主动预防的方式确保舰船网络安全。美国太空部队致力于提升网络战士能力，寻求将进攻性网络行动纳入其未来作战计划。三是在资金投入方面更加大力。美国众议院拨款委员会通过新法案，为国防部提供 6946 亿美元拨款，用于采购最新的军事系统和研发未来网络安全技术。在年初的预算文件中，美国网络司令部将在 2021 财年申请 98 亿美元经费，其中，用于开展网络空间行动的经费为 38 亿美元，包括进攻性和防御性网络行动，以及通过资助项目和活动支持网络战略的实施，用于支持网络部队的经费为 22 亿美元。美国国防部拨款 6 亿美元用于在全国 5 个军事基地进行 5G 无线测试和试验。四是在推进"全域作战"方面更加通力。美军加速推进"全域作战"，全面整合太空、网络、威慑、运输、信息、电磁频谱行动、导弹防御等能力。在 2020 年 12 月公布的新版《国家太空战略》报告中，特朗普政府着重强化太空态势感知，制定太空行为标准，提升天基能力韧性。美国空军和太空军正着手构建"全域作战"的核心——联合全域指挥和控制（JADC2）系统，旨在打造一个将所有武器平台和部队实时连接起来的超级作战互联网。

再次，强化网络演习能力，平衡发展网络部队的攻防能力。2020 年 2 月，美国国防部和国家安全局耗资 10 亿美元在全球范围内打造网络训练环境。2020 年 8 月 14 日，美国国土安全部网络安全与基础设施安全局宣布，成功完成了为期 3 天的模拟网络攻防演习。美国网络安全与基础设施安全局于 2020 年

7月28日宣布举办第二届"总统杯"网络安全竞赛。此次竞赛由国土安全部和网络安全与基础设施安全局负责，能源部以及国家实验室协助。竞赛使用了国家网络安全教育计划（NICE）的网络安全劳动力框架，对参赛者进行一系列测试，包括网络防御、网络开发和取证能力测试。

（三）加大信息隐私保护力度，规范数据共享和跨境数据流动

其一，加强个人信息保护，推动数据隐私立法和制定国家统一标准。在数据收集规范方面，美国共和党参议员提出《建立美国框架确保数据访问、透明度和责任（安全数据）法案》，旨在建立国家性数据隐私标准。美国国会议员提出《2020年人脸识别和生物特征识别技术禁令法案》，禁止所有联邦机构未经国会明确授权使用面部识别技术。美国地方政府也出台立法加强数据和隐私保护。美国《加利福尼亚州消费者隐私法案》（CCPA）（以下简称《加州消费者隐私法案》）生效，该法案赋予加利福尼亚州公民查看企业收集的与特定个人有关的数据的权利，包括智能手机位置、语音记录、乘车路线、生物特征面部数据和广告定位数据等信息。美国加利福尼亚州通过了《基因信息隐私法案》，以保护消费者基因信息隐私，解决遗传数据的收集、使用、维护和公开问题。美国华盛顿州发布2020年版《华盛顿隐私法》，赋予消费者对个人数据的访问、纠正、删除、转移、退出等权利，也对儿童数据保护进行了规定。在儿童隐私保护方面，美国参议院司法委员会通过了《美国消除对交互技术的滥用和猖獗忽视法案》（EARN IT），将在线平台的法律保护与打击儿童性虐待的内容联系起来，并允许联邦和州对传播儿童性虐待内容的在线平台公司提出索赔。

其二，着力部署与疫情相关的数据保护，加快布局下一代信息基础设施建设。疫情下隐私保护成为关注重点。在立法推动上，美国参议院议员提出《2020年新冠肺炎消费者数据保护法案》，以规范新冠病毒大流行期间的个人信息的收集和使用。在机构设置方面，美国政府成立联邦数据服务委员会，该委员会由25名专家成员组成，主要负责"迅速并实质性地"改进联邦机构获取、连接和保护数据的方式。美国人口普查局组建数据质量治理小组，以解决新冠肺炎疫情大流行期间的隐私和数据安全问题。美国国土安全部正在广泛征求安全追踪和开源病毒报告等新冠病毒肺炎技术方案。在资金投入方面，美国参议院通过《COVID-19疫情救助法案》，将IT和远程办公相关投入列为优先事项。2020年5月，美国众议院通过《英雄法案》，为新冠肺炎疫情提供10

亿美元技术资金支持，用于支持与技术相关的现代化项目，包括完善互联网、物联网基础设施等。在安全举措方面，美国网络安全与基础设施安全局发布临时可信网络连接（TIC）指南的 3.0 版本，重点关注在线办公的联邦雇员如何安全登录政府网络和云环境。美国国防部上线"谣言控制"网站，以帮助消除与新冠肺炎相关的流言和错误信息。

其三，明确数据边界，规范政府获取公共数据的权限。美国参议院对《爱国者法案》第 215 条进行重新授权，允许美国联邦调查局和其他安全机构在不需要搜查令的情况下获取美国公民的网络历史记录。美国参议院情报特别委员会通过《2021 年情报授权法案》草案，要求国家情报局向国会提交外国政府使用间谍软件的情况。美国参议院提出了一项名为《合法获取加密数据法案》的配套法案，旨在禁止犯罪分子试图将加密技术作为逃避司法制裁的盾牌。美国司法部签署了一份新的国际声明，警告公民加密技术的危险性，并呼吁全行业采取行动，使执法机构能够在获得搜查令后访问加密数据。

其四，加强国际合作，规范引导数据跨境流动。在数据跨境流动方面，美国总统签署《美国安全网络延期法案》，授权联邦贸易委员会（FTC）开展旨在保护美国消费者免受跨境互联网欺诈和欺骗的执法行动。美国政府发布有关欧盟-美国个人数据传输的白皮书，为信息传输的隐私保护提供指导。在数据治理和共享方面，继欧洲法院裁定《欧美隐私盾牌》协定无效后，美国和欧盟就后续框架启动谈判，探讨在保护公民个人隐私的同时，支持创新活动和数据的自由流动。

（四）加速推进新技术、新应用融合落地，同步评估与防范潜在风险

一是加紧 5G 布局和建设，多方追赶、争夺国际话语权。在战略规划方面，白宫发布《5G 安全国家战略》，推出美国保障 5G 基础设施安全框架和核心安全原则，对时任总统特朗普签署的《安全 5G 和超越法案 2020》中规定的要求采取了初步行动，将与其亲密的合作伙伴和盟友携手合作，领导全球开发、部署和管理安全可靠的 5G 通信基础设施。美国网络安全与基础设施安全局发布《确保美国 5G 技术的安全和弹性》战略文件，提出了支持 5G 政策和标准制定、扩大供应链风险态势感知、加强现有基础设施保护、鼓励 5G 市场创新、分析潜在的 5G 使用案例并共享风险管理信息 5 项重要举措，确定了风险管理、确保利益相关者参与、技术援助三方面核心能力，以推进安全和弹性 5G 基础设施的开发和部署。美国联邦通信委员会（FCC）宣布推进 5G 基础设施建设，扩大毫米波频谱的使用范围。在资金投入方面，美国国会给情报高级研究计划局（IARPA）下拨1000万美元资金，用于加强5G技术及研究、检测深度伪造技术。美国联邦通信委员会通过两项决议，将助推本国5G在农村的发展和频谱分配，为农村5G部署设立90亿美元基金的计划。美国众议院提出《人人可访问、负担得起的互联网法案》，计划投资1000亿美元推进高速宽带基础设施建设，并降低互联网服务费用。在5G的应用场景方面，美国国防部发布了最终版5G技术开发的原型需求建议书（RPP），呼吁业界投入频谱共享技术，以确保美国在5G技术上保持全球领先地位。美国国家标准与技术研究院发布了名为《5G网络安全：为5G时代安全演进而准备》的白皮书，白皮书根据5G技术的发展速度和5G在商用方面的可用性，展示了两个阶段（共9种应用场景）的示例。

二是人工智能等应用领域不断拓展，多点发力促进产业融合。美国众议院通过《2020年政府人工智能法案》，制定人工智能治理计划，帮助联邦政府吸引人工智能人才。美国国防部高级研究计划局（DARPA）发布"人工智能探索机遇"计划，重点开发针对基于神经网络的机器视觉系统的干扰技术。美国特种作战司令部成立新的计划执行办公室，该部门计划提升美国国防部在人工智能、机器学习软件开发方面的能力。在人脸识别方面，美国俄勒冈州波特兰市通过了美国首个人脸识别技术使用禁令，禁止商店、餐馆和酒店等私营机构在市内公共场所使用面部识别技术。在量子计算方面，美国能源部2020年7月21日发布全国量子互联网蓝图，确定发展全国性量子互联网的主要研究、工程和设计障碍以及短期目标。能源部的17个国家实验室将形成一个使用量子力学的安全通信系统，该系统的原型预计在未来10年内实现。在物联网方面，美国众议院通过2020年《物联网网络安全改进法案》，要求NIST公布使用物联网设备的标准和指南，规定联邦政府必须采购符合安全要求的物联网设备。在大数据及云计算方面，NIST发布《为服务器平台启用硬件安全性：为云计算和边缘计算用例启用平台安全的分层方法（草案）》白皮书，同时正在就新起草的云系统的访问控制指南征求意见，该草案有助于理解云系统中的安全挑战。美国中央情报局启动研发创新实验室，研究大数据技术如何处理情报信息，以应对情报方面的挑战。在区块链方面，美国国际开发署（USAID）2020年4月中旬发布了第一个数字战略，概述了其通过伙伴关系和数字举措改善世界各地生活的目标。

三是加大对新技术应用领域的监管，规范应用伦理，防范道德风险。美国发布《关键与新兴技术国家战略》，围绕促进国家安全创新基础和保护技术优势这两大支柱，涵盖了国家安全委员会确定的 20 项关键技术的初步清单；美国国会未来工作小组已制定了一项全面政策战略，积极应对人工智能、机器人、自动化和其他新兴技术对美国就业和工人的影响。美国国家情报总监办公室（ODNI）发布的第一份关于使用人工智能的伦理准则报告《人工智能应用和发展伦理准则》成为美国众多情报部门的行动指南。美国参议院通过《识别生成性对抗网络输出法案》，加强对深度伪造等技术的研究，防止潜在的政治混乱。美国司法部发布报告公布《加密货币：执法框架》，列出使用加密货币面临的威胁和执法挑战，以及司法部的应对策略。作为美国较大的两家人脸识别软件开发公司（亚马逊和微软）的所在地，美国华盛顿州于 2020 年 3 月通过法案，对政府使用人脸识别软件进行限制，要求公共机构定期报告其使用人脸识别技术的情况，并对软件的公平性和准确性进行测试。

（五）社交媒体平台成为新兴地缘政治战场，加大反垄断和内容监管力度

一是收紧对科技公司的反垄断监管力度。2020 年 7 月，美国国会启动对苹果、谷歌、亚马逊以及脸谱网四大科技公司国会调查听证会。这是 50 多年来美国国会进行的第一次重大反垄断调查。2020 年 10 月，美国司法部与阿肯色州、佛罗里达州、佐治亚州等 11 个州联手对谷歌展开反垄断诉讼。美国司法部副部长杰弗里·罗森表示依据《谢尔曼法案》，该诉讼旨在"重新恢复市场竞争，并为数码市场的下一波创新打开大门"。

二是加大对社交媒体内容的审查力度。时任总统特朗普签署了一项针对在线言论自由的行政令，以限制联邦法律对社交媒体等平台提供的广泛法律保护，让联邦监管机构在认为推特、脸谱网等公司存在不公平限制用户言论的情况（包括冻结账户和删帖）下，更容易追究这些公司的责任。美国两党参议院提出《平台责任和消费者透明度法案》（PACT），拟更新《通信规范法》第 230 条，加强社交媒体平台上内容审核政策的透明度，落实平台的内容审核责任。

三是加大力度打击疫情"假新闻"。2020 年 4 月，美国国防部上线"谣言控制"（Rumor Control）网站，以帮助消除与新冠肺炎相关的流言和错误信息。同时，美国还建立了一个包含 1.4 亿多条与新冠肺炎相关的推文的数据集，以帮助监测全球新冠肺炎病毒大流行的传播和影响，且该数据集被作为全球研究界的公开资源。

二、2021 年美国网络治理的特点分析

（一）在网络治理政策领域不断"加码"，持续寻求维持网络霸主地位

2020 年美国参议院和众议院不断提出相关的网络建设性法案，在网络犯罪、网络承包商、人工智能、量子科技、5G 等领域纷纷制定诸多限制措施，包括《2020 年网络安全州协调法案》《经济连续性法案》《国民警卫队网络互操作性法案》等，以此不断彰显美国在网络政策领域的"网络大国"地位，巩固升级美国在网络安全领域的地位。同时，2020 年，美的的网信政策领域与举措不断将中国描述成"假想敌"，对中国实施全方位遏制。特朗普政府在 2020 年颁布多份行政令，加强针对中国实体及涉华投资的审查和出口管控，如《安全可信通信网络法案》和"清洁网络"倡议，意图直接从美国通信网络中移除中国通信设备和服务；美国商务部下属的工业和安全局将中国多家企业列入实体清单，持续收紧出口管制措施。

（二）美国智库在网络空间治理方面发挥重要作用，持续输出"美国网络治理理念"

从全球范围看，美国智库数量在世界范围内领先。美国传统基金会、美国布鲁金斯学会、美国兰德公司等智库经常发表报告和文章，为美国下一步的网络和科技领域的发展贡献自身的意见和建议，输出网络领域新思维和新理念。比如，美国智库传统基金会从使美国能够更好地应对大国竞争的角度，向国会和国防部提出有关如何制定 2021 财年《国防授权法案》和《国防拨款法案》的 74 条建议。美国智库新美国安全中心（CNAS）发布《开放未来：5G 的未来之路》报告，呼吁美国行政部门和立法部门采取措施，推动 5G 领域采用开放标准和基于开放接口、模块化产品的开放式体系架构，以提升网络安全性。可见在美国的网信科技发展中，美国智库仍将继续发挥重要的作用。

（三）凭借在全球网信中的地位，不断抢抓太空网络"制空权"，夺取网络空间话语权"不止步"

美国白宫 2020 年 9 月 4 日发布了《5 号太空政策指令》（SPD-5），该指令还列出了太空系统的六大网络安全原则：一是太空系统和配套基础设施必须由经过网络安全培训的工程师开发和操作；二是进行有效的身份验证或加密措施，以防止未经授权进入系统的非法行为；三是配备防止干扰和欺骗通信的保护措施；四是保护地面系统免受网络威胁；五是对地面与太空之间的通信采取一系列加密方

式；六是在供应链层面分析对美国太空系统的威胁。随着美国国家航空航天局（NASA）的科学探测器"毅力号"穿越火星大气层安全着陆在一个巨大的撞击坑内，美国仍将继续抢抓太空"制空权"，寻求在网络政策领域的"声音"。

三、对我国的影响和应对建议

我国要想有效地化解美国在网络空间的"极限施压"，争取更大的话语权和规则制定权，需继续强化实力打造与能力建设，还应根据美国网络治理相关动向对症施策。

（一）要清醒地认识到美国政府联合盟友对华遏制的立场不变，遵循"国内国际双循环相互促进"的逻辑参与网络空间国际治理，以国内网络空间治理为主体，向国际治理领域延伸，通过分享治理实践和贡献中国力量来积极参与网络空间国际治理，为我国实现网络强国的目标创造有利的外部环境。

（二）避免落入美西方国家刻意制造的"模式之争"圈套，应本着务实、求同存异的态度处理网络关系，选取新技术应用领域，制定更具前瞻性和战略性的规则，制定进程推进方案。

（三）充分利用网信技术，应对网络治理中的挑战。在疫情防控常态化下，着力解决个人隐私、假新闻、敏感信息等网络安全问题，特别是要平衡好精准防疫与个人隐私、信息公开与敏感信息管控、政务公开与信息疫情管理、国际合作与社会舆情等之间的关系，提前谋划疫情常态化的网络治理方式。

（四）及时回应诬蔑抹黑言论，发出中国"声音"。保持战略定力，加强对外宣传，发出中国主张，讲好"中国故事"，消除外界对我国不必要的误解，向世界积极展示"中国模式"和发展理念。这将有助于提升我国的网络空间话语权和影响力。

1.3 2020 年俄罗斯网络空间治理综述

2020 年以来，俄罗斯对新冠肺炎疫情影响下的网络空间治理议题关注度加大。一方面，在俄罗斯《主权互联网法》①生效的背景下，俄罗斯联邦相关

---

① 2019年11月1日，《〈俄罗斯联邦通信法〉及〈俄罗斯联邦关于信息、信息技术和信息保护法〉修正案》正式生效，其又被称为《主权互联网法》。该法案要求俄罗斯建设一套独立于国际互联网的网络基础设施，确保在遭遇外部"断网"等冲击时仍能稳定运行。

机构加强了对网络信息的集中管理，持续完善网络空间治理战略布局；另一方面，积极构建网络空间安全屏障，提高国际网络空间互动性，在加密货币、人工智能、信息和通信技术（ICT）等领域加强合作和投入。具体如下。

一、2020年俄罗斯治网举措

（一）持续完善网络空间治理战略布局，加快网络空间治理立法进程

打击美欧社交媒体政治化倾向，管控虚假信息，保证政治安全。在法律支撑层面，2020年11月19日，俄罗斯议会议员提交了一份法案草案，允许俄罗斯政府对歧视俄罗斯媒体的美国社交媒体做出访问限制。2020年12月30日，俄罗斯总统普京签署了这项对审查俄罗斯媒体的行为采取反击制裁的法律。根据该法律，外国的社交网站和信息技术平台（包括推特、脸谱网、优兔网在内的社交媒体）如果存在限制公开种族、民族、政治派别等信息的行为，都将被定性为"允许歧视俄罗斯的媒体"，俄罗斯联邦总检察长与俄罗斯外交部商议后可以对其实施制裁。在监管权限层面，俄罗斯《主权互联网法》生效后，俄罗斯电信监管机构——俄罗斯联邦通信、信息技术和大众传媒监督局（Roskomnadzor）职权得到强化。2020年12月23日，俄罗斯国家杜马通过一项法案，授予Roskomnadzor关闭歧视俄罗斯媒体的违规网站的权力。法案规定，如果在俄罗斯运营的网络平台和互联网提供商未能删除被禁止的内容，将处以相当于营业额最多20%的罚款。在打击手段层面，2020年2月13日，俄罗斯莫斯科一家法院对推特和脸谱网两家公司各处以400万卢布的罚款，原因是它们拒绝将俄罗斯公民的个人数据存储在俄罗斯境内的服务器上。2020年11月23日，Roskomnadzor表示对谷歌公司进行了立案调查，原因在于谷歌公司没有从其搜索引擎中删除被禁止的内容。谷歌公司可能会面临最高500万卢布的罚款。

强化数据主权意识，确保关键基础设施在本国体系内运作。在关键基础设施方面，2020年2月6日公布的俄罗斯行政命令草案提议对《俄罗斯联邦关键信息基础设施安全法》[②]予以修订，在国家关键基础设施中禁止使用外国信息技术。草案还建议禁止关键基础设施采用外国的信息保护方法或使用外国组

---

② 《俄罗斯联邦关键信息基础设施安全法》旨在调整俄罗斯联邦关键信息基础设施安全保障领域的法律关系，目的是保证关键设施面临计算机攻击时仍能稳定运行。该法于2018年1月1日生效。

织的技术支持。受到影响的行业包括国防、运输、通信、信贷和金融、能源、燃料、核能、航天、采矿、金属和化工，以及政府信息系统。在国外企业管控方面，2020 年 12 月 29 日，俄罗斯提交法案，要求对使用外国卫星系统的电信运营商处以最高 100 万卢布的行政罚款，旨在满足俄罗斯通信法在确保运营系统运行方面的要求。根据该法案，若使用外国卫星系统的俄罗斯电信运营商未能履行相关法定义务，将对负责人处以 1 万至 3 万卢布的罚款，对法人处以 50 万至 100 万卢布的罚款。

（二）积极构建网络空间安全屏障，提高国际网络空间互动性

一是探索优化机构配置，强化网络犯罪打击能力。Roskomnadzor表示，拟建立一个中心以更快打击网络犯罪、垃圾邮件和网络钓鱼等不法行为，该举措将成为俄罗斯政府意图创建数字经济计划的一部分。此外，为了缓解外部中断风险，Roskomnadzor 已经开始对所有信息系统进行安全漏洞的独立测试，同时，正在建立一个政府工作组来打击电信诈骗。该工作组的成员包括俄罗斯最大的移动运营商、信贷机构、联邦内务部、联邦安全局、Roskomnadzor 和俄罗斯银行的代表。二是谋求国际合作，协调国际平台网络安全领域互动。在联合国、上合组织、金砖国家及其他多边论坛框架下，俄罗斯与我国就确保国际信息安全及打击非法使用ICT进行合作。

（三）健全法律法规，加速推进数字创新技术应用落地

其一，健全数字金融法律法规，规范俄罗斯国内数字货币的使用规则。一是引入数字创新"监管沙箱"。2020 年 7 月 1 日，俄罗斯启动数字创新领域实验性法律制度，助力人工智能技术的开发和应用。该制度规定，参与数字技术开发和应用的公司或企业协会、监管机构以及可制定落实该法律制度的俄罗斯地区在发现阻碍技术研发使用的限制因素后，即可向经济发展与贸易部或俄罗斯中央银行提交一份包含联邦法第 258-FZ 号的数字创新实验性法律机制（EPR）计划草案的倡议书；俄罗斯政府或俄罗斯中央银行审核属实后，将构建"监管沙箱"，并制定相应的法律制度期限和范围，以及不适用于数字创新领域实验性主体的法律条款清单。二是规范加密货币的发行。2020 年 7 月，俄罗斯通过《数字金融资产法案》（DFA），该法案的签署赋予了加密货币在俄罗斯的合法地位，从 2021 年起，在俄罗斯境内可以合法进行加密货币交易。但是，法案中提出不可以将加密货币用作购买商品等的支付手段。一些无权在国外开设存款账户的人员被法律禁止在俄罗斯境外发行数字货币。

其二，加大政府通信领域投入，积极推进5G等新技术落地。一是加大ICT基础设施投入。根据最新版的数字经济计划，俄罗斯政府拟在ICT基础设施上投入7680亿卢布，其中2240亿卢布用于为国家机构提供互联网服务。此外，俄罗斯将为卫星通信领域的项目投入3220亿卢布，其中包括用于部署全球卫星宽带网络的2800亿卢布。二是积极推进5G网络共享。2020年4月，Roskomnadzor起草了一份关于5G网络发展的新战略文件，其中包括拟由4家国家电信公司（MTS、MegaFon、BeeLine和Rostelecom/Tele2）组建合资企业的运营细节。该提案将为四大运营商划分区域，以实现5G网络的独家部署。该草案还包括一项提议，即在不进行竞争性拍卖的情况下向运营商发放5G频谱牌照，以换取政府获得5G合资企业的所有权份额。三是收紧数字资产监管。2020年6月2日，Roskomnadzor将全球最大的加密货币交易所币安网（Binance）官网列入禁止访问网站的列表中。Roskomnadzor之前已将BestChange.ru（主要的本地加密数据聚合器）列入黑名单。

其三，拓展人工智能应用领域，促进多领域技术融合。一是在战略层面建立产业融合路线图。俄罗斯经济发展与贸易部正在制定人工智能在卫生、交通、智慧城市、农业、工业和国防工业综合体等领域的应用战略和路线图，至2024年，将制定出不少于15个此类政策。在卫生领域，将运用人工智能来开发新药，通过解释医学图像在疾病诊断方面提供帮助，以及创建能进行诊断、开处方并下达医疗决策的系统。在交通领域，将人工智能技术用于城市中运行的车辆等无人驾驶工具，用无人机组织输送，对交通工具状况进行预测性监控。在工业领域，将运用人工智能对工业设施的安全技术进行监视，对设备和单个组件的运行进行预测性分析，并确保产品质量。此外，计划将人工智能作为助手来设计新零件和产品。二是在军事领域积极研发具有人工智能要素的武器装备。俄罗斯总统普京在俄罗斯国防部部务委员会会议上指示，要重点解决5项关键任务，其中第五项关键任务就是要积极研发具有人工智能要素的武器装备，包括机器人系统、无人机和自动控制系统。三是提出人工智能等领域监管概念。2020年7月21日，俄罗斯经济发展与贸易部在国家发展计划"俄罗斯联邦数字经济"的联邦项目"数字环境规范管理"的框架内提出了人工智能和机器人技术领域的监管概念文件，旨在填补和解决法律法规的空白和问题，有助于为人工智能和机器人技术开发创造更有利的监管环境。此外，俄罗斯经济发展与贸易部还列出了各领域引入机器人和AI技术的"法律障碍"。

二、俄罗斯网络治理的特点分析

（一）概念使用注重自身特色，在美欧框架外强调话语权

2020年，俄罗斯在不断调整、充实和完善网络空间安全政策来满足其国家安全需要的过程中，形成了一套具有自身特色的网络话语体系。长期以来，俄罗斯一直用"信息空间"代指"网络空间"，用"信息安全"代指"网络安全"，特别是在外交场合中避免使用"网络空间"一词。与此同时，针对以美国为首的西方国家炮制俄罗斯"国际网络空间安全威胁"的言论，俄罗斯在多个场合予以驳斥。俄罗斯外交部在2020年8月7日批评推特等美国社交媒体平台将俄罗斯媒体账号主页标记为"俄罗斯国家所属媒体"，而受政府资助的西方媒体却没有被打上这种标签；2020年9月11日，俄罗斯外长拉夫罗夫驳斥了微软关于俄罗斯黑客干预美国大选的指控。

（二）网络空间治理采取防守态势，强调网络空间知识产权，把握国内网络主导权

不同于美欧在网络空间中的攻击性，俄罗斯网络空间治理整体采取防守态势，依托《主权互联网法》的生效，俄罗斯在通用网络信息管控、内容管理、知识产权保护等方面突出主权性，把握国内网络主导权。俄罗斯一项规定[3]要求在该国销售的移动设备和其他设备预装俄罗斯应用程序和软件，这项立法针对的产品包括智能手机、电脑、平板电脑和智能电视；2020年10月1日，俄罗斯版权法新修正案正式生效，为俄罗斯越来越严格的反盗版战略增添了新力量。新修正案要求包括苹果和谷歌在内的公司从各自的应用商店中删除侵权的应用程序，否则将会被当地互联网服务提供商屏蔽。

（三）积极倡导建立国际行为准则，赢得网络空间主导权

为了有效地应对网络空间安全威胁，俄罗斯在加强自身防御的同时，积极倡导全世界建立网络空间活动的国际行为准则，调节网络空间中国与国之间的关系。一方面，在国际舞台为我国声援，以网络空间主权原则来反对网络自由

---

③ 2019年12月，俄罗斯总统普京签署一项新法案，要求在该国销售的所有智能手机、电脑和智能电视机都预装俄罗斯软件，这项法案原计划2020年7月1日正式生效，后推迟至2021年1月1日生效。

主义。TikTok在美国被禁期间，俄外交部发言人扎哈罗娃就曾评论称，美国对社交媒体TikTok采取不合理的限制性行动，违反了美国的国际义务，如确保自由和广泛传播所有形式的信息，确保受众自由选择信息来源，并促进在这一领域的相关合作。另一方面，借鉴军备控制的经验，限制美国在全世界的网络霸权，赢得网络空间主导权。最典型的例子就是俄罗斯全球首次立法"主动断网"，以识别网络主权威胁，在传统的关键信息基础设施领域树立了自主可控的网络主权。

三、俄罗斯的网络治理趋势分析

（一）"疫情因素"和"抗议活动"是未来一段时间影响俄罗斯网络空间治理的重要驱动

"疫情因素"成为2020年度网络空间治理的特征性高频词，甚至伴随着新冠肺炎疫情在全球的持续蔓延，这一因素将成为2021年各国网络治理的驱动力量。从时间上看，2021年，网络虚假信息传播、网络欺诈、网络勒索事件或将增多，加之俄罗斯境内围绕反对派领袖纳瓦尔尼审判结果的抗议愈演愈烈，可以预见的是，俄罗斯虚假信息治理力度将随之加大。

（二）以年度"断网"演习机制为契机，扭转"美国主导"互联网现实

俄罗斯"断网演习条例"正式生效后，设立了年度"断网"演习机制，旨在创造"纯俄"网络，以保护俄罗斯互联网主权。此外，俄罗斯正在建设新的互联网管理机构——通用通信网络监管中心，旨在保证国内互联网主权和网络空间纯净。俄罗斯政府为该中心的建立和运营提供资金，研发并管理对互联网信息交换线路进行监控的软硬件。俄罗斯联邦安全委员会副主席梅德韦杰夫于2021年2月1日表示，切断俄罗斯与全球互联网的联系，并运行俄罗斯独立网络，在技术上已成为可能，政府对此种情况已有预案。

（三）完善法律法规，进一步管控限制加密货币流通

俄罗斯财政部修订了《数字金融资产法案》（DFA），以限制加密货币的流通。如果《数字金融资产法案》的拟议修正案生效，俄罗斯只有3种可以接收加密货币的情况：继承、破产和强制执行程序获得资产。在其他情况下，包括采矿奖励，所有使用加密货币的操作的俄罗斯公民和企业都将被视为非法。违反这项拟议法律的居民可能面临最高10万卢布的罚款和最高7年的监禁，法人可能面临最高100万卢布的罚款。

1.4 2020 年日韩网络空间治理综述

2020 年，日韩不断加强网络空间治理的能力建设，相关举措和动向梳理如下。

一、2020 年日本网络治理举措

（一）以立法修法约束企业滥用个人信息

2020 年 6 月 5 日，日本参议院通过《个人信息保护法》修正案，扩大了要求删除或披露个人信息的个人权利：明确个人可以在对本人不利的情况下，要求企业停用个人信息或停止向第三方提供其信息；规定还对使用个人数据的企业加重责任，违规企业最高可罚款 1 亿日元；此外该法还限制企业从安全摄像头等设备收集的面部识别数据的使用。2020 年 12 月 25 日，日本个人信息保护委员会（PPC）发布了一项内阁命令草案，部分修订《个人信息保护法》（经 2015 年修订的 2003 年第 57 号法令）和"个人资料保护委员会秘书处组织条例"的执行条例，规定了数据泄露报告的要求。2020 年 5 月 1 日，PPC 发布了关于联系人追踪移动应用程序的数据处理指导意见，要求"个人信息处理业务经营者"避免收集或披露与处理目的无关的数据、建立删除数据的机制并加强数据保护。

（二）以国际合作促进跨境数据流通

一方面，扩大跨境数据流动合作。2020 年 5 月，日本政府和欧盟计划在 2020 年内签署能够相互使用人造卫星数据的合作协定。日本企业可登录政府运营的网上数据平台，免费获得和分析日欧的各种卫星图像。与日本一样，欧盟方面也将向欧洲企业等免费提供卫星数据。2020 年 9 月 11 日，英国国际贸易大臣伊丽莎白·特拉斯与日本外务大臣茂木敏充原则上达成了《英日全面经济伙伴关系协定》，其中包括允许两国数据自由流动的规定。协议的一部分包括一项禁止数据本地化的协议，要求数据的初始收集、处理和存储首先在一个国家的范围内进行，某些情况下，在从数据主体本国的系统中删除数据之前，必须先从其他国家的系统中删除数据。另一方面，日本对数据的国际转移进行更严格的控制。2020 年 6 月，日本参议院通过修订后的《个人信息保护法》，明确了在个人同意的基础上进行国际数据传输时需要提供的信息，使该法案更加符合欧盟《通用数据保护条例》。

（三）以能力提升网络安全防御水平

一是加强网络作战力量研发投入。2020 年 4 月，日本防卫省宣布 2020 年在网络领域投资 2.37 亿美元，包括开发基于人工智能的系统以应对网络攻击，新系统预计 2022 年可开展实际运用。该系统将自动检测恶意电子邮件、判断威胁，并对网络攻击做出反应。日本防卫省在 2020 年度《防卫白皮书》中警告称，网络恶意行为者可能会通过破坏关键基础设施来严重影响个人生活，如破坏电力系统等。在新部队组建之前，日本从 2020 年 7 月起在陆上自卫队通信学校开展电磁波的专门培训。2020 年 7 月 14 日，日本政府批准了 2020 年版《防卫白皮书》，其中提到要加强网络安全、电磁波等领域的军事科技能力。二是利用跨国合作机制建立网络攻防联盟。2020 年 8 月，日本首次组织举办线上网络安全防御演习，参与本次演习的国家包括美国、英国、法国和 10 个东盟国家等 20 多个国家，演习目的是防御针对关键基建设施发动的潜在网络攻击。2020 年 12 月 10 日，东盟国防部长与日本在第七届东盟防长扩大会视频会议上达成共识，将协作开展网络安全能力建设项目。该项目在 2021 年将举行首场研讨会，通过加强东盟成员国和日本国防官员之间的信息对接，提高各国应对网络事件的能力。三是民间自发形成网络安全协作机制。2020 年 4 月 1 日，日本航空、铁路、物流、机场 4 个行业的 66 家企业共同组成民间组织"交通领域信息共享与分析中心"，用于共享对交通工具的网络攻击信息，以加强对策应对。

（四）调动各方力量参与网络内容生态治理

2020 年 9 月，日本政府出台应对网络暴力的一揽子政策，首次明确规定网暴施暴者的手机号码等个人信息可以合法公开，相关政策还规定：网络运营者方面，今后需要定期向日本政府汇报其对相关言论及账号的监管情况，监管效果将接受评定；各地政府方面，将增设线上线下的咨询窗口，以便受害者随时寻求援助；学校方面，将把遏制网络暴力的相关内容加入日本中小学生教育当中。

二、2020 年韩国网络治理举措

（一）综合施治：全面加强和落实个人数据保护

一是通过立法强化政府监管权力。2020 年 1 月 6 日，韩国发布对 2011 年《个人信息保护法》（PIPA）的修正案终稿，韩国个人信息保护委员会（PIPC）

公开咨询公众意见。在 2020 年 2 月 16 日咨询公众意见之后，PIPC 还将开展监管影响评估。修正案阐明了修订原因，并指出韩国的个人信息保护法律需要与国际标准接轨，实现欧盟级别的充分保护。此外，修正案还包括引入数据主体的数据可移植性权利，进一步明确在线下活动中使用和处理个人数据的相关规定，对闭路电视和视频监控的个人数据保护法规和合规性进行调整，加强对跨境数据传输的监管。

二是加强数据保护顶层战略规划。2020 年 11 月 24 日，PIPC 发布了有关韩国在未来 3 年内将如何进行数据保护的计划，公布了未来 3 年个人信息保护战略路线图，其中包括对数据保护措施的自我监管、改善跨境数据流、国家期望遵循的主要政策方向以及政府保护公民信息的蓝图。例如，在收集个人信息时改进同意制度，提供自我调节激励措施以及改善个人信息的海外转移制度。PIPC 明确指出，将重点关注多项举措，包括通过加强主体监管进行数据保护，制定数据保护的评估标准，推动虚假信息治理要求的实施，推动人工智能、云计算、自动驾驶汽车等新技术和隐私法规的制定。

三是加强国际合作，保护跨境数据安全。2020 年 10 月 19 日，PIPC 宣布成为由亚太经济合作组织（APEC）管理的跨境隐私执法安排（CPEA）的成员。通过签署 CPEA，PIPC 能够与海外国家的其他当局和执法部门合作，调查韩国公民数据在韩国境外被泄露的情况。

四是利用新技术手段防范数据泄露。2020 年 2 月，PIPC 宣布推出一种加密私人号码代替完整电话号码的手段，用户可在门户网站 NAVER、社交软件 Kakao Talk 或身份认证应用 PASS 上获得唯一的加密号码。此举目的是应对与新冠肺炎疫情有关的数据泄露。2020 年 12 月 8 日，PIPC 宣布，引进并建立网站账户信息泄露确认系统，允许数据主体检查其个人信息是否被泄露。根据计划，PIPC 将与韩国科学和信息通信技术部（MSIT）合作，建立该系统的安全措施，验证数据泄露信息。该系统预计将于 2021 年建成，并与主要互联网公司提供的附加信息一起进行维护。

五是行政处罚约束平台滥用数据权限。2020 年 11 月 25 日，PIPC 以脸谱网未经用户允许向其他运营商提供用户个人信息为由，向脸谱网开出 67 亿韩元的罚单，并要求对其进行刑事调查。

（二）规范引导：调动各方参与网络内容生态治理

一是指导匿名信息的识别和管理。2020 年 9 月 24 日，PIPC 发布了有关个人数据处理，特别是匿名和假名数据处理的指南。具体而言，PIPC在其指南中阐明了应如何处理匿名和假名数据，并明确了如何对个人数据进行匿名或假名化。指南规定了正确进行数据假名和匿名化所需的程序，包括如何准备数据、确定要进行处理的数据类型、核实个人数据匿名化后能否被重新识别，并针对处理假名和匿名数据的个人和实体制定明确的管理政策。2020年11月19日，PIPC宣布与韩国互联网振兴院（KISA）联合运营一个假名化信息支持中心，为安全处理假名化数据提供建议、指导和咨询等。

二是立法规范平台内容自治义务。2020年5月7日，韩国科学技术信息放送通信委员会通过《信息通信网法》修订案。该法案修订案旨在防止类似"N号房"事件再次发生，因此又被称为"N号房预防法"。该法案修订案要求互联网运营商采用过滤技术，以在信息发布前过滤掉网络性犯罪内容。此外，如果运营商不能立即对已发布的此类内容采取行动，将面临相应惩罚。该法案修订案还规定，网络运营商必须指派专员负责防止非法视频的传播。此外，修订案还要求相关责任人每年向广播通信委员会提交透明性报告书。

三是立法约束平台内容管理权限。2020年12月1日，韩国内阁会议通过了修订后的《电信业务法》条例，该法于2020年12月10日生效。修订后的法令明确规定，在线内容服务提供商有责任确保增值电信服务的稳定性。该标准涵盖了5家公司——美国的谷歌、奈飞、脸谱网，以及韩国本土的NAVER和Kakao。新规定还要求，这些公司要采取措施，通过与电信服务运营商合作，防止在线流量的滥用。如果这些公司未遵守新规定，它们可能面临最多2000万韩元的行政罚款。

三、日韩网络治理的特点分析

（一）日本奉行"经济－安全至上"的治理策略，通过加强国际合作积极争取国际数据治理话语权

在数据保护方面，日本积极向欧美看齐，在立法和执法方面力求与欧盟保持一致。日本在重视个人数据保护的同时，强调数据流通的价值，不但出台鼓励本国数据流通的措施，为企业数据管理提供指南，同时注重加强与欧美等的交流协作，发挥跨境数据的流通价值。在网络安全方面更是注重战略储备，其网络安全政策既是其军事政策的一部分，同时也体现了典型的国家政治外交策略：加强与美欧以及东亚、东南亚国家的合作。

（二）韩国奉行"民族－实践至上"的治理策略，通过网络治理实现社会治理的有益补充

从 2020 年韩国网络治理的经验来看，韩国网络治理的顶层规划、立法、决策政策均围绕当下最突出的实践问题展开。在数据保护方面，韩国提出了一系列应对个人信息泄露的技术方案和行政管理方案，并注重保护韩国跨境数据流通安全。在网络平台治理方面，韩国加强对境内外大型网络科技平台的反垄断调查和行政处罚。在数据使用方面出台限制大型平台并有利于中小创企业的策略。

（三）日韩两国均强调以技术创新提升互联网监管能力

韩国在建立数据监管系统手段方面做出了创新示范，日本则在巩固国防网络作战能力方面加强了手段建设。两国也针对新兴互联网科技（如物联网、人工智能、区块链等技术）出台了振兴措施，并积极倡导建立行业标准，对部分新型"技术黑洞"进行约束和封堵。日韩两国还充分发挥社会组织、行业协会以及民间合作的力量，在内容治理、网络安全防御等方面强调自治、共治、技治，利用第三方资本和管理力量推动技术治网手段建设。

四、日韩的网络治理趋势分析

日韩网络治理的主要方向是对外加强国际交流合作，对内谋求技术自主创新。新冠肺炎疫情带来社会生活和运作方式的巨大变革，数字化生产方式成为主要趋势之一，数据和信息保护的重要性日渐凸显。2020 年，日本和韩国均从立法层面强化了对数据的保护，并不断向欧盟标准积极靠拢；面对网络治理的内忧外患，不断推动技术监管实践。日韩未来的网络治理趋势如下。

一是谋求在新兴应用领域与中国竞争。安倍卸任前，日本基本敲定在 2020 年内制定经济活动安全保障战略，新战略中将写明敏感技术保护的措施，着眼于包括网络空间在内的技术革新发展，阻止尖端技术外泄。其中提到与美国展开包括 6G 在内的技术合作，以对抗在 5G 全球战略中处于领先的华为技术有限公司（以下简称华为）。日本还在 5G、网络安全等领域加强与印度的合作，如 2020 年 10 月，双方政府已就促进 5G 网络和人工智能等关键领域的合作签署备忘录。韩国则一直试图在 5G 领域实现对我国"弯道超车"的想法，韩国运营商积极推动 5G 套餐亲民化，以实现全球 5G 商用领先。

二是继续探索数据流通和保护机制。2021 年 2 月 5 日，日本个人信息保护委员会对其制定的《个人信息保护评估指南》进行部分修订，建议通过新任命跨部门特定人员以及设立新部门等方式加强评估报告。韩国将贯彻《个人信息保护三年规划》中的要求，加强跨境数据泄露保护和新兴联网技术中信息泄露防范。

三是强化政府对科技企业的监管权力。日本主张通过以技术手段强制对科技公司进行数据监控。"五眼联盟"以及日本在2020年电话会议中要求科技公司采取几项具体措施：在其系统设计中嵌入加密后门，让执法部门能够以"可读和可用的格式"访问设备信息，并方便合法访问。此外，还希望在基于云计算的平台和应用程序（如即时通信）上安装加密后门。此举目的在于使执法部门有效跟踪网络犯罪团伙。韩国对国外大型互联网企业在韩国的发展十分排斥，对大型网络平台进行反垄断的呼声日渐高涨。未来韩国针对外国大型网络平台的反垄断调查和处罚将日益频繁。

1.5　2020年欧盟网络空间治理综述

2020年，欧盟密集出台一系列涉及网络空间治理的重要战略文件，如发布新的网络安全战略、制定多项数字战略、提出数据治理法案等，表现出强监管、填补漏洞、积极防御等特点。同时，进一步表明了欧盟数字化转型战略的逐渐成形，凸显了欧盟重夺"技术主权"的决心和意志。

一、2020年欧盟网络治理主要动向

（一）发布新的网络安全战略

2020年以来，欧盟不断推出网络安全战略。欧盟网络与信息安全局2020年7月17日发布《可信且网络安全的欧洲》战略文件，意图打造"可信且网络安全的欧洲"，构建覆盖全欧盟的网络安全理论与实践知识体系，致力于确定及掌握具有前景的网络安全能力。2020年8月1日，欧盟委员会公布了新的欧盟内部安全战略《欧盟安全联盟战略2020—2025》，欧盟将重点打击恐怖主义和有组织犯罪，促进网络安全和相关技术研发。2020年12月16日，欧盟委员会和外交与安全政策高级代表发布新版《欧盟数字十年的网络安全战略》，主要内容包括：提升欧盟新的关于全球互联网安全的解决

方案；推进物联网安全法规建设；建立更好地预防、阻止和应对袭击的外交工具箱；加强网络防御合作；加强与欧盟以外国家以及北约等国际组织的网络安全对话；建立欧盟外部网络能力建设协议和欧盟机构间网络能力建设委员会等。

（二）制定多项数字战略，打响"数字主权"保卫战

2020 年 2 月，欧盟委员会发布《塑造欧洲的数字未来》《欧洲数据战略》和《人工智能白皮书——通往卓越和信任的欧洲路径》（以下简称《人工智能白皮书》）3 份文件，涵盖网络安全、关键基础设施、数字教育和单一数据市场等各个方面，形成了欧洲新的数字转型战略。2020 年 7 月，数字转型成为"欧盟下一代"复兴计划的重要组成部分。欧洲议会发布《欧洲数字主权》报告，从构建数据框架、促进可信环境、建立竞争和监管规则 3 条路径提出了进一步倡议。2020 年 12 月，欧盟推出"数字欧洲计划"，将在未来 7 年内提供 76 亿欧元建立和扩展欧洲的数字能力，加强欧洲的数字主权。2020 年 12 月 16 日，欧盟提出了一项新的《欧盟数字十年的网络安全战略》，旨在引领和打造更安全的网络空间，从而为数字经济的发展保驾护航。

（三）对网络虚假信息加大打击力度

欧盟官网公布打击虚假信息联合通讯文件称，欧盟委员会及其高级代表于 2020 年 6 月 10 日召开会议，评估欧盟应对与新冠肺炎有关的虚假信息的措施，并提出下一步工作计划。欧盟委员会表示，在线平台应提供月度报告，详细说明其推广权威内容的行动，并限制与新冠肺炎相关的虚假信息和广告。欧盟于 2020 年 12 月 2 日发布《欧洲民主行动计划》（EDAP），旨在赋予公民更多权力，并在整个欧盟建立更具弹性的民主制度。EDAP 确立了三大任务：促进自由公正的选举、加强媒体自由以及打击虚假信息。在"打击虚假信息"领域又特别提出了三大重点任务：一是提高欧盟对抗信息空间干扰的能力；二是将《反虚假信息行为准则》纳入在线平台义务和责任共同监管框架；三是在 2021 年年初发布实施《反虚假信息行为准则》的指导意见，并建立更健全的框架来监督其执行情况。

（四）加强对世界数字公司的监管

2020 年 12 月，欧盟委员会提交了两部新数字法案——《数字服务法》和《数字市场法》，旨在对在欧盟境内运行的社交媒体、在线市场和其他在线平台进行监管。欧盟委员会称，这两部法案是其制定欧洲数字十年计划的核心。那些通过损害竞争对手为自己谋利的主要技术平台，可能将被迫出售业务，并支付数十亿美元的罚款。此外，欧盟还公布了为微软和谷歌等科技公司制定的搜索排名方面的规则，要求这些科技公司增强搜索排名的透明度。此外，征收数字税则是针对科技公司不平等竞争的有力工具。法国于 2020 年 12 月重启数字服务税征收计划，对在法国收入超过 2500 万欧元、全球收入超过 7.5 亿欧元的互联网公司征收 3% 的数字服务税。意大利、西班牙和奥地利等欧洲国家也提出了自己的数字服务税方案。

（五）提出数据治理法案，促进数据共享并支持欧洲数据空间建设

2020 年 11 月 25 日，欧盟委员会提出了有关数据治理的新法规《数据治理法案》。欧盟委员会特别指出，该法规将促进整个欧盟以及各部门之间的数据共享，从而为社会创造财富，增强公民和公司对数据的控制和信任，并为主要技术平台的数据处理实践提供一种欧洲模式。该计划是欧洲数据战略下的第一个成果，旨在释放人工智能等数据和技术的经济和社会潜力，同时尊重欧盟的规则和价值。在计划建设的数据空间中，数据可以按照明确、实用和公平的获取和重用原则在欧盟内部和跨部门流动。该计划还支持在确保符合欧洲公共利益和数据提供者合法利益的条件下，更广泛地进行国际数据共享。预计2021 年欧盟将出台更多关于数据空间的专门提案，并辅以数据法案，以促进企业之间、企业与政府之间的数据共享。

二、2020 年欧盟网络治理的特点分析

（一）欧盟对网络社交媒体平台的监管，表现出从指导行业自律向立法监管过渡的特征

过去，欧盟对于社交媒体的监管主要依靠政策规范，以指导社交媒体平台行业自律为主要特征。2017 年 9 月，欧盟委员会针对社交媒体公布了自我管理指导原则。2018 年，欧盟委员会发布了《反虚假信息行为准则》，旨在进一步加强互联网企业对平台内容的自我审查。2020 年 7 月，欧盟委员会发布《视听媒体服务指令》修正案指导方针，首次将社交媒体纳入欧盟监管范围。这意味着欧盟对社交媒体的监管力度明显加强。法国总统马克龙曾表示，将在2020 年年底之前把该修正案转为本国法律，从 2021 年 1 月 1 日起正式施行。欧盟动态网站认为，《视听媒体服务指令》修正案填补了社交媒体的监管漏洞，有利于打击极端言论和虚假信息的传播。

（二）采取"非对称措施"监管互联网平台，力图创造公平竞争的数据环境

《数字服务法》和《数字市场法》是欧盟 20 年来首次对互联网规则的全面改革。欧盟将"不对称规则"作为首选监管方案，对大型科技企业和中小型科技企业采取不同的监管标准。对于大型互联网平台而言，《数字市场法》规定了其必须遵守的行为规则，并进一步澄清了责任制度。对于中小型科技企业而言，欧盟希望可以借此机会使其获得充分竞争的机会。在网络平台广告治理方面，多国针对网络广告投放问题对科技公司实施反垄断监管，数据经济话语权博弈愈发显化。《数字服务法》提案则构成了欧盟实现数字战略的重要环节。提案注重加强对系统性平台的民主控制和监督，积极强调大众媒体的作用，不断降低潜在的系统性风险，如操纵或虚假信息等，从而创造一个公平竞争的数据环境。欧盟认为，不能让几个公司的商业和政治利益决定欧洲的未来，欧洲必须建立起自己的条款和标准，为本土的平台发展留出空间。新法规矛头均直指行业内的重量级公司，采用"事前"规则，迫使大公司提前采取行动，同时制裁非常重，罚款甚至可能达到上百亿欧元。立法规制和监管保护是欧洲在数字经济领域的优势，因此欧盟希望新法规能够类似 GDPR 在全球起到引领作用，为大型在线平台提供一套在整个欧盟范围内都能够遵循的协调一致的规则。

（三）欧盟委员会的数字议程仍未改变，并向解决疫情造成的担忧方向转向

虽然一些互联网领域立法被推迟，但在 2020 年下半年，与新冠肺炎疫情相关的虚假信息立法进程逐步推进。欧盟委员会在 2020 年 6 月就一系列数字问题展开公共磋商，并于 12 月公布《欧洲民主行动计划》。该计划以从新冠肺炎疫情危机中得到的教训为基础，提出打击虚假信息的措施。针对 2020 年下半年新冠肺炎疫情带来的网络虚假信息传播风险，欧盟委员会分别在 2020 年 9 月、10 月和 11 月发布由《反虚假信息行为准则》网络平台签署者提供的 3 组报告，并将相关组报告作为欧盟"解决新冠肺炎病毒虚假信息——正确事实监视和报告"计划的一部分。这 3 组报告分别围绕不同的时间段，评估上述平台采取的限制涉新冠肺炎疫情虚假信息传播的各种行动，并指出其不足。

（四）明确加强人工智能在网络安全领域的应用，创建伦理标准，转为积极防御

2020 年 2 月 19 日，欧盟委员会发布了《人工智能白皮书》，讨论了欧盟委员会所支持的两个重要科技政策目标，即通过加强投资和监管，促进人工智能发展，并处理相关技术应用带来的风险。2020 年 4 月 8 日，欧盟委员会发布人工智能伦理准则，以提升人们对人工智能产业的信任。欧盟委员会同时宣布启动人工智能伦理准则的试行阶段。欧盟明确加强人工智能在网络安全领域的应用，转为积极防御，将形成相关领域能力赶超之势。新的网络安全战略计划在整个欧盟范围内建立一个由人工智能驱动的安全运营中心"网络盾牌"，以便能够及早发现网络攻击的迹象，并提前主动反应，采取防御行动来限制潜在威胁，提高网络安全弹性。欧盟"网络盾牌"计划明确了人工智能在网络安全领域的重要作用，将国家安全机构与人工智能和机器学习相结合，此举将大大提升网络安全防御能力。

三、欧盟网络治理的趋势分析

（一）抓住博弈良机捍卫数字主权，力争在全球数字监管领域占得先机

长期以来，"数字主权"是欧洲的痛点，也是欧洲一直以来的追求。欧洲各国数字经济发展不平衡，跨境壁垒和市场碎片化现象仍然存在，建立单一数字市场的任务还十分艰巨。欧洲市场日益成为美国建立其全球技术和工业主导地位的关键战场，这给欧洲的数字化转型带来了巨大挑战。与此同时，欧洲意识到这是可以积极利用的机遇。欧盟已经积极倡议成立欧盟－美国贸易和技术委员会，希望与美国就包括数字经济在内的广泛议题进行对话协商。

（二）更加注重隐私和数据保护，"疫情因素"仍是未来一段时间影响网络空间治理的重要驱动

欧盟《2020—2024 年数据保护战略》报告中指出，新冠肺炎发生后存在数据收集数量猛增的情况，除医疗领域外，教育、工作和日常生活的数据收集量都大量增加，这会导致公民的权利和自由受到影响。在保障公共医疗卫生有足够的数据使用的情况下，更加需要考虑个人数据和隐私的保护工作。可见，欧盟认为新冠肺炎会持续产生影响，将改变整个欧洲的数据使用和保护工作，未来会有更多领域的数据被收集用于保护公民的生命，同时会随之带来更多隐私和数据保护的问题。各欧盟成员国力图促成统一数据保护局面的愿望日益强烈。对于新冠肺炎疫情后全球格局的转变，欧盟认为将对社会各领域产生极大影响，给数据的使用和保护带来新的考验。

（三）寻求同盟者来加强网络安全全球合作

2020 年 12 月 2 日，欧盟委员会向欧盟议会、欧洲理事会和欧洲委员会发布了新的《欧盟－美国全球变革新议程》，提议欧盟和美国在数字监管等各个领域恢复合作，组建全新的联盟。该草案旨在振兴跨大西洋伙伴关系，并共同应对日益强大的中国所带来的"挑战"。欧盟新网络安全战略里也提到要建立一个"联合网络机构"来应对事件和威胁，并加强网络防御合作，与欧盟以外国家以及北约等国际组织就网络安全展开更多对话。种种迹象表明，欧盟将大力加强网络安全领域合作，强化同盟趋势。新冠肺炎重创欧洲经济，美国换届给欧盟带来新的机遇和希望，欧盟将不断寻求与美国构建起对华遏制政策。

（四）强化网络技术主权和领导力，打造网络安全战略高地

欧盟日益谋求成为全球网络安全治理领域积极作为的行为体，筑起强有力的领导地位。欧盟多次在新的网络安全战略里提到要"在网络空间发挥领导作用"，要增强欧盟"在网络空间的国际规范和标准上的领导地位"。由此可见，在大国竞争逐渐激烈的当下，欧盟各国急切谋求成为全球网络安全治理的"领头羊"，在治理和技术领域拥有绝对话语权。与此同时，网络基础设施的保障一直是欧盟的"心头肉"，维护网信领域的关键基础设施的安全性和稳定性一直是欧盟出台网络安全领域政策的重中之重，也是其自身的关注要点。

1.6 2020 年全球数据治理综述

在数字经济浪潮席卷全球的背景下，作为数字经济的"新能源"，数据已然成为全球网络空间治理、博弈的核心命题。2020 年，以美欧为代表的西方国家和地区在数据治理领域不断探索，相继出台重要法律法规及战略政策，从数据监管、数据共享、数据跨境流通等方面推出新举措，应对经济全球化、新冠肺炎疫情防控等对个人隐私和数据保护带来的挑战。

一、2020 年全球数据治理领域的动向分析

（一）持续完善数据治理领域顶层设计新框架，多管齐下打造本国核心竞争力

多国以数据战略为风向标，以数据保护为基石，以数据共享为助推器，持续加强顶层设计，不断完善政策法规，探索国家层面的数据治理方案。如美国白宫发布《联邦数据战略与 2020 年行动计划》，从政策标准、工具包、伦理框架等多个层面促进数据开放，并推动数据使用的可问责性和透明度理念；欧盟委员会发布《欧洲数据战略》，以打造全球最具竞争力的数据敏捷型经济体为蓝图，继续推行"数字单一市场"，敦促所有的数字产品和服务遵守欧盟的规则、标准和价值观；英国发布《国家数据战略》，提出"实现数据基础、创建数据技能、保持数据可用性、建立负责任数据"四大举措，以"政府即平台"的理念促进数据产业增长，强化数据创新思维。

（二）深入部署跨境数据流动监管新布局，强化数字主权，维护本国数据权益

为了加强跨境数据流动监管，保护本国数据权益，美西方国家围绕数据治理国际话语权和规则制定权的竞合不断加剧，通过"长臂管辖"等方式扩张其跨境数据执法行为。如美国依托其2019年颁布的《澄清域外合法使用数据法案》，赋予联邦政府调取存储于他国境内数据的法律权限；欧盟委员会于2020年2月推出"欧盟数字新政"，发布欧盟数字化总体规划、《欧洲数据战略》和《人工智能白皮书》3份文件，强调要确保欧盟成为"数据赋能社会"的榜样与全球领导者；其他新兴经济体以维护本国数据安全为出发点，实施数据本地化或限制性数据跨境流动政策，强调数据跨境流动对等性原则，不断寻求数据使用和治理的平衡之道。

（三）积极推动国际社会协调合作新发展，探索数据协作的最佳实践

以全球两大数据隐私与保护监管框架——欧盟《通用数据保护条例》（GDPR）和亚太经合组织（APEC）"跨境隐私保护规则"（CBPR）体系为蓝本，多个国际组织提出新方案、新倡议，呼吁加强全球数据治理合作，共同应对风险挑战。如2020年6月，世界经济论坛发布的《跨境数据流动路线图》白皮书，以探索既能促进数据密集型技术的创新，又有助于在国际和区域两级开展数据协作的路线；2020年11月发布的《二十国集团领导人利雅得峰会宣言》提出"基于信任的数据自由流动"，并"支持营造开放、公平和非歧视环境，支持保护和赋权消费者，同时解决在隐私、数据保护、知识产权和安全方面的挑战"。多个国家和地区确立了专门的数据保护机构及自身的数据保护规则。如欧盟于2020年11月通过《欧洲数据治理条例》建议稿，以符合欧盟价值观的新数据治理方式促进各部门和成员国之间的数据共享。

（四）不断推出数据治理和保护新举措，强化数据安全监督管理

各国积极梳理行业发展现状，夯实数据治理的政策法规基础，推动行业自律。美国加利福尼亚州发布《加州消费者隐私法案》，为加利福尼亚州的消费者引入了一系列隐私权，并严格规定了众多收集加利福尼亚州消费者个人信息企业的法律义务；加拿大提出的《2020年数字宪章实施法案》（DCIA）将大幅提高对公司的罚款力度，对于最严重的违法行为，最高罚款可达企业全球收入的5%或高达2500万加元，或成为七国集团（G7）国家隐私法中最严厉的处罚条款；德国数据保护局发布了审查欧盟数据传输机制的相关指南，指导企业在《欧美隐私盾牌》协定无效后进行数据传输；日本以跨境数据流动政策灵活性为主导，既跟随美国的政策主张，参与跨太平洋伙伴关系协定（TPP）以及APEC，又积极迎合GDPR的相关规定，修订本国的《个人信息保护法》，以弥合与欧盟在跨境数据流动规则方面的差异。

二、全球数据治理领域面临的风险挑战

当前，全球数据治理机制仍面临碎片化、滞后化等诸多现实困境，主权国家间数据治理的权属冲突和共识缺失矛盾持续加剧，疫情暴露的数据安全隐患屡见不鲜，个人、企业与主权国家间数据权益不对称和不平等的权力结构矛盾日益凸显。

（一）主权国家间的数据治理主张不同导致冲突升级

随着新兴经济体数字产业的迅速崛起，主要科技强国都在谋划布局相应的数据发展战略。由于主客观因素掣肘，各国所秉持的数据跨境流动理念及主张大相径庭，既有多边规制难以达成主权国家间的平衡，全球数据治理的统一和协调依旧面临诸多困境。2020年5月，美国发布《美国对中华人民共和国的战略方针》，限制中美相互技术投资和出口，通过泛化国家安全等方式加速推行在数据流通和通信领域与中国"脱钩"。2020年7月，欧洲法院判决《欧美隐私盾牌》协定无效，使美欧之间的数据隐私保护及数据跨境流动分歧在未来一段时间内都难以弥合。俄罗斯、印度、阿根廷等国家为了避免成为美欧竞争的"牺牲品"，纷纷为维护本国数据本地化权益开展相关立法工作。

（二）对新冠肺炎疫情防控措施的泛政治化倾向使主权国家在网络空间数据治理领域博弈加剧

在大国博弈向网络化迈进的新阶段，数字化进程的加速意味着数据收集的增加。疫情大流行引发了网络空间大量不实、虚假甚至污名化的信息传播，存在着因数据开放不足导致的"数据孤岛"、数据垄断等问题，由疫情引发的数

据泄露、数据滥用、隐私泄露等问题层出不穷。在上述背景下，平衡各国的数据发展战略和国家利益成为全球数据治理领域亟待解决的重点问题。

（三）主权国家、企业与个人之间数据权益发展呈现"三方失衡"态势

数据开放利用与数据安全治理是一把"双刃剑"，在确保关键数据融通共享的同时，维护好个人和公共数据权益是全球数字治理面临的重要挑战。由于界限不明，国家、企业和个人在数据使用和保护方面的冲突不断，发展失衡。如美国以国家安全为由，限制 TikTok 在美业务的开展；欧盟 GDPR 实施以来，处理了 16 万余件隐私数据违规事件，罚金超 1 亿欧元；"五眼联盟"、印度和日本呼吁对所有设备嵌入加密后门，以便执法部门访问设备信息和加密用户数据；德国法院裁定脸谱网滥用主导地位，并限制其收集用户数据，爱尔兰数据保护委员会责令脸谱网暂停向美国传输欧盟用户的数据，欧盟反垄断监管机构因索取过多信息被脸谱网起诉。

三、对我国的启示和建议

为了更好地展现负责任的大国担当，着眼于全球数据发展关切，我国应坚持以推动构建"人类命运共同体"理念为根本，主动应对全球数据治理领域的冲突、博弈和失衡等风险，倡导各国共建共治共享，推动全球善治格局的形成。具体建议如下。

（一）推动建立普适性更高的跨境数据流动全球治理框架

立足全球视野，加快加深参与全球数据治理步伐，联合友好国家和国际力量，通过国际交流、对话和谈判等方式推动形成全球数据治理的新框架，加快构筑数据跨境流动新规则，探索相对完善和健全的国际数据保护条约或相关适用机制，促进数据合法有序流动，以推动构建合理、协调、高效的全球数据治理体系。考虑到各国可能无法在短期内形成相互协调的数据治理政策体系，建议推进将联合国及各区域组织作为全球数据治理的重要平台，由联合国妥善协调组织内各主权国家或地区的数据发展战略，化解各国在数据发展战略上的冲突，促进各方在互利共赢的基础上实现全球数据共享和有序流动，营造可信赖的规制环境。

（二）主动出击强化全球数据治理领域多边合作

为了妥善处理数据跨境流动问题，我国可主动出击推动各主权国家或区域组织通力合作，共同寻求合理高效的数据协调治理路径。由于中美经贸摩擦等原因，可以考虑先与欧盟进行规制协调，并在《中欧投资协定》《区域全面经济伙伴关系协定》（RCEP）、《中日韩自由贸易协定》（FTA）等多双边贸易谈判和协议落实过程中，积极与重要贸易伙伴国达成数据流动认证协定，提升我国在跨境数据流动领域的国际话语权。作为APEC成员，可以考虑有条件地加入APEC框架下的CBPR体系，参与搭建双边或多边国际合作平台，将与数据跨境流动相关的政策深度嵌入双边、多边的贸易投资谈判中，积极把握数据跨境流动合作的主动权。同时可以考虑搭借"数字丝绸之路"的建设成果，将我国支持的跨境数据流动规制体系推向"一带一路"沿线国家。

（三）坚决维护我国数据主权，打好数据安全保卫战

一是可考虑对涉及国家安全的敏感数据及关键基础设施建立分级分类分区域监管及安全风险评估制度；二是对于行业内重要数据或大型互联网公司，率先开展数据出境管理实践，以完善重要数据保护、管理和利用的政策环境及跨境数据流动合同监管制度；三是构建由数据安全组织管理、制度规程、技术手段"三驾马车"组成的安全防护体系，探索设立"数字自由贸易港"，研究建立"白名单制度"，对相关国家实施个人信息保护及跨境数据流动的对等措施，构建数据跨境流动信任体系。

1.7　2020年全球个人数据保护综述

2020年，全球范围内的数据安全威胁日益泛化，数据安全风险较为严峻。由于各国数据保护标准不统一，数据从高水平保护国家流入低水平保护国家后，安全性难以得到保障，再加上各种国家关键信息基础设施和重要机构承载的庞大数据信息具有重大的国家安全战略价值，大量敏感数据在跨境传输中存在不可控的风险，需高度警惕由网络攻击和数据滥用引发的个人隐私、数据安全、国家秘密泄露等问题。疫情期间，大数据及人脸识别等技术被应用到轨迹跟踪、疫苗研发等众多场景中。然而，多数国家尚未出台相关立法措施来应对疫情下出现的个人信息保护问题，只能激活紧急数据保护条款，在数据保护与公共安全之间寻求平衡。这些"仓促启动"的技术举措与紧急条款给数据安全埋下了较大隐患。

一、2020 年全球个人数据保护重要动向

（一）"与时俱进"：不断加强数据保护顶层设计和立法工作

一方面，发达国家不断完善数据保护立法。如欧盟出台《2020—2024 年数据保护战略》来确定数据保护的未来行动路线；日本修订《个人信息保护法》，使用个人数据时增加征得用户同意的前置程序；瑞士修订《联邦数据保护法》，加强公众隐私权；新加坡发布《个人资料保护法令》修正案草案，拟加大对信息泄露的惩罚力度；新西兰修订《1993 年隐私法》，增加"数据最小化"新原则等。另一方面，发展中国家也开始重视数据保护立法。如埃及政府出台《埃及个人数据保护法》，开启数据保护的新时代；巴基斯坦制定《个人数据保护法案》，并建立个人数据保护机构；南非《个人信息保护法》生效；印度尼西亚发布《个人数据保护法》草案，规范跨国数据保护等。

（二）"不断下探"：推动精细化场景下的数据保护制度

多国试图通过明确具体场景等方式，提升数据治理立法的精细化水平。部分国家强化新兴技术领域数据保护。如英国信息专员办公室发布《人工智能和数据保护指南》，对人工智能领域的数据保护进行了说明；欧盟委员会宣布寻求合法访问加密数据的解决方案，以把握加密技术与数据访问之间的平衡；欧盟委员会就数据隐私问题对物联网行业进行调查，进一步规范物联网领域的个人数据保护；西班牙数据保护局发布区块链数据保护指南，确定了该领域数据保护的基本概念。部分国家精准发力儿童保护等特殊领域的数据保护。如英国信息委员会发布《适龄设计规则》，提出儿童在线隐私保护标准；美国联邦贸易委员会发布《2019 年隐私与数据安全保护工作报告》，对消费者隐私、信用报告和金融隐私、儿童隐私等问题进行反思；美国新墨西哥州起诉谷歌非法收集儿童个人数据等。

（三）"特事特办"：以针对性保护措施应对新冠肺炎疫情

面对新冠肺炎疫情带来的数字化防控需要和数据保护挑战，多个国家和地区出台针对疫情的数据保护措施。如欧盟委员会发布"支持抗击新冠肺炎疫情应用程序的数据保护指引"；印度发布新冠肺炎追踪应用程序数据使用协议；英国信息专员办公室、新加坡个人数据保护委员会发布有关新冠肺炎病毒接触者追踪数据的建议；美国参议院推出《2020 年新冠肺炎消费者数据保护法案》等。也有部分国家对数据保护适当"松绑"，以对抗疫情。如匈牙利宣布暂停

GDPR 相关规则的效力；意大利通过《630 号公民保护令》来扩大个人数据的处理范围；法国数据保护机构为政府的新冠肺炎病毒接触追踪应用程序开绿灯；英国信息监管局宣布在疫情期间放宽数据保护法等。

（四）"竞合并存"：个人数据保护国际竞争与合作成为新常态

随着数据主权意识的强调与深化，各国在数据权属与域外管辖领域内的冲突日益加剧。如欧盟发布《欧盟数据战略》，强调实现欧盟建立单一而独立的数据市场的愿景，希望借此与其他国家进行数据市场竞争；欧洲法院裁决美欧数据跨境转移机制——《欧美隐私盾牌》协定无效；爱尔兰数据保护委员会要求脸谱网停止向美国传送用户数据；澳大利亚考虑通过立法禁止个人数据离岸，为数据引入"主权规则"；乌兹别克斯坦规定公民数据只能存储于境内服务器等。基于发展数字经济的需要，国际数据治理合作也不断推进。如英国与日本达成自由贸易协定，允许"数据自由流动"；欧盟委员会就欧盟和英国个人数据跨境做出指导，为英国"脱欧"过渡期做准备；美国先后与印度、新加坡达成数据传输协议等。

（五）"风波不断"：平台疏于防范致使数据滥用泄露事故频发

2020 年全球数据安全事件高发，个人信息成为数据泄露的重灾区。尤其是大型数字平台，存在内部管理不严、外部防范不当等问题，埋下了数据安全隐患。如脸谱网被指控在未经过用户知情同意的情况下，采集和存储超过 1 亿条用户的生物数据，并从中获利；谷歌在英国因优兔网收集数据而陷入 30 亿美元的诉讼；亚马逊发生网络服务数据包严重泄露事件，涉及几十万名用户的845GB 资料和近 250 万份记录；数据公司甲骨文旗下公司被曝因服务器不加密导致数十亿条记录泄露等。

二、相关国家的个人数据保护举措

（一）美国发布有关欧盟–美国个人数据传输的白皮书

2020 年 9 月，美国商务部、司法部和国家情报局局长办公室联合发布了一份白皮书，内容涉及美国法律中与国家安全信息访问有关的隐私保护，特别关注欧洲法院在其 Schrems II 案件判决中提出的问题。白皮书指出，欧洲法院未考虑按比例收集数据和与个人补救有关的各种措施，相关企业可以将这些措施纳入数据传输评估之中。美国国家安全机构对 Schrems II 一案中涉及的企业个人数据不感兴趣，美国情报机构在企业不知情的情况下单方面获取从欧盟转移的数据的理论可能性与其他政府情报机构或个人非法活动获取相关数据的理论可能性一样。白皮书认为，欧洲法院未认识到外国情报监视法庭在监督和强制执行目标程序方面发挥的作用，包括要求国家安全局分析师创建目标评估和目标依据记录、司法部独立情报监督律师审查上述信息并向法庭报告不合规行为、制定修改计划和终止政府收集数据权力等补救措施以及接受每半年一次的联合评估以确定个人（包括外国公民）是否成为攻击目标等。美国政府明确表示，白皮书的目的不是指导企业了解欧盟法律，也不是向欧盟监管机构和法院表明立场。但遵守欧盟－美国个人数据传输标准合同条款或约束性规则的公司可在其内部评估中考虑数据信息传输是否为欧盟公民提供了符合欧盟法律的全面保护。

（二）欧洲初步裁决限制国家安全机构使用个人数据

2020年1月15日，欧洲法院发布初步裁决，限制成员国安全机构强迫电信公司和互联网提供商保留用户个人数据。欧洲法院首席检察官在裁决意见中指出，国家法院可以允许其安全机构强制电信企业仅在"特殊和临时的基础上"保留个人数据，前提是"对公共安全或国家安全构成威胁"。该裁决意见对欧洲法院并没有约束力。不过，在80%的案件中，首席检察官的意见会得到全体法院的支持。欧洲法院的初步裁决是对欧盟成员国的直接挑战。长期以来，欧盟成员国一直主张，出于对国家安全和恐怖主义的担忧，情报和警察部门应该不受欧盟数据保护规定的约束。

（三）法国发布4项关键措施以确保个人数据安全

2020年9月2日，法国国家信息与自由委员会（CNIL）发布了4项关键措施，帮助使用Elasticsearch技术的组织进行索引和在线搜索，以确保个人数据的安全性。CNIL特别指出，Elasticsearch服务器可以处理大量个人数据，例如IP地址、用户名、用户活动日志、用户地理位置等，因此，使用Elasticsearch的组织正日益成为网络攻击的目标，而这些组织却没有实施一些基本的安全措施。因此，CNIL建议这些组织实施以下4项关键措施：实现用户身份验证过程（例如通过密码）；设置IP地址的防火墙规则和过滤器；更新软件以确保最高级别的数据安全性和通信加密；禁用或限制允许未使用脚本运行的模块，并在必要时阻止用户通过前端进行直接访问。CNIL还提醒使用Elasticsearch服务器的组织采取一些保护信息安全的措施，例如定期更新应用程序，通过激活安全事件日志来监视不成功的登录尝试等。

（四）日本通过法案加强个人数据规则

2020 年 3 月 10 日，日本政府通过了《个人信息保护法》修正案，要求企业在向第三方提供互联网浏览历史等个人数据时，必须征得用户同意。在该修正案出台之前，日本招聘求职网站"Rikunabi"的运营商 Recruit Career 公司被发现出售了预测求职学生拒绝非正式工作机会的数据。这些数据是基于个人信息（如互联网浏览历史）的。该修正案还使用户更容易要求企业停止使用其个人数据。根据现行法律，用户只有在公司有过错的情况下（包括以欺诈手段获取数据），才可以要求停止使用或删除其个人信息。在其他场景下，修正案要求对数据进行假名化，用标记代替姓名和其他个人信息。因未遵守政府个人信息保护委员会的警告而受到的惩罚将会提高，企业罚款上限将从 30 万日元提高到 1 亿日元。

（五）韩国个人信息保护委员会加入APEC跨境隐私执法安排

2020 年 10 月，韩国个人信息保护委员会（PIPC）宣布，自 2020 年 10 月 19 日起，其已成为由 APEC 管理的跨境隐私执法安排（CPEA）的成员。通过签署 CPEA，PIPC 能够与海外国家的其他当局和执法部门合作，调查韩国公民数据在韩国境外被泄露的情况。鉴于 APEC 区域各经济体的法律不同，APEC 于 2010 年制定了 CPEA，为各经济体的执法机构提供一个信息共享、相互帮助、跨境联合执法的平台。

（六）新加坡发布《个人资料保护法令》修正案草案，拟加大对信息泄露的惩罚力度

新加坡通讯及新闻部（MCI）和隐私监管机构个人数据保护委员会（PDPC）2020 年 5 月发布了《个人资料保护法令》修正案草案，并展开公共咨询。主要的拟议修订包括：加大对信息泄露的惩罚力度。修正案拟对企业处以最高达其年度总营业额 10% 的罚款，或 100 万美元，以较高者为准。而现行规定是罚款最高为 100 万美元。MCI 和 PDPC 表示，更严厉的处罚将与欧盟等其他司法管辖区的法律保持一致。如个人披露由某机构管有或控制的个人资料，也将构成犯罪，可处以最高 5000 美元的罚款或最高两年的监禁，或并处。此类处罚将与公共部门针对不当处理政府数据的公职人员的内部规则保持一致。草案还规定，涉及大型数据泄露事件的机构必须通知受影响者和 PDPC，例如涉及 500 名或 500 名以上个人或可能对受影响的个人造成伤害的情况。

（七）澳大利亚正考虑禁止个人数据离岸

2020年7月8日，澳大利亚政府服务部长罗伯特表示，澳大利亚政府正在考虑立法，以确保所有政府敏感数据都保存在澳大利亚境内的数据中心。罗伯特称，政府正在研究数据主权要求，以及如何让公众确信他们的数据是安全的。这将涉及考虑是否应将公众关注的某些数据集纳入主权数据集，是否仅托管在澳大利亚，在一个经过认证的澳大利亚数据中心，通过澳大利亚网络，仅向澳大利亚政府和澳大利亚服务提供商开放访问权限。此外，澳大利亚信息专员和隐私专员福尔克也曾在提交给议会情报与安全联合委员会的文件中，呼吁修改旨在促进与其他国家/地区数据共享的立法。福尔克在文件中说，该法案应该要求，对于那些没有类似《隐私法》保护措施的国家，制定的国际协议应包含提供类似隐私保护的条款。

（八）印度发布《非个人数据治理框架》草案

2020年8月，印度电子和信息技术部的专家委员会发布了印度《非个人数据治理框架》草案。委员会认为，监管数据生态系统的必要性包括：建立现代化框架，便于从数据中挖掘经济、社会和公共价值；形成确定性和激励措施，以创新和鼓励印度的初创企业；建立数据共享框架，以提供用于社会、公共和经济利益的数据；解决隐私问题，包括匿名个人数据的重新识别。

（九）埃及出台《埃及个人数据保护法》

《埃及个人数据保护法》于2020年7月13日通过，《埃及个人数据保护法》将"个人数据"定义为与已识别的自然人相关的任何数据，直接或间接与可识别的自然人相关的任何数据，如姓名、声音、图片、身份证号、在线标识符，或有关心理、健康、经济的任何数据，以及文化或社会身份。《埃及个人数据保护法》规定了各种刑事罪行，并规定了一系列惩罚措施，包括罚款和监禁。

（十）巴基斯坦制定2020年个人数据保护法案，并将组建数据保护机构

巴基斯坦信息技术和电信部起草了2020年《个人数据保护法案》，并在2020年6月15日之前征求所有利益相关者的反馈。该法案将管辖个人数据的收集、处理、使用和披露。法案规定，对个人数据的收集、处理应征得数据主体同意；关键个人信息数据只能保存在巴基斯坦境内；非关键个人信息的跨境流通，应确保数据输出目的地可提供与本法案提供的保护等效的数据保护。法案提议对违反拟议立法的行为处以最高2500万卢比的罚款。在该法案生效后的 6 个月内，联邦政府将建立个人数据保护机构，该机构将负责保护数据主体的利益，并加强对个人数据的保护，防止对个人数据的任何滥用，提高对数据保护的认识，并将根据本法案进行投诉。

三、对我国个人信息保护的启示

（一）在制度层面，我国可以效仿欧盟为了保护因美国国内法的域外制裁而受波及的欧洲企业启动的"阻断法案"，注重针对类似美国外商投资安全审查等"长臂管辖"的阻断立法，以更好地维护我国企业的利益，阻断不合理、不正当的域外制裁。我国还需完善数据立法，构建跨境数据流动顶层设计体系，平衡数据产业发展与个人信息、数据权利保护之间的关系，并通过限制数据本地化存储的范围来拓宽数据开放路径，以利于加强国际间贸易协作，降低出海企业数据纠纷的发生概率。此外，我国还应注重培养国内企业的自律规范意识，建立行业自律机制，在国内跨境数据流动制度的大框架下，构建企业内部的数据合规自我监督与审查，敦促企业构建保障个人隐私数据的内部机制，履行保障跨境数据合规的义务。

（二）在机构设置层面，我国应设立数据监管机构，以便更好地落实相关制度设计。虽然，我国已在网络安全领域内形成了统一的领导体制，但在企业数据合规与个人信息隐私保护方面仍然缺少统一的、与国际接轨的监管监督机构。因此，数据监管机构的设立能够更有针对性地实现企业数据的外部监管与数据隐私保护，也更符合国际趋势与大数据时代的现实需要。虽然数据监管机构在监管过程中秉持谦抑性规制理念能够更好地顺应"数据自由"的国际趋势，减少国际贸易数据摩擦，但也需要重视数据安全问题，在跨国企业合并、涉及跨国数据流动的情况下，如果涉及个人数据的集中、技术发展及数据的运用，在合并审查的判断上需要适度扩大数据在合并中的价值评估。

（三）在国际层面，我国应主动参与国际数据跨境流动制度的协商与议定，通过国际协议统一双边或多边的企业数据合规要求，保障本国数据利益，为本国企业全球化出海提供保护框架，通过严密的国际制度防御对抗域外的不当诉求。从长远考虑，我国应当积极构建平等的多边国际交流平台，努力建设网络空间命运共同体。

1.8　2020年互联网超大平台治理综述

2020年，谷歌、脸谱网等互联网超大平台继续维持头部垄断地位引发了各国反垄断调查，出现超级权力、误导舆论、操纵政治、政治对抗等新趋势。以美欧为代表的西方国家和地区继续加大对互联网超大平台的治理力度，对超大互联网平台市场实施反垄断、数据隐私、有害信息方面的监管，为自身数字经济发展营造良好的环境，并呈现"行政化""政治化""回归守门人"三大趋势，相关治理经验值得借鉴。

一、2020年超大互联网平台相关动向分析

（一）结合时事需要，适时推进内容治理

2020年，新冠肺炎疫情和美国大选是西方国家乃至世界关注的焦点，随之而来的是超大互联网平台上出现的各类谣言信息、虚假信息、误导信息。针对新冠肺炎疫情和美国大选所诱发的相关信息激增现象，超大互联网平台纷纷制定相关管理规定，推进新技术研发，推动治理进程不断深入。一是加大谣言甄别、打击力度。针对2020年美国大选，推特、脸谱网、谷歌等平台全年发布多项安全举措。2020年2月4日，推特表示对明显具有欺骗性的消息打警告标签，对可能造成伤害或蓄意误导的媒体内容进行删除。2020年3月18日，推特发布新规，加大对新冠肺炎谣言的打击力度，要求用户删除虚假专家建议、推广虚假治疗和预防技术的贴文。2020年9月17日，推特发布新规，标注或删除操纵选举或过早公布选举结果的推文。2020年11月10日，针对美国时任总统特朗普及其团队质疑选票合法性，脸谱网、谷歌宣布延长政治广告禁令。二是推进新兴技术甄别运用。2020年1月6日，脸谱网宣布在2020年美国大选前删除人工智能换脸等深度伪造技术制作的视频。2020年7月，脸谱网表示，该公司已使用人工智能技术对涉及新冠肺炎疫情的虚假信息进行甄别。2020年11月19日，脸谱网宣布，已部署新的人工智能软件，该公司已利用该软件检测出平台上94.7%的仇恨言论。

（二）共同应对疫情，政企合作势头明显

2020年，新冠肺炎疫情在全球肆虐，疫情防控、居家办公、沟通交流等

需求推动超大互联网平台改进、完善网络治理方式，突出的特点之一是政企加大了合作力度，在疫情追踪、谣言打击、病毒防范等方面推进合作进程。一是合作推动疫情追踪。2020年3月，美国联邦政府与脸谱网、谷歌等超大互联网平台，洽谈利用智能手机定位数据对新冠肺炎病毒传播轨迹进行追踪的方法。二是合作部署谣言打击。2020年3月，欧盟委员会重启与脸谱网、谷歌、微软、推特和Mozilla共同创建的快速警报系统，以确保这项打击包括疫情在内的虚假信息举措能够与欧盟各国政府共享。三是合作应对病毒挑战。2020年3月，世界卫生组织与脸谱网、TikTok等科技公司举办了一场名为"新冠病毒全球编程马拉松"的活动，以推动软件开发，应对与新冠肺炎大流行有关的挑战。

（三）针对潜在风险，平台协作联手治理

2020年，超大互联网平台通过加强联合打击力度、共同制定治理协议、合作研发技术软件等方式，推动平台间的合作进程，就共同面对的治理挑战进行磋商研讨。一是联合保护未成年人上网安全。2020年6月10日，由亚马逊、苹果、脸谱网、谷歌、微软、推特等科技公司组成的行业组织"技术联盟"发布了一项打击网上儿童性剥削和性虐待的"保护计划"。二是联合抑制有害信息的传播势头。2020年9月23日，世界广告主联合会发表声明，包括脸谱网、优兔网、推特在内的社交媒体平台与广告主就如何识别仇恨言论等有害内容达成协议，为网络仇恨言论制定了一套通用定义。三是联合研发技术软件共同抗疫。2020年4月29日，苹果和谷歌发布新冠肺炎病毒追踪软件测试版，该软件将为联系人追踪和应用程序"曝光通知"提供支持。苹果与谷歌开发的新冠肺炎病毒追踪系统，将通过低功耗蓝牙传输技术创建接触者自愿追踪系统，并支持用户通过蓝牙与政府和卫生组织共享数据。一旦用户与新冠肺炎阳性患者接触，用户将会收到系统通知。

（四）影响政府决策，持续展现自身影响

2020年，部分超大互联网平台试图通过政策游说、联名呼吁、成立组织、诉诸法律等方式对政府决策行为施加影响。一是通过共同游说规避平台责任。2020年1月，随着欧盟委员会起草《数字服务法》，谷歌和脸谱网等公司一直试图弱化法案影响、避免制裁，以确保科技公司对平台上存在的有害内容不承担任何责任。二是通过联合呼吁避免被征税费。2020年4月1日，由谷歌、脸谱网、亚马逊等7家互联网科技公司组成的行业协会呼吁印度政府撤回从

4月1日起生效的新平衡税。三是通过成立组织输出利益诉求。2020年5月，号称"知情人士"曝光脸谱网正在幕后协助成立一个新的政治倡议组织——"美国边缘"，该组织意在通过投放大量广告和政治输出内容，让美国立法和监管机构相信硅谷对美国经济和言论自由的未来至关重要。四是通过隐私理由阻止数据获取。2020年7月15日，脸谱网起诉欧盟委员会，称欧盟在调查时要求脸谱网提供的数据过于宽泛，已超出必要范围，并可能伤害用户隐私。2020年7月28日，位于卢森堡的欧盟中级法院"综合法院"裁定，在举行全面的听证会之前，欧盟需暂时停止向脸谱网索取更多数据，该裁定在一定程度上挫败了欧盟委员会调查脸谱网的努力。2021年1月，推特表示，由于存在进一步煽动暴力行为的风险，推特已永久停用特朗普的推特账户。随后，谷歌、脸谱网、优兔网等10余家主流社交媒体平台对特朗普的账号进行了封堵或限制。

二、超大互联网平台引发的治理问题

（一）弱化政府，形成超级权力

凭借垄断基础上的技术霸权，超大互联网平台正在分割原有的政府功能，在基础设施、公共行政权、卫生防疫等方面切割传统政府合法性所赖以为基的绩效。一方面，互联网超大平台积极供给公共基础设施，进一步形成垄断的"头部格局"。谷歌推动建设"美国-英国-西班牙""洛杉矶-台湾""沙特阿拉伯-以色列"等多项海底光缆建设、在科尼亚提供首个商业漂浮气球的互联网服务、与美国能源部签署为期5年的云数字接入协议，微软为美国政府推出政府最高机密云服务，Space X在美国建设卫星互联网地面基站、为美国陆军提供"星链"网络测试协议。另一方面，超大互联网平台加速介入社会治理和国家治理，在抗疫工作中正在加速替代政府的传统角色和职能，形成了一个既具有统一意志又具有松散、耦合、开放的超级权力系统。脸谱网、谷歌、推特在美国和欧盟等国家和地区共同创建快速警报系统、利用手机定位数据追踪新冠肺炎病毒，并出具关于疫情虚假信息的月度报告。互联网超大平台掌握生物技术、小型卫星、量子计算机和认知科学4种新兴技术，进一步催生了新型的国家安全风险。如量子计算技术既是加密技术，也是超级解密工具，互联网公司掌握后将冲击国家主权赖以维系制度安全的一系列制度。

（二）结盟合作，对抗政府监管

超大互联网平台以强大的社会资本与市场优势，通过合作对抗、结盟施压等方式对抗他国反垄断监管。一是主动起诉并形成结盟。脸谱网在 2020 年 7 月主动起诉欧盟反垄断机构，抗辩其索取的信息过多，并向欧盟常设法院申请临时禁令。谷歌和脸谱网在 2020 年 12 月表示，将互相配合、共同应对美国 10 个州对其网络广告反垄断的起诉。欧盟中级法院 2020 年 7 月裁定欧盟需暂时停止向脸谱网索取更多数据。脸谱网以保护用户隐私成功抗辩欧盟反垄断数据要求，以此挫败欧盟委员会调查脸谱网的相关努力。二是成立新组织，发布新战略，开展政治游说。针对欧盟反垄断审查，谷歌启动"60 天战略对抗"，脸谱网推动成立新政治组织"美国边缘"，开展"政治化"对抗。针对欧盟《数字市场法》草案等监管新规，谷歌、脸谱网、推特表示将通过设在爱尔兰总部的地缘优势，对欧盟成员国政客开展游说和分化，利用欧盟内部意见不一阻止相关不利法案的通过。三是组建行业联盟对他国政府施压。脸谱网、谷歌、苹果等创建"亚洲互联网联盟"，向巴基斯坦施压，重新制定其审查新规，并扬言退出该国市场；由谷歌、亚马逊等 7 家互联网科技公司组成的行业协会呼吁印度政府撤回从 2020 年 4 月 1 日起生效的新平衡税。

（三）控制数据，对内操纵政治

超大互联网平台根据算法控制用户数据，形成强大的社会影响力，决定用户所能看到的消息。英国有 55 年历史的媒体行业杂志《新闻公报》发布的世界新闻媒体公司收入排行榜显示，谷歌、脸谱网、苹果公司位列前三，前十名的公司并非传统媒体，而是社交媒体、科技和电信公司。社交平台在保护言论自由的旗帜下，长期无视、放任平台上的极端、反智、仇恨内容，间接刺激了民族主义和民粹主义在美国抬头，在政治舆论上形成影响力，尤其是虚假信息和仇恨内容给社会带来了巨大的破坏力。在新冠肺炎疫情期间，各种反对口罩和疫情管控的网络舆论在美国社交网络上泛滥。德国马歇尔基金会研究显示，2020 年，推特和脸谱网与欺骗性网站的互动量是 2016 年大选前的两倍多，其中第四季度其与欺骗性网站达到 12 亿次互动。许多欺骗性网站设在美国，在选举后的几周里推特上欺骗性内容的传播激增。美国大选权力交接期间，推特已永久停用了特朗普的个人账号，谷歌、亚马逊、苹果下架特朗普粉丝平台 Parler。德国总理默克尔的发言人表示：推特对特朗普的言论发出警告是正确的，但是彻底封杀却"有问题"。欧盟内部市场专员蒂埃里·布雷顿就特朗普言论引发的国会大厦暴乱事件评论称，社交平台权力过大，支配着社会的弱点，应选择谁应该或不应该在平台上发表意见。

（四）删除账号，干预他国政治

超大互联网平台还利用算法、数据分析、封停账号等"技术性"措施，隔离不同声音和意识形态。美国科技公司配合美国政府在网络监控、媒体宣传、舆论引导、关键词搜索等方面，传播西方价值观，并影响国际舆论。欧洲大学研究院（EUI）等发布的《媒体多元化监测报告》称，网络领域公共服务媒体的政治广告几乎完全不受监管，2/3 的被调查国家不需要报告在线竞选支出，欧盟媒体缺乏政治独立性、面临政治干预风险等。

三、主要国家和地区的平台治理举措

（一）美国

（1）立法取消免责条款，明确平台保护义务，限制中国平台参与竞争。2020 年，美国围绕平台免责条款、用户隐私保护加强立法规制，拟废除对平台内容治理的免责条款，明确平台对用户隐私的保护义务。同时，针对中国华为等平台参与 5G 竞争制定问责和管制方案。一是逐步取消"230 保护条款"，设立新机构，治理平台有害内容。美国参议院司法委员会 7 月通过《美国消除对交互技术的滥用和猖獗忽视法案》，修改 1996 年《通信规范法》第 230 条对社交媒体平台的内容免责"保护条款"，允许对传播儿童性虐待内容的平台提出索赔。该法案提议成立一个由政府支持的委员会，要求社交平台清除儿童性虐待内容。2020 年 5 月，美国时任总统特朗普签署行政令，要求监管机构制定新规，规定从事审查或任何政治行为的社交媒体公司不再享有内容免责待遇。2020 年 9 月，美国司法部提出立法提案，要求平台在决定删除内容时做到公开透明。当互联网平台"恶意传播非法材料或审核内容时，第 230 条不应保护它们免于因其行为而承担后果"。2020 年 12 月，美国国会两党提出《2020 年拆分科技巨头法案》，拟废除《通信规范法》第 230 条保护互联网平台的法律豁免条款。二是加强用户隐私保护，明确平台义务。2020 年 1 月，美国《加州消费者隐私法案》生效，明确互联网平台对用户信息收集的告知义务、删除义务、禁售义务等。2020 年 9 月，美国商务部、司法部和国家情报局联合发布《个人隐私保护白皮书》，协助互联网平台提供跨境传输满足GDPR 的有关规定。三是频频发布 5G 竞争法案，限制中国平台竞争。美国通过《外国公司问责法案》，更新《出口管制条例》，发布首份《国土安全威胁评估报告》，应对华为 5G 竞争。

（2）发起反垄断调查，但未触及实质内容。一是发起调查，认定滥权。美国众议院、司法部分别对苹果、谷歌、亚马逊以及脸谱网 4 家科技公司进行近 50 年来重大反垄断调查。美国联邦贸易委员会（FTC）审查谷歌、亚马逊、苹果、脸谱网和微软五大科技公司未申报的收购交易。2020 年 7 月，美国国会启动对四大科技公司的调查听证会，美国众议院反垄断委员会随后报告，认定四大科技公司滥用了市场权力，建议对其采取限制并购等措施，并提及拆分。二是提起诉讼，要求拆分。2020 年 12 月，美国 48 位总检察长、美国联邦贸易委员会就脸谱网利用垄断地位抑制竞争提出诉讼，并要求拆分。美国司法部、美国 30 个州向谷歌提起诉讼，指控其非法垄断搜索市场。三是对外反制，对内保护。美国针对各国发起的数字税，对欧盟、印度尼西亚等 10 国发起 "301 调查"，或通过关税手段反制。美国的反垄断行动实则是 "保护" 本国科技公司。美国发起的反垄断调查未触及科技公司垄断的实质问题，美国众议院反垄断委员会对四大科技公司的报告未称其为 "垄断者"，仅认定其滥用市场权力。《2020 年拆分科技巨头法案》针对的是 "从事某些操纵行为" 的互联网企业，保护在线表达和言论自由，而非建立起审查和操纵制度。四是频频发难，限制中国发展。2020 年 8 月，美国宣布执行所谓 "清洁网络" 计划，点名百度、阿里、腾讯等中国互联网企业 "威胁" 美国信息安全，2020 年有超过 40 个国家和 50 家电信公司已经加入了这一倡议。美国国会 2020 年 9 月发布《TikTok：技术概述和问题》报告，对外国应用程序构建总体法律法规框架。美国政府、国会还针对 TikTok 发布多个行政命令和听证会。

（3）拜登政府对超大互联网平台的治理更具务实性、针对性、系统性。拜登政府签署行政命令、建立安全档案，务实应对数据治理和 5G 网络安全问题，针对平台虚假内容和垄断问题加强立法和监管，主张从战略和技术层面应对中国平台企业。一是以公共事件为抓手加强数据管理和虚假内容治理。拜登一上任即签署《关于确保数据为依据应对 COVID-19 和未来严重公共卫生威胁的行政命令》，规范与疫情相关的数据的收集、共享和发布。美国国会大厦暴力事件发生后，众议院监督委员会主席卡罗琳·马洛尼等议员要求调查 Parler、推特、脸谱网等社交平台发布虚假内容的问题。美国两党均已提出立法，拟在新一届国会中修订《通信规范法》第 230 条，取消互联网公司 "第三方内容" 免责权，要求互联网公司对用户发布的内容和言论承担法律责任。拜登表示 230 条款 "应立即被撤销"。二是以监管垄断为重点，加强限制平台的权力。对于美国大型科技公司的拆分，拜登表示"为时过早"，更倾向通过监管来限制平台的权力。拜登政府初步酝酿设立白宫反垄断主管一职，专门负责竞争政策和与反垄断有关的问题。国会大厦暴力事件后，参众两院以及美国政府部门更加积极地推动反垄断法等法规的修改，以便联邦政府更容易对平台提起诉讼。三是以战略应对为思路，认真谨慎对待中国平台。2020年1月25日，美国国务院发言人表示，拜登将致力于确保中国公司不能滥用美国数据和美国技术，将改变过去几年零碎的应对方法，制定更全的战略和更系统的方法。白宫新闻秘书称，拜登政府计划在技术问题上追究中国的责任，尚未对华为和字节跳动等中国平台的立场做出正式决定。美国国会研究服务部2020年1月5日发布报告预期，拜登将在任期内强化5G安全，预计美国联邦通信委员会（FCC）将继续加强审查保持对中国的强硬姿态。美国安全与技术研究所首席执行官菲尔·雷纳表示，美国国家安全委员会建立网络和新兴技术数字国家安全档案，并将其列为优先事项，这表明了拜登政府认真应对21世纪安全威胁的准备。

（二）欧盟

一是完善立法框架，加强立法前置性。欧盟发布数据保护战略文件明确平台治理框架，在立法上采用"事前"规则和高额处罚的方式，改变了以往仅靠诉讼和处罚等"事后"措施进行补救的做法，迫使大平台企业提前采取行动而回归"守门人"的角色。首先是推进数据战略，完善数据保护。欧盟委员会发布《欧洲数据战略》《欧盟－美国全球变革新议程》等战略文件，英国发布《国家数据战略》，构建数据利用、人工智能、平台治理等立法框架，加强反垄断监管，寻求与美国的监管合作。欧盟发布《数据保护流程图和清单》等法律文件，发布《数据治理行动》立法提案，拟制定《数据治理法案》，拟设立数字服务协调员，采取"精确监管方法"，重点打击有害信息，创新互联网从严治理模式。其次是加强事前规制，实施差异监管。欧盟出台《数字市场法》草案和《数字服务法》草案，推动《网络安全和媒体监管法总方案》立法，制定一系列平台义务，防范"守门人"利用双重身份优待自家服务的行为发生，对超大互联网平台和中小企业实行差异监管，要求开放数据，并限定服务范围。再次是明确平台义务，提高处罚力度。德国通过《反对限制竞争法》修正案限制平台垄断行为。德国议会批准《电信媒体法》修改提案，要求视频共享平台优兔网、Vimeo和TikTok等供应商必须建立事前报告和补救程序。英国出台

《在线危害法案》，明确超大互联网平台的新责任和义务，可对其处以全球年度营业额 10% 的罚款。

二是跟进立法执法，提高处置时效性。针对 2020 年奥地利和法国的恐怖袭击事件、新冠肺炎疫情等，各国纷纷通过立法和监管等手段要求超大互联网平台以小时为单位，快速处理有害内容。首先是立法规制，提高效率。欧盟发布《欧洲民主行动计划》，西班牙发布《反虚假信息干预程序》文件，聚焦选举安全、媒体自由和打击虚假信息。英国推出《在线危害法案》草案，欧盟签署在线恐怖主义内容"新协议"，法国拟加强反恐等网络有害内容传播立法，均要求平台在 1 小时内删除对应内容。其次是成立部门，及时干预。欧洲议会成立"外国干涉欧盟民主进程特别委员会"，法国在"最高视听委员会"成立新工作组，监视脸谱网等超大平台的网上仇恨言论，要求社交平台删除破坏民主进程和传播仇恨言论的帖子。英国拟成立"数字市场部门"，以定制化规则和干预措施监管超大互联网平台。再次是授权职能，快速处置。欧盟拟出台端到端加密传输禁令，禁止 Signal 和 WhatsApp 等互联网平台使用端到端加密传输。英国政府拟授权英国通信管理局监管社交媒体上的有害信息，要求互联网平台快速删除非法内容。

三是聚焦数据保护，丰富执法多样性。欧盟发布《欧洲数据战略》将公民义务从保护个人隐私转变为促进数据共享，推行的"数据信托机制"将在全球范围改变隐私保护的格局。在执法上，欧盟发布报告和保护指南细化平台义务，评估数据保护能力，并降低美国等级，直接对违规平台开出高额罚单。首先是明确保护指南，细化平台义务。欧洲数据保护监管局发布《欧盟机构使用微软产品和服务的调查报告》，爱尔兰数据保护委员会发布《cookie 和类似跟踪技术的指导说明》，重点对平台"量身定制"管理机制，要求平台进行数据保护影响评估。欧盟制定搜索排名指南，要求平台披露决定搜索结果排名的参数和公开部分严密保护的算法，对平台在全球范围的运营产生影响。其次是评估保护能力，降低美国等级。2020 年 9 月，瑞士联邦数据保护与信息委员会宣布将美国降级为"数据保护不足国家"。2020 年 7 月，欧洲法院裁定欧盟与美国达成的用于跨大西洋传输个人数据的《欧美隐私盾牌》协定无效，不满足有关数据在美国受到"与欧盟基本等同"的保护标准。再次是依法直接处罚，罚金再创新高。2020 年 12 月，爱尔兰数据保护委员会首次依据 GDPR 对推特做出 45 万欧元的跨境罚款决定，因其未妥善记录、未及时通报跨境数据违规行为。比利时数据保护局 7 月以"未遵守欧盟有关网民'被遗忘权'"为由对谷歌处以 60 万欧元创纪录罚款。第四是拓宽保护外延，用活司法裁定。2020 年 6 月，德国联邦最高法院裁定脸谱网滥用主导地位收集用户数据，支持反垄断机构——联邦卡特尔办公室对脸谱网做出的限制收集用户信息的决定，成为第一个将数据保护应用于反垄断的国家。10 月，欧洲第二高等法院裁定，脸谱网应该与反垄断监管机构合作，识别信息，并将其存储在"虚拟数据室"。

四是继续垄断调查，明确处罚针对性。2020 年，欧盟围绕云计算、内容收费等新业态，继续加大对互联网平台的反垄断调查，处罚更具强制性和针对性。同时，欧盟跟进下一代云计算基础设施建设，旨在扶持本地区企业与美国和中国抗衡。首先是关注新业态，发起新调查。欧盟委员会调查亚马逊"黄金购物车"，并正式提出反垄断指控称，亚马逊利用收集到的第三方卖家数据与他人竞争。意大利反垄断机构将对苹果、谷歌和 Dropbox 的云存储服务展开一系列反垄断调查，德国联邦反垄断局调查脸谱网滥用社交媒体垄断地位关联 Oculus 虚拟现实设备。其次是收取内容费，明确新比例。法国竞争管理局发布声明，使用法国出版公司和新闻机构的新闻内容，谷歌必须支付相应的费用。澳大利亚要求脸谱网和谷歌为其平台上的新闻内容付费。谷歌在 2020 年 10 月表示，未来 3 年其计划向全球范围的新闻出版商支付 10 亿美元的费用。2020 年 8 月，脸谱网表示在一年内向英国、德国、法国、印度和巴西推出新闻服务，并支付出版商费用。欧盟草拟《网络安全和媒体监管法总方案》，要求苹果等流媒体平台必须提供至少 30% 的欧洲"原创内容"。再次是征收数字税，开出大罚单。2020 年 4 月，英国开始征收数字税，奥地利、法国、匈牙利、意大利、土耳其已宣布征收数字服务税。德国反垄断机构联邦卡特尔局 2020 年对平台垄断行为开出 3.58 亿欧元罚单。2020 年 3 月，法国竞争监管机构对苹果公司经营垄断的非法行为处以创纪录的 11 亿欧元罚款。第四是跟进新基建，扶持云企业。欧盟在 25 个成员国内签署欧洲构建下一代云计算的联合声明，建立欧洲工业数据和云联盟，计划未来 7 年投入 100 亿欧元建立本土云计算领先企业，与亚马逊、谷歌和阿里巴巴等外国公司相抗衡。德国与法国联手成立基金会，拟在 2021 年建成欧盟云端数据基础设施"GAIA-X"，减轻对美国或中国云端的依赖。

五是请求美国帮助，倡导治理协同性。欧盟寻求与拜登政府在内容治理、规则制定等方面合作，期待缓和双方在数据保护和反垄断方面的紧张关系，主张共同组织治理联盟、共同制定标准，同时将超大平台的内容治理提上议程。首先是提议美国帮助监管平台内容。2020 年 1 月 20 日，欧盟委员会主席冯德莱恩就美国国会大厦暴力事件警告，仇恨言论和虚假信息经社交平台快速传播，欧洲也可能会发生同样的暴力事件，且对民主构成威胁。社交平台关闭特朗普账户的决定，应由法律而不是平台的管理者决定，呼吁拜登政府帮助监管美国社交平台。其次是提议成立机构共同制定数据经济规则。欧盟委员会主席冯德莱恩建议欧盟和美国建立"贸易和技术联合理事会"，创建全球范围内有效的数字经济规则手册，涵盖数据保护、用户隐私、关键基础设施安全。欧盟发布《欧盟-美国全球变革新议程》，建议抓住机会建立一个全球联盟，倡导在数字经济、网络安全、人工智能等新技术新业态、数据流动、在线平台监管、世界贸易组织（WTO）改革等方面形成盟友，加强对话与合作，形成共同标准和共同领导。

（三）英国

一是制定国家战略推动数据共享和保护。2020 年 9 月 9 日，英国政府发布《国家数据战略》，力图"影响全球数据共享和使用方法"。2020 年 9 月 18 日，英国信息专员办公室发布收集客户信息的数据保护指南《客户日志》，强制要求企业进行测试和追踪计划。

二是与超大互联网平台在抗疫和云计算方面加强合作，并给予优惠。2020 年 5 月，英国信息专员办公室发布《新冠肺炎病毒接触者追踪应用程序的数据保护指南》，建议应用程序采用侵入性最小的方法追踪 COVID-19 接触者。2020 年 6 月，英国政府授权亚马逊、微软、谷歌和人工智能公司访问 COVID-19 健康数据。英国财政大臣在 2020 年 8 月表示，受疫情影响，取消 2020 年 4 月开始对 GAFA（谷歌、亚马逊、脸谱网、苹果）等征收的 2% 的数字税。2020 年 11 月，英国皇家商业服务委员会（CCS）与亚马逊云服务签署谅解备忘录，加快云计算在英国公共部门的应用。英国国家网络安全中心（NCSC）与微软合作，拟在 2021 年第一季度进行"网络加速器计划"。

三是制定法案和战略摆脱对中国 5G 技术的依赖。2020 年 11 月 24 日，英国国会通过新《电信安全法案》，授权英国政府"新的权力"取缔华为等供应商。英国发布了电信多元化战略，减少对高风险供应商的依赖。2020 年 5 月 29 日，英国提议组建"10 国联盟"（美国、英国、德国、法国、日本、意大利、加拿大、澳大利亚、韩国、印度），以摆脱对中国 5G 技术的依赖。

四是要求社交网络更及时地删除有害信息。2020年2月，英国政府要求科技公司和互联网平台快速删除暴力、恐怖主义、网络欺凌和虐待儿童等有害内容信息。2020年3月，英国成立新部门打击与新冠肺炎有关的假新闻；2020年5月，英国政府要求社交媒体网络"更快地解决"与疫情有关的虚假信息。

五是推动建立新部门监管超大互联网平台竞争行为。2020年11月，英国竞争与市场管理局（CMA）表示将成立专门的数字市场部门，监管谷歌、脸谱网等科技公司在广告等数字营销上的竞争行为，以维护消费者和小型企业的利益。该部门于2021年4月正式成立。

（四）日韩

一是日本加强对网络平台的数据保护监管，推动数据自由流动。2020年8月，日本通过了其数据隐私法《个人信息保护法》的新修正案，扩大了要求删除或披露个人信息的个人权利，预计将于2022年春季全面实施。2020年9月，日本开始陆续实施应对网络暴力的一揽子文件，首次明确规定网暴施暴者的手机号码等个人信息可以合法公开，网络平台也有义务在必要时提供上述信息。2020年9月11日，日本与英国签署"历史性"数据协议，允许两国之间的数据自由流动。

二是韩国加强个人信息保护监管，处罚脸谱网，并进行刑事调查。2020年11月24日，韩国个人信息保护委员会（PIPC）发布《个人信息保护三年规划》，改进数据保护的自我监管。2020年12月10日，韩国《电信业务法》修正案生效，该法案明确规定在线内容服务提供商有责任确保增值电信服务的稳定性。2020年12月8日，PIPC宣布将在2021年建成网站账户信息泄露确认系统，要求互联网公司提供"附加信息"保护个人隐私。2020年11月25日，PIPC以脸谱网未经用户允许向其他运营商提供用户个人信息为由，向脸谱网开出67亿韩元的罚单，并要求对其进行刑事调查。2020年6月，新加坡和韩国开始进行数字伙伴关系谈判，推动个人数据保护和跨境数据流动。

三是调查中国企业，借机推广本国技术。2020年7月，日本政府向国会提交《特定高度电信普及促进法》，排除以华为为主的中国系产品，支持企业开发5G和无人机技术，利用"脱中"来推广本国技术。2020年11月，日本和印度签署一份谅解备忘录，在5G领域联手对抗中国。2020年8月6日，韩国政府公布未来移动通信的研发战略，拟投入2000亿韩元抢先开发下一代技术——6G。2020 年 1 月，韩国通讯委员会（KCC）宣布对 TikTok 展开调查。2020 年 9 月 10 日，日本自民党规则形成战略议员联盟建议政府加强应对应用程序（App）信息泄露的措施，完善政府对外国企业进驻的审查机制，对中国移动互联网应用 TikTok 等设限。

四、对我国的启示和建议

针对 2020 年超大互联网平台相关动向和美欧国家及地区的不同治理特点，建议在以下方面加强我国对超大互联网平台的治理能力和手段。

（一）建议借鉴他国经验，完善相关立法工作

建议借鉴美欧国家和地区在疫情期间打击超大互联网平台网络谣言、推动平台数据安全、防范平台网络安全的相关举措，特别是密切关注欧洲推进《数字服务法》相关进程，以及国外超大互联网平台与美欧政府的博弈过程。通过推动我国《数据安全法（草案）》等网信领域宏观立法出台，不断完善对超大互联网平台的监管方式，避免新技术、新动向、新风险未被纳入最新立法进程之中，不断提高对超大互联网平台的监管效果。

（二）建议评估他国效果，严厉打击垄断行为

建议深入分析研判国内外超大互联网平台在涉嫌垄断方面的异同，借鉴美欧推动修法、调查听证、法律诉讼等方面的经验，对国内互联网平台存在的诸如应用程序内部分链接无法正常打开、支付手段限制等涉嫌垄断行为，进行专项约谈、整治行动，避免"二选一""大数据杀熟"等不正当竞争行为在平台间继续蔓延。建议对较为突出的垄断事件或平台进行专项治理，总结网络平台反垄断实践，为相关立法和规范的出台提供借鉴。

（三）建议关注他国动向，防范其对我国的围堵势头

建议密切关注美国拜登政府对 TikTok 等超大互联网平台的态度和举措，防范拜登政府在评估后延续特朗普政府对我国企业的围堵势头，以"监管超大互联网平台""维护美国国家安全"为名，对我国企业"走出去"继续层层设卡。建议密切关注美欧在对我国企业围堵方面的合作动向。

（四）建议参与规范制定，推动安全数据流动

美欧在安全跨境数据流动方面尚未达成共识，部分区域经济体在跨境数据流动方面尚处于起步阶段。建议在《区域全面经济伙伴关系协定》（RCEP）、中欧投资协定等框架内，就跨境数据流动规范进行磋商，特别是通过与东盟、欧盟的沟通实践，形成能够体现我国实际、特色、立场并被区域、世界经济体接受的原则与规范，不断提高我国在跨境数据流动方面的国际地位和话语权。

1.9　2020年5G领域大国竞争态势综述

2020年，在地缘政治、技术博弈双重因素的影响下，以美日韩欧为代表的科技大国和地区纷纷加紧5G战略布局：对内密集出台推动5G发展的立法和安全监管举措，加大资金投入和技术研发力度，加紧推动5G频谱拍卖、技术应用和产业落地，谋求塑造5G竞争新优势；对外掀起新一轮5G产业的标准、话语权及市场份额的全球争夺战。特别是美国在全球推行"合纵连横"策略，施压盟国围剿华为等中国5G企业，同时发起所谓"5G网络清洁计划"、"D10"俱乐部，推动所谓"去中国化"战略，将5G技术话题进行政治化炒作，谋求抢占5G竞争全球主导权。相关情况综述如下。

一、2020年5G领域大国竞争动向

一是5G成大国科技竞争制高点，各方竞争博弈更趋白热化。2020年，各国均加快了5G网络的部署力度，力求在5G竞赛中拔得头筹。美国发布《美国5G安全国家战略》《确保美国5G技术的安全和弹性》等多份与5G相关的战略文件。俄罗斯起草了一份关于5G网络发展的新战略文件，拟由4家国家电信公司组建合资企业运营。韩国三大移动运营商已同意在2022年之前投资220亿美元，以扩大全国的5G基础设施。日本内务省和通信省宣布，到2023年年底将5G基站数量增加到21万个，为初始计划的3倍。2020年7月，德国电信展示了在5G部署方面的进展，称其已提前实现了2020年覆盖德国一半人口的目标，现在计划在2020年年底前实现该技术覆盖全国三分之二的人口。5G正在成为大国科技竞争的制高点，将成为未来科技革命竞争的重要影响变量，因此谁先掌握了它，谁就掌握了一定的话语权。

二是各国重点关注5G安全问题，倡导安全与发展并重的基本理念。美国、欧盟等国家和地区将供应链风险视为5G时代面临的核心安全问题，着重提升关键信息基础设施和政府信息系统等重点领域的安全防范能力。2020年，欧盟发布5G网络安全指南，强调成员国对高风险5G供应商实施相关限制，将

其排除在核心网络功能之外。欧盟各国开始逐步限制高风险、单一供应商，寻求国内国外多方替代产品。德国、法国、英国等主要国家采取多供应商策略，将华为排除在 5G 网络核心建设之外。美国延续将华为视作国家安全威胁的思路，升级力度，更加精准地打击华为，包括发布《美国 5G 安全国家战略》明确维护 5G 安全的路线图、立法禁止联邦资金购买并以资金支持替换现有华为设备等，试图以"华为威胁论"寻求新的 5G 供应商，鼓励美国 5G 研究，以培育其国内替代产品。

三是应用竞争加剧，商业化进展超预期。美国、英国、法国等国在其战略中提出任务，在确保 5G 安全部署的同时，鼓励释放 5G 资源在经济发展中的重要作用，强调通过繁荣经济提升本国在国际社会中的地位和话语权。韩国、美国、意大利、英国等国家均已提供 5G 商用服务，商用初期仍以增强型移动宽带服务为主，后期技术创新重心逐步向垂直行业具体应用偏移，全面构建从基础研发到成果转化，再到应用创新的科技创新生态链。从全球来看，5G 商用进展超预期，运营商公布的 5G 商用规划基本在 2020 年、2021 年。韩国在5G 商用上走得最快，于 2019 年 4 月在全球率先开展 5G 商用，已覆盖了全国85% 的城市和 93% 的人口。美国部分运营商在 2018 年初期就开始小规模部署5G，但由于缺乏中频资源，存在信号差、覆盖窄的问题。我国也积极推进 5G产业化，在商用部署方面已取得突出成绩。12 月 24 日，工业和信息化部宣布，我国已实现所有的地市都有 5G 覆盖的目标。

四是以美国为首的西方国家抱团抵制中国技术。随着各国建设 5G 网络和 5G 商用推广，5G 的政治属性越来越强，特别是美国对中国 5G 发展的担忧，变得更加紧迫。美国一直试图以"华为威胁论"在国际社会拉拢盟友共同封锁华为，澳大利亚、新西兰、日本已先后宣布禁用华为产品，转向采用爱立信、诺基亚的设备。英国宣布，从 2020 年年底开始停止采购华为 5G 设备，到 2027 年英国将停止使用所有华为 5G 设备。此外，美国已与立陶宛、斯洛伐克、保加利亚、北马其顿、科索沃等国发表联合声明或签署谅解备忘录，意在限制华为参与当地的 5G 建设。在美国游说、胁迫他国，与西方等国抱团抵制华为的同时，部分发展中国家坚定地站在中国一边。南非移动数据网络运营商宣布联合华为发布非洲首个 5G 独立组网商用网络。塞尔维亚总理表示，华为是塞尔维亚最大、最优质、最重要的合作伙伴之一，与华为的许多合作都在准备之中。印度尼西亚电信运营商 ndosat 宣布与华为进行持续合作，构建可用于 5G 网络的可编程传输网络。

五是主要国家和组织抢占 6G 高点，6G 竞争提前打响。美国将 6G 视作未来竞争的焦点，希望跳过 5G 在 6G 抢得先机。《2020 年 5G 安全保障法》要求总统与联邦通信委员会、国家电信和信息管理局的负责人，以及相关内阁秘书和国家情报局局长共同协商制定"安全的下一代移动通信战略"。美国已经明确要开展 6G 研发，并开放了 95 千兆赫兹到 3 太赫兹频段供 6G 实验使用。韩国政府宣布将于 2028 年在全国率先商用 6G 网络，计划成为第一个商用 6G 的国家。韩国政府和相关企业已经投资 9760 亿韩元用于 6G 网络研发，并已取得了阶段性进展。在国际组织方面，第三代合作伙伴计划（3GPP）、ITU、电气与电子工程师协会（IEEE）等主流组织已涉足 6G 领域，华为、三星等企业也已开始 6G 技术的研发，并带动运营商、大学和科研机构等纷纷发力。尽管 5G 时代才刚开始，但通信技术遵循"发布一代、预研一代"的规则，6G 竞争已然开展。

二、5G 领域大国竞争态势研判

（一）5G 技术竞争陷入地缘政治竞赛，高科技冷战将蓄势待发

中美两国均将 5G 视为"大国竞赛"的关键影响因素之一。美国认为"5G 是一场美国必须赢得的竞赛"，而中国则将 5G 视为代表了信息通信技术地位的重大飞跃。由于地缘政治紧张态势加剧，在美国的威逼利诱下，在"泛国家安全"概念的炒作下，不仅是欧洲国家、泛太平洋国家，包括非洲和拉美国家都可能受到来自美国的压力，被迫在中美 5G 竞争以及其他领域的竞争中站队。如果美国政府持续保持这样的"科技冷战"思维，一场各国不希望看到的高科技冷战或将蓄势待发。

（二）美国对华为等的打压更具系统性和杀伤力，全面遏制中国 5G 战略成型

前些年，美国对华为等中国企业的打压目标虽然明确，但相关行动缺乏纲领，政府各部门之间也尚未形成完全的统一步调。而 2020 年美国出台的以"清洁网络"为代表的一系列举措，由美国总统、FCC、国土安全部（DHS）、国家情报部门、司法部和国防部等共同制定，且史无前例地将对中国科技企业的打压上升到国家战略层面，"清洁网络"计划是美国全方位遏制中国数字经济和打击中国信息产业发展的新开端。下一步，美国或借势调整全球产业布局，特别是推动国际供应链"去中国化"，朝"长度变短、链条增多"的方向

发展。在美国西方民粹主义、孤立主义和保护主义不断抬头的背景下，中美两极格局日趋明显，中美供应链脱钩风险持续上升，可能带动全球生产链、供应链、价值链深度重组，对此我们应保持高度警惕。

（三）美国对我国"全面围堵"更具威胁，严重冲击我国5G国际话语权

在当前5G成为影响"中美欧大三角关系"重要影响因素的背景下，美西方国家在5G领域"抱团围堵"华为以及"去中国化"倾向愈发明显。在美国的频频施压下，全球多国以安全为由集体封杀华为5G技术，澳大利亚、韩国、日本、印度、加拿大、新西兰等国先后以国家安全为由宣布禁止采用华为5G通信设备。拜登继任后，美国在5G议题上的"联合围剿"趋势或将进一步加剧，其联合的国家或将由"五眼联盟"进一步扩大至太平洋及其他地区，我国在5G的全球布局方面也将受到来自美国甚至是其盟国的外交、经济乃至军事等多方面的压力。

三、应对建议

（一）"观"美国5G供应链安全动态，挖掘美国做法对我国的借鉴意义

可以预见的是，美国对我国奉行战略遏制的基本态势短期内不会发生根本变化，美国在5G供应链层面与我国逐步脱钩，是可以预判到的事件发展态势。据此，我国应持续密切跟踪美国5G供应链安全动态，挖掘美国做法对我国相关决策的启发性、参考价值，立足网信视角，分析研判5G供应链逐步脱钩状态下网络安全审查、设备国产化、数据安全管理等问题，不断规范行业发展，优化监管职能。另外，借鉴欧盟针对长臂管辖而设立的"阻断法案"，进一步完善我国"不可靠实体清单"，及时对美国的"脱钩"行动采取应对措施。此外，针对当前舆论风向中出现的炒作进行有效回应。加强企业对外发展布局的政策统筹指导，及时表明我国国际网络安全观，合理有效地利用网络平台，把握网络舆论引导的效果，突破美国的政策封锁。

（二）"补"我国5G发展及供应链安全战略，加速我国通信网络产品国产代替

针对各国的5G发展和供应链安全战略，全球5G发展的产业布局在不断调整，新的产业链、价值链、供应链正在形成。我国应积极制定5G发展及全球供应链安全战略，有力支持我国网络强国战略。从国家、产业、城市、企业等层面构建我国5G发展和供应链安全系统，做好5G的可持续发展，构建有弹性、持续的 5G 供应链，以应对且能够承受不断变化的威胁和危害，在发生 5G 供应链中断时，可迅速恢复供应能力。此外，推进高新技术领域产业链发展，加速我国通信网络产品的国产代替。我国应加大政策扶持力度，促进高新技术企业布局。从研发至产出多个环节，形成完整通信网络产业链，加速国产代替。同时，提高 ICT 供应链的抗风险能力，保障供应链的安全性和完整性，应对美国断供威胁。

（三）"拓"国际交流与合作，以更加开放、合作共赢的态度发展 5G 及其演进技术

抓住网络空间发展的重大机遇，加强与国际标准化组织的交流与合作。充分利用 ITU、APT 等平台，加强国际频率协调，在兼顾我国优先频段的基础上，推动形成 5G 全球统一工作频率；积极参与 5G 等新一代信息技术网络空间安全国际标准的制定工作，加强政府参与的力度，进一步提升我国在网络空间安全国际标准制定方面的国际话语权和影响力。通过"一带一路"倡议，以更加开放、合作共赢的态度带动 5G 全球供应链发展，加强与别的国家形成战略联盟，推动 5G 价值链、供应链、产业链的创新与完善，推动"一带一路"沿线国家的经济发展。积极利用国际多边合作框架，宣传我国网络空间治理主张，持续提升世界互联网大会这一平台的国际影响力；同时在外宣策略上主动顺应全球舆论传播的新变局，灵活运用各种第三方网络传播平台，创新传播方式，提升精准传播能力，积极主动设置议程和发布权威信息，向国际社会有力地传达网络治理"中国方案"和"中国声音"。

（四）"创"6G 研发、产业生态发展，确立技术优势

5G 技术正在不断演进中，其下游应用场景与商业模式尚未成熟。唯有充分发挥 5G 技术赋能作用，推动融合发展，才能打破美国对我国的 5G 遏制。同时，我国应当尽早加速 6G 技术研发，联合产学研各方力量与产业链各方资源参与，打好技术提前量，积极参与相关国际标准制定，保持住 5G 时代的优势惯性，从而树立先发优势。

1.10　2020 年全球人工智能发展综述

2020 年，全球人工智能技术创新和应用发展迅速。以美欧为代表的西方国家和地区在人工智能战略谋划、政策监管、市场应用、规则制定和技术创新等领域频频发力，试图谋求在人工智能全球竞争和技术博弈中的优先地位，推动相关领域战略规划迭代、监管升级、创新加速。同时，人工智能技术本身的快速发展和应用落地也带来了一些潜在风险，相关动向值得关注。

一、2020 年主要国家和地区人工智能发展特点

（一）加强顶层设计，持续出台推动人工智能发展的战略规划和实施方案

2020 年，美国、俄罗斯、欧盟等国家和地区强化人工智能发展战略迭代，围绕核心技术、财政支持、人才培养、伦理规范等，密集出台相关战略规划、政策文件，为人工智能技术的发展提供政策保障，力图在新一轮科技竞争中掌握主导权。美国发布《关键与新兴技术国家战略》，围绕促进国家安全创新基础和保护技术优势两大领域，制定了包括人工智能在内的 20 项关键技术创新的初步清单；美国人工智能国家安全委员会批准了 71 份与人工智能有关的建议草案，涉及加强人工智能研究、保护和发展美国的技术优势、整合全球人工智能合作等内容，为整个联邦政府的改革提供建议；欧盟委员会发布了包括《欧洲数据战略》《人工智能白皮书》在内的一系列关于"塑造欧洲数字化未来"的战略规划，强势推动构建欧洲单一数字市场；俄罗斯制定多领域人工智能应用路线图；印度、印度尼西亚、巴西、克罗地亚等国也陆续发布本国的人工智能战略或发展方案。上述国家的系列举措表明，人工智能对科技、产业和社会变革的巨大影响正得到更多国家的认同。

（二）推动落地转化，加速推进人工智能技术产业化步伐和军事化进程

面对全球疫情突发的新挑战，以人工智能为支撑的新产品、新业态、新模式，在 2020 年各国的疫情防控和复工复产中大显身手。美国国防部投入 38 亿美元资助利用人工智能研究新冠肺炎治疗方法，包括快速筛选、测试新冠肺炎候选药物的优先级和可用性，以及用于军方的"国防健康计划"；德国、法国等欧盟国家允许企业使用人工智能技术研究控制新冠肺炎病毒，并授权人工智能公司访问与新冠肺炎疫情相关的公众健康数据；联合国支持斯坦福大学和非营利组织创立"抗击 COVID-19 综合与增强情报联盟"，旨在利用人工智能技术帮助决策者减轻新冠肺炎疫情对公共卫生和经济的影响。在军事领域，多个国家持续深化人工智能在情报收集和分析、后勤保障、网络空间作战、指挥和控制等方面的作用，越来越多地将人工智能集成到各种军事应用中，以寻求作

战优势，军事智能领域面临越来越激烈的国际竞争。如美国国防部扩大人工智能在网络安全、网络战行动中的交叉融合；俄罗斯开发军用人工智能机器人；日本开展人工智能网络防御等。

（三）强化规则引领，积极抢占全球人工智能规则制定和伦理示范制高点

为了抢占道德制高点，提升对人工智能国际规则的阐释力和引领力，美国白宫发布《人工智能应用监管指南备忘录（草案）》，提出美国政府机关在制定有关人工智能应用的规定时，需考虑 10 条监管原则[④]；美国国防部制定《人工智能道德使用原则》、美国国家情报总监办公室（ODNI）[⑤]发布《人工智能应用和发展伦理准则》，应对潜在的人工智能威胁；欧洲议会发布《欧盟人工智能框架》报告，就人工智能等新兴技术的伦理框架、法律责任框架向欧盟委员会提出立法建议，敦促其对人工智能进行透明化管理和人为监督；英国信息专员办公室发布《人工智能和数据保护指南》，帮助组织减轻开发和使用人工智能的风险，并启动人工智能伦理研究网络；新加坡发布《人工智能伦理和治理知识体系》，为业界和信息技术专业人士提供与人工智能技术开发和部署相关的伦理方面的参考指南、培训和认证；梵蒂冈发布《人工智能伦理罗马倡议》，呼吁对人工智能的发展制定严格的道德标准，提出 6 项主要原则[⑥]。

（四）深化国际合作，频繁推动人工智能领域建立创新伙伴关系和发展同盟

2020 年，世界主要国家和地区为了抢占发展先机，加大在人工智能领域的国际合作和结盟，以美、欧为主导的人工智能伙伴关系机制活动频繁。美国国防部联合人工智能中心与来自 13 个国家的军方官员共同举行了首次"人工智能防务合作"会议，旨在促进负责任地使用人工智能，并协调人工智能政策方面的战略信息，以帮助美国推进其在人工智能领域的各项国际议程；美国和英国签署人工智能研发协议，双方将在技术、产业和学术等领域展开合作，探索建立研发生态系统；欧盟委员会与经济合作与发展组织（OECD）建

---

④ 2020年1月，美国白宫发布《人工智能应用监管指南备忘录（草案）》。文件提出，美国政府机关在制定有关人工智能应用的规定时，需考虑10条监管原则，即：公众对人工智能的信任、公众参与度、科学完整性与信息质量、风险评估与管理、收益与成本、规则灵活性、公平和非歧视、公开与透明、安全与保障、机构间协调。

⑤ 美国国家情报总监办公室是美国政府情报机构的总协调机构。美国国家情报总监（DNI）负责监督包括美国中央情报局（CIA）在内的全美16个情报机构，并每天向美国总统汇报情报工作。

⑥ 2020年3月，梵蒂冈发布《人工智能伦理罗马倡议》，呼吁对人工智能的发展制定严格的道德标准，提出6项主要原则，即：透明度、包容性、责任感、公正性、可靠性、安全性和隐私性。

立合作伙伴关系，在国家人工智能战略和政策数据库、人工智能观察报告等方面进行合作；欧盟与美国等 14 个国家宣布成立"全球人工智能合作组织"（GPAI），支持基于人权和成员共同民主价值观的人工智能开发和使用，强调所谓"志同道合"国家和地区组成的国际机制，OECD 将担任 GPAI 理事机构的常驻观察员。

二、西方国家动向和风险研判

（一）西方国家在人工智能领域炒作"中国数字威权"

2020 年，美西方国家继续在人工智能等关键核心技术领域炒作所谓"中国威胁"。如美国参议院发布的《新的"老大哥"：中国和数字威权主义》报告诬蔑中国正在利用其技术崛起发展"数字威权主义"，使用人工智能和生物识别等技术跟踪其公民并控制信息，实施一项长期计划，以主导数字空间。随着我国在人工智能领域技术创新和产业应用的加快发展，美西方国家以所谓"政治监控""控制公民"等理由对我国进行战略抹黑的行为或将有增无减，需引起高度警惕。

（二）主导人工智能技术和治理规则制定的国际话语权、孤立打压中国

美国将其盟友和伙伴整合在统一的人工智能技术使用准则和政策框架下，由此形成以美国为首的技术生态圈。2020 年，美欧联合发起的"全球人工智能合作组织"，其实质是以意识形态为标准划分人工智能合作阵营，以西方价值观来区分合作对象、以欧美人工智能企业为核心推动其扩张，在全球范围内达成由其主导的人工智能治理框架，打压我国人工智能产业的发展。不仅如此，美方还对我国人工智能产业实施"切割"等打压政策，对我国人工智能关键核心技术推出"出口限制"等"卡脖子"举措，妄图通过"断供""屏蔽"等方式迫使我国人工智能发展失去动力、逐渐枯竭。未来，我国在人工智能领域的联合创新和国际合作或将面临更高的壁垒和障碍，需谨慎应对。

（三）加速人工智能军事化、实战化应用

兰德公司 2020 年报告称，美国人工智能在军事应用方面的成果包括联合无人作战空中系统计划、项目联合辅助部署和执行、生存自适应规划实验等，人工智能已经在美军的长距离反舰导弹、自动驾驶飞行器、算法战等领域得到了实际应用。美国主导的人工智能"防务伙伴关系"将人工智能的军事化和实战化作为其主要任务，目的是形成美国领导下的军事人工智能技术生态圈，由

此形成对竞争对手的战略优势。人工智能在军事领域的应用水平成为大国之间军事实力比拼的重要标志。

（四）人工智能技术应用及其产业发展暗藏的系统性安全风险

2020年世界经济论坛发布的专题报告提出了人工智能的三方面系统性安全风险：一是人工智能将加大网络安全攻防持久战纵深，最终导致网络安全政治化；二是流程和算法操纵放大了系统性风险；三是深度伪造侵蚀信息内容真实性，对政治、经济运行形成威胁。伴随着智能化数据采集终端的快速增长，人工智能技术所依托的数据总量井喷式爆发、数据利用场景复杂多样，加剧了传统数据安全风险，也催生了数据污染、算法歧视等一系列新型数据安全问题，人工智能技术还被应用到自动化网络攻击、信息内容深度伪造、数据黑产等网络恶意活动中，对现有网络信息安全治理能力形成巨大冲击，亟须各国政府及国际社会采取措施，以确保人工智能符合未来全球增长和人类社会的发展方向。

三、对我国的启示和建议

综合分析，随着我国人工智能研发投入不断加大和创新不断增强，美西方国家的担忧情绪加剧，我国与美欧在人工智能领域的竞争和博弈不断加强。为了营造我国人工智能发展更优越的内外部环境，提出四方面建议。

一是强化人工智能法治监管和伦理规范研究。研究制定专门性法规政策和监管手段，创新立法监管，提高深度伪造等人工智能风险治理能力，加大违规违法使用人工智能的惩治力度、提高违法成本。强化人工智能治理规范研究，为人工智能技术创新、产业应用和合作发展提供基础性规范，在全社会营造良好的创新文化。

二是强化人工智能技术研发、资金投入和人才培养。加大资金和资源投入，加强在人工智能基础理论和前沿技术方面的引领性、原创性科学研究，加快推动人工智能专业人才培养和队伍建设，推动人工智能技术创新应用和产业对接，搭建人工智能创新与传统行业生态有效衔接的桥梁。

三是主动宣介我国人工智能发展理念和全球贡献。邀请国际人工智能专家、业界代表来我国分享、交流，加深其对我国"人机协同、跨界融合、共创分享""携手推动构建人类命运共同体"等发展理念的了解和共识。利用世界互联网大会、ITU等舞台，加大对疫情期间"中国产品服务全球"相关信息的报道和传播，让国外民众更真实、近距离地感受我国人工智能"技术向善""开放共享"的精神。

四是构建人工智能治理全球协调机制。大力倡导在联合国框架下建立正式的磋商机制，积极扩大与发展中国家在数字经济、人工智能等领域的合作，适度择机扩大与欧洲企业以及欧盟在人工智能领域的务实合作，缓和欧盟在意识形态领域对我国的指责和施压。通过双边或多边机制推动国际社会就人工智能军事化应用达成有约束性的国际规则条约。

参考文献

[1] 桂畅旎. 新冠疫情对于网络空间的影响：机遇与挑战[J]. 中国信息安全, 2020(8): 82-85.

[2] 顾晓帆. 电子政务环境下的政府数据公开策略研究[D]. 北京：首都经贸大学, 2016.

[3] 伍艺. 欧美个人数据跨境流动规则比较——以数据隐私保护为视角[D]. 重庆：西南政法大学, 2013.

[4] 徐秀军. 新时代中国国际政治经济学：一项研究议程[J]. 世界经济与政治, 2020(7): 4-34.

[5] 李彦, 曾润喜. 新冠疫情会成为国际互联网治理制度变迁的新节点吗？——制度变迁、中美冲突与国家安全因应[J]. 情报杂志, 2020, 39(9): 110-115.

[6] 唐岚. 2020年上半年美国网络安全政策与举措动态[J]. 中国信息安全, 2020(7): 72-75.

[7] 李建伟. 美国网络安全监控战略与法制变迁及其启示[J]. 北京航空航天大学学报(社会科学版), 2019, 33(3): 25-34.

[8] 唐乾琛. 2020年上半年世界前沿科技发展态势详解[J]. 军民两用技术与产品, 2020(10): 23-26.

[9] 杨淳. 解读美军新年度建设重点[N]. 中国国防报, 2020-07-03.

[10] 徐刚, 陈璐, 郑仪. 新冠疫情对世界经济的影响[J]. 国际研究参考, 2020(5): 1-8, 44.

[11] 许祎玥. 中西方媒体对世界互联网大会报道的话语分析[D]. 汕头：汕头大学, 2019.

[12] 雷瑛. 2019年美中贸易战回顾及对中国企业的建议[J]. 黄河科技学院学报,

2020, 22(4): 50-56.

[13] 李艳. 美国强化网络空间主导权的新动向[J]. 现代国际关系, 2020(9): 1-7, 58.

[14] 方莹馨. 欧盟出台内部安全新战略(国际视点)[N]. 人民日报, 2020-08-03.

[15] 李山. 欧盟抡起"三板斧"打响"数据主权"保卫战[N]. 科技日报, 2020-12-30.

[16] 俞宙明. 欧盟数字新法案挑战巨无霸[N]. 第一财经, 2020-12-20.

[17] 文静. 试行人工智能伦理规则[N]. 广州日报, 2019-04-17.

[18] 郑春荣, 倪晓姗. 欧盟网络安全战略及中欧合作[J]. 同济大学学报(社会科学版), 2020, 31(4): 42-56

[19] 张光政. 俄罗斯着力打造"主权互联网"[N]. 人民日报, 2020-08-19.

[20] 周季礼, 黄朝辉. 我国周边国家2014网络和信息安全建设大扫描[J]. 中国信息安全, 2015(1): 86-98.

[21] 董映璧. 俄罗斯制订多领域人工智能应用路线图[N]. 科技日报, 2020-07-07.

[22] 张孙旭. 俄罗斯网络空间安全战略发展研究[J]. 情报杂志, 2017, 36(12): 5-9.

[23] 张春友. 美国才是全球网络安全最大威胁[N]. 法制日报, 2020-08-01.

[24] 中: 美政治打压终将自食其果 俄: 不正当经济竞争厚颜无耻[N]. 新民晚报, 2020-08-09.

[25] 丁曼. 数字经济与日本网络空间治理战略[J]. 现代日本经济, 2020(1): 1-12.

[26] 陈建军. 《日本蓝皮书: 日本研究报告（2020）》: 日本力推全球数据治理理念 加强竞争力[N]. 人民网日本频道, 2020-10-15.

[27] 杨婷. 韩国网络实名制的兴衰及启示研究[J]. 新闻爱好者, 2018(1): 37-39.

[28] 张涛. 大数据视域下的国家安全治理论析[D]. 郑州: 郑州大学, 2020.

[29] 张茉楠. 数字主权背景下的全球跨境数据流动动向与对策[J]. 中国经贸导刊, 2020(18): 49-52.

[30] 王丹娜. 数据泄露: 安全不能承受之重[J]. 中国信息安全, 2018(3): 56-61.

[31] 二十国集团领导人利雅得峰会宣言[N]. 解放军报, 2020-11-23.

[32] 蔡翠红, 王远志. 全球数据治理: 挑战与应对[J]. 国际问题研究, 2020(6): 38-56.

[33] 加快构建跨境数据流动治理体系[N]. 国际商报, 2020-08-03.

[34] 刘宏松, 程海烨. 跨境数据流动的全球治理——进展、趋势与中国路径[J]. 国际展望, 2020, 12(6): 65-88.

[35] 石纯民. 数字化时代, 亟须捍卫"数据主权"[N]. 中国国防报, 2018-03-01.

[36] 加快构建跨境数据流动治理体系[N]. 国际商报, 2020-08-03.

[37] 裴炜. 2020年上半年全球网络犯罪趋势与应对[J]. 中国信息安全, 2020(7): 76-79.

[38] 数据市场成国际竞争新角力点, 中国须释放制度红利打造新优势[N]. 21世纪经

济报道, 2020-09-04.

[39] 支振锋. 贡献数据安全立法的中国方案[J]. 信息安全与通信保密, 2020(8): 1-8.

[40] 张继红, 文露. 埃及《数据保护法》述评[N]. 人民法院报, 2020-11-13.

[41] 张翔, 杨东. 我国跨境企业数据合规治理之变革路径——基于TikTok事件[J]. 中国信息安全, 2020(8): 43-45.

[42] 张钢强. 打击网络犯罪国际合作与预防探析[J]. 中国信息安全, 2020(9): 72-74.

[43] 秦越, 林梓瀚. 2020年上半年全球5G安全态势[J]. 中国信息安全, 2020(7): 80-83.

[44] 尹雪萍. 标准必要专利禁令之诉的竞争法边界——以欧盟2015年华为诉中兴案为视角[J]. 东岳论丛, 2016, 37(4): 173-179.

[45] 刘典. 中欧深化数字经济合作打造发展新引擎[N]. 解放军报, 2020-08-29.

[46] 钟声. 肮脏的"清洁网络"图谋[N]. 人民日报, 2020-08-26.

[47] 赵园园. 互联网征信中个人信息保护制度的审视与反思[J]. 广东社会科学, 2017(3): 212-220.

[48] 张舒. 透过美国对华科技遏制谈我国核心技术创新突破[J]. 中国信息安全, 2019(2): 98-103.

[49] 黄道丽. 全球网络安全立法态势与趋势展望[J]. 信息安全与通信保密, 2018(3): 54-60.

[50] 熊菲. 5G国际发展态势及政策动态[J]. 中国信息安全, 2019(6): 31-33.

[51] 任泽平, 连一席, 陈栎熙. 5G时代：新基建中美决战新一代信息技术[J]. 发展研究, 2020(8): 21-36.

[52] 段伟伦. 全球数字经济战略博弈下的5G供应链安全研究[J]. 信息安全研究, 2020, 6(1): 46-51.

[53] 唐新华. 科技创新驱动全球社会变革[J]. 瞭望, 2019(52): 33-35.

[54] 韩雨, 葛悦涛. 2020年人工智能领域科技发展综述[J]. 飞航导弹, 2021, 已录用.

[55] 唐永胜. 2020年国际安全形势：动荡失序、风险叠加[J]. 当代世界, 2021(1): 21-27.

[56] 孙明春. 中国人工智能产业全景与预测[J]. 现代商业银行, 2021(2): 80-83.

第 2 章

2020 年月度分析

2.1　1月全球网络安全和信息化动态综述

2.2　2月全球网络安全和信息化动态综述

2.3　3月全球网络安全和信息化动态综述

2.4　4月全球网络安全和信息化动态综述

2.5　5月全球网络安全和信息化动态综述

2.6　6月全球网络安全和信息化动态综述

2.7　7月全球网络安全和信息化动态综述

2.8　8月全球网络安全和信息化动态综述

2.9　9月全球网络安全和信息化动态综述

2.10　10月全球网络安全和信息化动态综述

2.11　11月全球网络安全和信息化动态综述

2.12　12月全球网络安全和信息化动态综述

2.1　1月全球网络安全和信息化动态综述

2020 年 1 月，各网络大国加紧完善国家网络安全体系建设，有关数据安全与隐私保护的政策密集出台，加强社交媒体监管、打击非法在线内容仍为各国关注重点。美国紧盯 5G 领域全球布局，抢占先机意图明显，国际网络空间军备和战略威慑竞争持续加剧。

一、多措并举，强化网络安全体系建设

一是基础防御方面。美国众议院金融服务委员会 1 月 13 日表决通过《2019 年网络安全和金融系统弹性法案》，要求美国联邦储备委员会（FED）确保将网络安全置于优先地位，以应对日益肆虐的网络攻击给金融系统带来的严重威胁；俄罗斯计划 2020 年为每个军区都建立一个网络保护中心，以防范部队网络特别是关键信息基础设施遭受非法入侵和病毒攻击。二是机构设置方面。俄罗斯外交部宣布组建新机构，主要负责制定和执行国家信息安全政策，包括打击为军事、政治、恐怖主义和其他犯罪目的滥用信息技术的行为，并加强与其他国家、国际组织以及非国家组织的合作；美国国务院成立首个官方企业级数据分析中心（CfA），该机构由国务院首席数据官领导，将为联邦数据管理和分析提供"最新的工具、培训和技术"，目标是建立全球领先的应用数据分析评估系统和完善的外交政策。三是能力建设方面。英国国家网络安全中心（NCSC）发布《网络安全知识体系》，为政府部门以及学术界、工业界提供涵盖网络安全教育、培训和专业实践方面的指导。四是信息共享方面。以色列国家网络管理局（INCD）2020 年 1 月 16 日宣布启动社交平台"Cybernet"，鼓励用户通过该平台共享网络安全信息，以防范并及时应对网络攻击。

二、密集出台数据安全与隐私保护政策

一是立法方面。美国《加州消费者隐私法案》2020年1月1日起正式生效，将对消费者个人数据的收集、使用和共享采取更加严格的限制和处罚措施；美国华盛顿州2020年1月10日公布新修订的《华盛顿州隐私法案》（WPA），对适用人群、涉及实体进行了重新界定，并赋予消费者对其个人数据的访问、纠正、删除、转移、退出等权利，该法案将于2021年7月31日起生效。二是行政监管方面。英国政府宣布建立一个新机构，负责加强对脸谱网、谷歌等大型科技公司的监管，确保英国"脱欧"后对消费者实施更好的数据保护；韩国通讯委员会宣布对TikTok开展调查，指其可能存在故意泄露用户个人数据的问题。三是行业举措方面。脸谱网与美国联邦贸易委员会（FTC）达成和解协议，再次修订其用户隐私政策，停止将用户手机号码用于"好友推荐"，修订于2020年起在全球范围执行。

三、持续重视打击非法在线内容

一是社交媒体监管方面。美国情报高级研究计划局（IARPA）获1000万美元拨款，其中500万美元专门用于自动检测机器操纵社交媒体的技术研发和商业部署；德国政府于2020年4月发起对《网络执行法》（NetzDG）修订的表决，此次修订整合了2015年至2018年期间联邦司法部颁布的一系列相关法令，对在该国境内提供内容服务的社交媒体平台提出更严格的监管要求；印度信息技术部发布社交媒体建设指南，要求社交媒体平台开发用户账号身份验证系统，以审查"可能对个人和整个社会造成影响的假新闻、恶意内容、虚假信息、种族歧视、性别虐待"；脸谱网2020年1月6日宣布将在2020年美国大选前删除利用人工智能换脸技术进行深度伪造的视频。二是儿童在线保护方面。美国两党议员2020年1月9日提出一项《保护儿童免受在线新威胁法案》（PROTECT法案），将适用该法的儿童年龄提高到16岁，并扩大了受保护的个人信息范围；优兔网强制要求所有创作者对其制作的视频就"是否适合儿童观看"进行分类标记。英国信息专员办公室（ICO）2020年1月22日公布了适龄设计准则，要求数字服务提供商在儿童下载应用程序或访问网站时自动提供基本级的数据保护。

四、加快推进前沿技术领域布局

一是 5G 方面。美国众议院 1 月 8 日通过《促进美国在 5G 领域的国际领导地位法案》《促进美国无线领导力法案》《确保 5G 安全法案》3 项法案，要求美国更多地参与到有关下一代超高速无线网络的国际标准制定进程中，同时还要求制定一项"全政府范围（Whole-of-Government）"的战略，保护美国电信网络免受所谓华为、中兴通讯股份有限公司（以下简称中兴）等我国公司构成的"国家安全威胁"。二是卫星通信方面。美国航天发展局（SDA）计划在低地球轨道空间结构中使用光学卫星间链路，可根据在轨卫星之间以及卫星与地面之间的高度精确定时和位置数据，实现卫星之间的直接通信。三是区块链方面，欧洲 11 家区块链和数字资产领域的主要参与者发起成立数字货币发展协会（ADAN），以期提高区块链技术在欧洲的认知度，并推动其应用，加速构建和发展数字资产行业。四是人工智能方面，美国白宫科技政策办公室（OSTP）提出有关人工智能技术的 10 项"轻触式监管原则"，以实现确保公众参与、限制监管过度和促进值得信赖的技术发展三大目标。

五、加紧构筑网络空间战略威慑

英国组建的国家网络部队（NCF）被授权向对国家安全构成威胁的恐怖组织、敌对国家和有组织犯罪集团发动进攻性网络战，这支部队由国防部和政府通信总部（GCHQ）共同指挥，与致力于防御性网络活动的英国国家网络安全中心（NCSC）并肩作战，士兵招募计划在军队、情报机构、学术界和私营部门进行。日本防卫省计划 2020 年将"网络防卫队"的规模扩编 70 人至 290 人，并通过举办以挖掘黑客为目的的比赛，招募掌握高超技术的民间人士，加入其全面提升网络反击能力的研究中。美国陆军计划在我国台湾省和菲律宾以东岛屿部署具备网络行动能力的"特遣部队"，号称用于应对中国和俄罗斯在新军事能力上的投资和发展，确保有能力对其进行信息、电子、网络和导弹行动。

六、加强网信领域国际合作

一是数字经济方面。新加坡、新西兰和智利积极推动签署《数字经济伙伴关系协定》，该协议涵盖数字身份、数据流和人工智能等内容，将促进三国之间的数字连接，有利于在世界贸易组织建立数字贸易多边规则。二是打击网络犯罪方面。联合国大会于 2019 年 12 月 27 日通过决议，设立一个代表世界所有地区的专家委员会，由其负责拟订一项全面的国际公约，加大对利用信息通信技术实施犯罪活动的打击力度。三是前沿技术方面。来自美国、韩国、加拿大、澳大利亚、欧洲、拉丁美洲等国家和地区的 6 家主要电信运营商宣布成立 5G 未来论坛，专注推进 5G 技术；加拿大银行、英格兰银行、日本银行、欧洲中央银行、瑞典中央银行、瑞士国家银行 6 家中央银行与国际清算银行共同创建工作组，将共享有关中央银行数字货币（CBDC）的经验和评估案例。

2.2　2 月全球网络安全和信息化动态综述

2020 年 2 月，网络安全事件不断发生。多国在网络安全战略立法、数据和隐私保护、关键基础设施保护和供应链风险管理领域推出系列举措，强化网络数据安全；同时，积极在 5G、人工智能、物联网、区块链等新技术、新领域推出行动，抢占技术发展制高点，并加紧开展对新技术、新应用的风险评估。此外，部分国家积极预备网络战争，优化通信网络能力，训练网络部队和研发网络武器。

一、网络安全事件持续高发

2 月，信息泄露、网络攻击事件影响较大，全球网络安全形势仍需高度关注。一是信息泄露事件规模和影响范围较大。美国国防信息系统局（DISA）的一个计算机系统被入侵，可能泄露了大约 20 万条服务人员的个人信息；由以色列总理内塔尼亚胡领导的利库德集团（Likud）开发的选举应用程序 Elector 配置中的错误可能潜在地暴露了近 650 万名以色列公民的个人信息。二是网络攻击威胁基础设施安全。美国一家天然气管道运营商遭勒索软件攻击，该勒索软件成功加密了运营商的信息技术（IT）和操作技术（OT）系统中的数据，导致相应的天然气压缩设备关闭；2 月 8 日上午，伊朗遭到严重网络攻击，伊朗电信网络出现大面积中断。

二、持续推动网络安全战略布局

2 月，多国政府推出涉网络安全战略，组建专门的网络安全部门，以优化网络空间治理顶层设计。一是强化网络安全战略立法。美国网络安全和基础设施安全局（CISA）2月7日发布了《保护2020大选安全战略规划》，以确保美国选举过程的安全和弹性。美国众议院科学、航天与技术委员会2月12日批准了《电力网络安全研究与发展法案》《2019年电网现代化研究与发展法案》两项法案，旨在提升美国电网抵御网络攻击的能力。巴西总统府2月6日公布了《国家网络安全战略（2020—2023）》，提出将巴西打造成网络安全国家的战略愿景。英国国防部（MoD）于2020年成立了一支由黑客组成的专业网络部队，以破坏敌对国家的卫星和计算机网络，并摧毁恐怖组织使用的通信网络。二是推动数据共享和隐私保护。美国民主党参议员提交了《数据保护法案》，若该法案通过，美国将创建一个旨在保护美国人隐私的联邦数据保护机构，并将联邦贸易委员会的一些权力移交给该机构。美国国家标准与技术研究院（NIST）的国家网络安全卓越中心（NCCoE）发布《数据完整性：识别勒索软件及其他破坏性事件以保护资产免受侵害（草案）》和《数据完整性：对勒索软件及其他破坏性事件的检测和应对（草案）》。2月19日，欧盟委员会发布了长达35页的《欧洲数据战略》文件，希望通过立法、技术标准和公私合作等举措，旨在使欧洲成为世界上最具吸引力、最安全、最具活力的数据经济体；新加坡金融管理局（MAS）和美国财政部2月6日发表联合声明，支持金融服务公司进行跨境数据传输；印度政府成立一个委员会负责重新修订2000年《信息技术法案》，以更新包括隐私在内的法律法规。2月24日，埃及众议院以2/3的多数投票通过了内阁提出的个人数据保护法律草案。三是关注关键基础设施安全。2月12日，美国时任总统特朗普签署行政令，要求联邦机构采取措施加强对依赖PNT服务（即定位、导航和计时服务，如GPS）等关键基础设施的保护，提升关键基础设施的弹性，包括运输、电力输送和通信等系统。美国能源部（DOE）、国土安全部（DHS）和国防部（DoD）共同签署了一份谅解备忘录，拟就"探路者计划"①进行合作，以保护美国能源关键基础设施。2月24日，欧洲网络与信息安全局（ENISA）发布改善医院网络防御的建议《医院网络安全采购指南》，以确保医院免受网络攻击。2月6日，俄罗斯公布一项行政命令草案，称俄罗斯政府提议禁止在国家关键基础设施中使用外国信息技术，以加强对区域网络的控制。四是加强组织机制建设。

---

① "探路者计划"是一项探索性计划，旨在解决特定关键基础设施部门面临的技术问题、挑战和威胁，促进信息共享，改善对系统性风险的认知和应对能力，制定联合作战准备和响应行动。

在2021财年的预算申请中，美国国土安全部要求国会拨款260万美元，成立"联合网络协调小组"（JCCG）；土耳其信息和通信技术管理局（BTK）与国家计算机应急响应中心（USOM）成立新的安全和响应中心，应对日益增加的网络威胁，配备情报人员与白帽黑客。五是加快信息情报收集。2月10日，美国国家反间谍与安全中心（NCSC）发布了《2020—2022年国家反情报战略》，阐述了美国面临的日益严峻的外国情报机构威胁以及应对这些威胁的措施，强调必须捍卫针对民主制度和摧毁关键基础设施的威胁；欧洲中央银行（ECB）主持的泛欧金融基础设施欧洲网络弹性委员会（ECRB）成员发起了一项关于共享重要网络安全威胁信息的倡议。

三、继续推进新技术新应用风险评估和供应链安全

各国纷纷加紧对新技术、新应用的风险评估和相应监管举措。一是5G方面。美国联邦通信委员会（FCC）于2月开始收集美国电信运营商网络基础设施中使用华为、中兴设备和服务的相关信息，并据此制定补偿计划，帮助使用普遍服务基金的电信运营商替换中国设备；德国总理默克尔执政的保守派议员发布了有关5G网络的立场文件，建议对外国供应商采取更严格的规定，同时取消对华为的相关禁令；荷兰众议院通过了一系列在5G辩论会中提出的多项议案，众议院多数议员已要求政府严格评估5G网络的安全性；日本政府设立了一项制度，针对从事5G和无人机等尖端技术开发的企业，对其是否符合确保网络安全和服务稳定性等重点标准进行认证。二是人工智能方面。当地时间2月24日，美国国防部宣布已正式采纳《人工智能道德使用原则》，重点是确保军方能够完全控制和理解机器如何做出决策。荷兰海牙地区法院裁定，基于算法的系统风险指标（SyRI）系统与欧盟的人权和隐私保护相冲突，要求政府立即停止使用该系统。三是物联网及其他技术方面。英国数字部宣布，英国政府将出台一项新的针对智能设备的物联网网络安全法律，保护大量联网家居用品用户免受网络黑客的威胁。美国政府问责局（GAO）于2月20日发布了一份关于深度伪造技术的报告，认为深度伪造技术存在潜在危害。四是供应链风险管理方面。2月4日，美国国家标准与技术研究院发布新版《联邦信息系统和组织的供应链风险管理实践指南》（SP800-161，以下简称《指南》）的征求意见稿，为企业提供一套有效的风险管理技术指南，旨在降低全球供应链网络安全风险；美国参议院2月27日一致通过《2019年安全和可信通信网络

法》，禁止美国联邦通信委员会（FCC）向"对国家安全构成风险的任何公司"提供购买电信设备的资金，并要求编制一份"对通信网络构成威胁的公司名单"。

四、不断加大对科技巨头企业和互联网平台的监管力度

各国均不断加强对科技巨头企业和互联网平台的监管力度。一是对超大互联网平台的数据内容进行监管。印度电子和信息技术部预计于2月发布针对社交媒体公司和通信应用程序的有争议新规定，即如果印度政府机构要求，脸谱网、优兔网、推特和TikTok必须披露用户身份；巴基斯坦政府于2月13日通过新规定，媒体公司必须删除巴基斯坦政府认为令人反感的内容、必须在该国设立办事处和数据中心，并应政府要求删除加密内容，这些规则立即生效；俄罗斯莫斯科一家法院2月13日对推特和脸谱网处以400万卢布罚款，原因是其拒绝将俄罗斯公民的个人数据存储在俄罗斯的服务器上。二是对科技企业的行为合法性进行监管。加拿大4个省的联邦隐私专员对美国"Clearview AI"公司展开联合调查，以确定该公司对人脸识别技术的使用是否符合加拿大的隐私法。美国联邦贸易委员会于2月11日通过一项特别审查命令，要求五大科技公司"FAAMG"（Alphabet、亚马逊、苹果、脸谱网和微软）提供2010年1月1日至2019年12月31日期间完成的未根据《哈特－斯科特－罗迪诺反垄断改进法案》上报给反垄断机构的收购信息。2月19日，德国政府内阁批准了一项拟议法律，要求社交媒体公司主动向警方举报非法内容；爱尔兰监管机构针对谷歌和约会应用Tinder处理用户数据的方式分别展开调查，这是针对科技公司的新一轮监管审查。三是打击网上的虚假信息。新加坡政府要求新加坡《国家时报》将其评论版运营的脸谱网页面标记为"散布虚假信息的网络消息来源"，并在页面上注明其"有传播虚假信息的历史"。四是征收数字税。印度引入了一项条款，规定外国平台向印度的IP地址进行传输、广告或销售商品的行为，将在印度被征税；2月18日，西班牙政府批准征收数字服务税，将对在线广告收入、数字平台交易以及全球收入超过7.5亿欧元的科技公司，就其用户数据销售收入额征收3%的税；经济合作与发展组织（OECD）推出新举措，至少有137个国家愿意合作为当下复杂的数字化行业更新国际税收规则。

五、部分国家加紧网络战准备

美国等大国深化在通信网络能力、网络部队和网络武器等方面的系列部署，着手为国家间的网络战争做足准备。一是提升通信网络能力。美国太空司令部于2月19日发布战场安全通信战略文件，该战略文件的目标是在所有轨道上建立一个无缝的军事和商业卫星通信网络，军队、车辆、轮船和飞机可以通过地面终端和移动接收器访问该网络，并自动从一个卫星网络"跳"到另一个卫星网络；美国太空部队正为2021财年计划的优先事项向国会寻求10亿美元的资金支持，增强太空态势感知和商业卫星通信能力。二是构建网络部队。2021财年美国国防部欲将119亿美元用于网络战系统，这是十多年来最多的一次；为了平衡发展网络部队的攻防能力，美国国防部和国家安全局将耗资10亿美元在全球范围内打造网络训练环境；美国海军陆战队（USMC）正在建立新的网络营和网络连，以减少负责网络作战的机构数量，改善海军陆战队对其网络的监管和指挥控制；英国国防部将成立一支由黑客组成的专业网络部队，以破坏敌对国家的卫星和计算机网络，并摧毁恐怖组织使用的通信网络。三是研发网络武器。美国陆军要求各部门任命一名"数据代表"，该代表将与国防部首席数据官共同合作，以提高整个陆军系统的数据互操作性和一般数据素养；2月18日，美国海军网络战开发小组（NCWDG）宣布启用一个名为"网络制造厂"的研发进攻性赛博能力的武器开发中心，旨在按照舰队网络司令部的联合和海上优先事项研发网络武器。

2.3 3月全球网络安全和信息化动态综述

2020年3月，随着新冠肺炎疫情在全球暴发，与疫情相关的网络攻击事件数量激增，各国加紧强化网络安全防护和能力建设，持续强化网络安全政策顶层设计，同时在5G、人工智能、物联网、区块链、6G等新技术、新领域推出举措，抢占技术发展制高点，并加紧开展对新技术、新应用的风险评估工作。

一、网络安全事件持续高发

3月，网络漏洞、信息泄露和网络攻击事件等持续高发，新冠肺炎疫情更加剧了这一局面，全球网络安全形势仍不容乐观。一是以新冠肺炎疫情为诱饵的网络攻击事件频发。英国安全公司 Sophos 和美国国务院均表示，随着全球新冠肺炎疫情的蔓延，黑客和国家背景的威胁行为者正借助新冠肺炎疫情信息传播恶意软件和虚假信息；3 月 15 日，美国卫生与公众服务部（HHS）网站在应对新冠肺炎疫情期间遭到黑客攻击，导致 HHS 系统速度减慢；专家发现，有黑客使用木马软件 TrickBot 利用意大利对 COVID-19 的关注度向用户发起攻击，该勒索软件不仅使攻击者从受感染的系统中收集信息，还试图进行横向移动，以感染同一网络上的其他计算机，通过部署 Ryuk[②] 勒索病毒来获利。二是基础系统软件漏洞暴露导致海量设备存在高危风险。据统计，40% 的安卓设备因不再从谷歌接收到重要安全更新而面临更大的恶意软件或其他安全漏洞风险。三是政府及基础设施部门遭遇大规模网络攻击和信息泄露。欧洲互联电网（ENTSO-E）发布声明称，其办公网络遭到网络入侵。谷歌云服务数据库暴露 2 亿多条、约 800GB 的个人用户信息，数据可能来自于美国人口普查局。四是企业大规模数据泄露频发。3 月 25 日，英国数字、文化、媒体和体育部（DCMS）发布调查报告指出，2020 年 46% 的企业发生数据泄露或遭遇网络攻击，这其中 32% 的企业每周遭遇至少一次网络攻击或数据泄露，而 2017 年该比例仅为 22%。2020 年 3 月前后，超过 5.38 亿个微博用户的个人详细信息被在线出售，这些信息包括用户真实姓名、网站用户名、性别、位置，以及 1.72 亿条用户的电话号码。国泰航空有限公司未能有效地保护客户个人信息安全，导致全球约 940 万名客户的个人详细信息泄露。万豪酒店集团 520 万名客户的个人信息因数据泄露而被不当访问，可能泄露的信息包括联系人详细信息、忠诚度账户信息、公司、性别、生日、合作关系以及房间偏好等。

二、网络空间立法和战略布局加速推进

3 月，多国政府推出涉网战略和网络法案，以优化网络空间治理顶层设计。一是强化网络安全。3 月 11 日，美国参议院国土安全与政府事务委员会通过《2019 年网络安全漏洞识别与通知法案》和《2020 年网络安全州协调员法案》，前者赋予了美国网络安全与基础设施安全局（CISA）向公私部门通报因网络安全漏洞而面临风险的实体的权力，后者要求 CISA 为每个州提供一位

---

② Ryuk 为主要勒索软件组织之一。

由联邦政府资助的网络安全协调员，以预防和应对网络安全威胁。3月10日，美国参议院通信、技术、创新和互联网小组委员会主席约翰·图恩等4名参议员提出2020年《贸易谈判中的网络安全要点法案》，要求在未来的贸易协议中，解决通信网络和供应链安全方面的障碍以及国有通信设备供应商的不公平贸易。3月11日，美国网络空间日光浴委员会发布了一份长达182页的大规模网络安全改革概述报告，提出设立网络安全机构和职位、赋予政府宣布"网络危难状态"的权力等建议。二是加强数据和隐私保护。美国参议院消费者保护小组委员会提出《消费者数据隐私和安全法案》（CDPSA），明确了收集、使用和保留消费者个人数据的要求，旨在创建保护消费者数据和个人信息的国家标准。美国华盛顿州众议院创新、技术和经济发展委员会（ITED）在《华盛顿州隐私法案》中修改了面部识别的使用规则，要求在使用面部识别技术时进行公示，禁止与执法部门共享面部识别数据等。3月10日，日本政府通过《个人信息保护法》修正案，要求企业在向第三方提供互联网浏览历史等个人数据时，必须征得用户同意。澳大利亚联邦政府拟推出新的《数据可用性和透明度法案》，令政府各机构有权否决其他机构和受信第三方的数据请求。三是打击网络暴力、网络犯罪。英国数字、文化、媒体和体育部（DCMS）宣布成立新的网络部门，以打击与新冠肺炎相关的假新闻在社交媒体平台上的传播。3月19日，摩洛哥议会通过了有关规范使用社交媒体、公开的广播网络以及类似网络行为的法律，旨在为打击新兴的网络犯罪和假新闻提供法律框架，包括对数字通信自由的法律保护、记录各种形式的网络犯罪、处理针对未成年人的犯罪、处理非法电子内容的程序、对网络犯罪的制裁等。四是强化数据跨境流动监管。3月5日，澳大利亚联邦政府提出修订《电信拦截和接入法案》，此次修订将建立一个新的框架，允许协议国出于执法目的，互相跨境访问通信数据，这将有助于澳大利亚与美国达成拟议的共享电子证据的双边协议。3月13日，英国政府公布了"脱欧"后欧盟与英国之间数据流动的"解释框架"，指出2018年《退出欧盟法案》将直接适用的欧盟立法纳入英国法律，其中包括《通用数据保护条例》（GDPR），其被称为"保留的欧盟法律"。

三、新技术、新应用部署和风险评估双轮并进

各国积极推进新技术部署及与产业融合进程，同时也加紧对新技术、新应用的风险评估和相应监管。一是加快5G部署和安全管理。美国时任总统特朗

普签署《安全的 5G 和未来通信法案》，要求总统与联邦通信委员会、国家电信和信息管理局的负责人、相关内阁部长和国家情报总监协商制定一个"5G 和下一代移动通信安全战略"及其实施计划。美国白宫发布《美国确保 5G 安全的国家战略》，称美国将与最亲密的合作伙伴及盟友携手合作，领导全球开发、部署和管理安全可靠的 5G 通信基础设施，标志着《安全的 5G 和未来通信法案》中规定的要求采取了初步行动。3 月 18 日，美国国家标准与技术研究院（NIST）宣布建设一个 5G 频谱共享试验平台，以测试 5G、Wi-Fi、GPS 和军用雷达在互不干扰条件下的运行情况，将有助于业界基于新的频谱共享数据优化 5G 产品设计。欧盟委员会通过了应对 5G 网络安全风险的工具箱，该工具箱包括战略和技术措施，解决包括非技术因素风险在内的所有已评估出的风险。二是推动人工智能善用善治。澳大利亚标准协会（SA）发布《人工智能标准路线图：分享澳大利亚方案》，旨在促进澳大利亚负责任地部署人工智能（AI）技术，帮助澳大利亚利用 AI 发展经济，并解决公众对 AI 技术可能被滥用的担忧。梵蒂冈官员公布《人工智能伦理罗马倡议》，提出了 6 项主要原则，呼吁对人工智能的发展制定严格的道德标准。三是加快大数据及云计算的应用。美国陆军计划在未来 5 年内，在云架构上投资 8 亿美元，使现有数据能够迁移到云，以及用于数据库存和软件开发工作。欧洲网络与信息安全局（ENISA）成立特设工作组，该工作组针对云服务网络安全认证计划的候选草案向 ENISA 提供建议，并最终与利益攸关方进行公开磋商。四是推进区块链技术的应用发展。3 月 10 日，日本金融厅（JFSA）启动名为"区块链治理倡议网络"（BGIN）的全球网络，构建全球区块链沟通、对话与合作的全球性平台。3 月 24 日，欧洲国防工业发展计划（EDIDP）发布招标公告，要求中小型企业提供区块链解决方案，推动民用和国防领域的创新和技术改造。俄罗斯经济发展部提出一项有关"监管沙箱"的草案，旨在让区块链和加密货币合法化，该草案引入数字技术的实验将适用于以下 8 个行业：医疗、金融、贸易、运输、远程学习、建筑、制造、政府服务。五是强化物联网安全能力。新加坡网络安全局计划推出针对家庭路由器和智能家居设备的网络安全标识计划，提高消费者的安全意识，推动设备制造商采取措施提升产品网络安全水平。新加坡信息通信媒体发展管理局（IMDA）推出了《物联网网络安全指南》，旨在提供实用的文件，以帮助企业用户及其供应商在购买、开发、运营和维护这些系统时解决物联网系统的网络安全问题。六是启动 6G 发展战略。欧盟委员会发布题为"全面工业战略的基础"的正式文件，其中涵盖 6G 在内的欧盟工业的重点领域，并制定了详细计划，通过对包括 6G 在内的新技术进行大量投资来重振其工业部门。

四、疫情之下互联网科技平台监管与合作提速

对超大互联网平台加强监管逐渐成为国际社会共识。随着新冠肺炎疫情暴发，各国政府也普遍寻求大型科技公司帮助，借助网络信息技术应对疫情。一是对超大互联网平台的权力滥用进行监管。3 月 8 日，澳大利亚信息专员办公室（OAIC）对脸谱网提起诉讼，指控脸谱网向"剑桥分析"分享了逾 31.1 万名用户的个人信息，脸谱网将面临最高 5290 亿澳元的罚款。3 月 4 日，美国参议院多名官员联合提出《美国消除对交互技术的滥用和猖獗忽视法案》，加大对端到端加密的公开打击力度，要求科技公司对其平台上传播的数百万张儿童遭受性虐待的图片和视频负责，呼吁修改 1996 年《通信规范法》第 230 条对脸谱网、谷歌等公司的免责保护。二是继续推进数字服务税收。3 月 11 日，英国政府表示，从 4 月 1 日开始对搜索和广告等数字服务收入征税 2%，该税种适用于全球收入至少 5 亿英镑、在英国收入 2500 万英镑的企业，这意味着包括谷歌、脸谱网和亚马逊在内的公司将受到影响。英国政府表示，如果经合组织敲定国际税收改革方案，则将废除这项 2% 的数字服务收入税。三是与企业合作加强新冠肺炎疫情应对能力。3 月 11 日，美国白宫官员与包括谷歌、脸谱网、推特、亚马逊、苹果、微软、IBM 在内的科技公司举行电话会议，讨论如何打击网络上有关新冠肺炎的错误信息以及遏制疫情蔓延的其他措施，这些措施包括协调提供远程医疗和在线教育，以及创建新的工具来帮助研究人员提交奖金申请等。欧盟委员会已经重新启用了其与脸谱网、谷歌、微软、推特和 Mozilla 共同创建的快速警报系统，以确保这项打击与疫情相关的虚假信息的措施能够迅速共享给欧盟的各国政府。英国内阁办公室成立了一个由政府和科技界的代表组成的快速反应小组，与社交媒体公司合作打击网上关于新冠肺炎的虚假信息。

2.4 4 月全球网络安全和信息化动态综述

2020 年 4 月，各国在网络安全立法和互联网监管领域继续推出系列举措，

推动数据安全建设与隐私保护。随着新冠肺炎疫情持续在全球蔓延，各国特别加强了对新冠肺炎疫情数据的保护、强化追踪密切接触者等的技术开发。此外，各国在 5G 和 6G、人工智能、物联网、区块链等新技术新领域继续布局筹划，抢占技术发展制高点，并加紧开展对新技术、新应用的风险评估工作和监管。

一、以新冠肺炎为主题的网络攻击突显

4 月，网络漏洞、信息泄露和网络攻击事件等持续高发，全球网络安全形势仍不容乐观。一是网络攻击活动显著增加，以新冠肺炎为主题的攻击最为频繁。世界卫生组织（WHO）发现，新冠肺炎疫情大流行以来，针对其员工的网络攻击和针对公众的电子邮件诈骗急剧增加，2020 年的网络攻击数量是 2019 年同期针对该组织的攻击数量的 5 倍多；美国赛德情报集团表示，黑客已在网络发布将近 2.5 万个电子邮件账号和密码清单，而这些邮件地址和密码据称属于美国国立卫生研究院、世界卫生组织、盖茨基金会、中国科学院武汉病毒研究所和其他致力于抵抗新冠肺炎疫情的机构和组织；美国国家航空航天局（NASA）发现，疫情暴发期间，黑客和网络犯罪分子针对 NASA 系统和居家办公人员的恶意攻击活动显著增加，主要目标是获取敏感信息以实施诈骗；与越南有联系的 APT 团体 APT32 针对中国实体组织开展了网络间谍活动，以收集有关新型肺炎疫情的情报。二是信息泄露事件规模和影响持续增加。美国能源部门泄露 7.6 万份保密文件，泄露数据库的大小超过 100GB，泄露的文件包括许多能源公司业务运营、项目和内部记录，以及项目建议和应用、项目大纲、钻井设备的技术图纸以及公司保险文件；141 万名美国医生的个人数据在黑客论坛被出售；伊朗 4200 万名公民的个人信息遭泄露，并被黑客上传在黑客论坛上进行售卖；美国网络安全研究公司 Cyble 的专家发现，有超过 50 万个 Zoom 账号在暗网出售，以不到 1 美分的价格低价贩卖甚至免费赠送；超 2.67 亿条脸谱网用户的个人信息被黑客在暗网和黑客论坛上以 500 英镑的价格进行出售，其中包含他们的电子邮件、姓名、电话、ID、最后一次登录时间、身份、年龄等信息，并且不需要任何身份验证就可以进行访问。三是网络漏洞持续曝光，下一轮网络攻击潜在风险出现。卡内基梅隆大学软件工程研究所互联网应急协调中心发布漏洞警告，称在 Periscope Holdings 公司为美国政府机构提供的自动采购到付工具 BuySpeed 中发现了一个零日跨站点脚本漏洞，

但未找到该漏洞的实际解决方案；苹果公司正修复一个漏洞，此前旧金山移动安全取证公司ZecOps表示，这个漏洞可能已令超过5亿部iPhone易受黑客攻击，而且iPad上也存在这个漏洞。

二、持续推动网络空间立法和战略布局

多国政府推出涉网战略和网络法案，以优化网络空间治理顶层设计。一是网络安全方面。4月22日，美国网络空间日光浴委员会（CSC）联席主席迈克·加拉格尔表示，CSC利用《国防授权法案》（NDAA）把《分层网络威慑战略》中的建议变成法律，并认为大约有30%的建议可以被纳入NDAA程序。美国网络安全与基础设施安全局（CISA）当日发布临时"可信网络连接（TIC）"指南的3.0版本，重点关注在线办公的联邦雇员如何安全登录政府网络和云环境。指南列出了政府机构转至在线办公应考虑的18种网络安全功能。英国国家网络安全中心（NCSC）发起一项跨政府的网络安全运动，提供可行的反欺诈报告服务。二是数据和隐私保护方面，包括新冠肺炎疫情数据保护方面。美国参议院商业、科学和交通委员会多名参议员重申了联邦数据隐私立法的必要性，认为需要制定国家统一标准。随着使用个人数据追踪新光肺炎疫情的广泛开展，参议员和科技行业团体敦促国会在这场流行病的背景下，加快制定国家消费者隐私法。英国国家网络安全中心（NCSC）4月21日发起一项跨政府的网络安全运动，提供可行的反欺诈报告服务，帮助人们保护其设备、账户和密码免受网络罪犯利用新冠肺炎大流行发动的侵害。4月16日，欧盟委员会发布了关于应对新冠肺炎疫情的新应用程序的数据保护的指南。指南旨在提供必要的框架，以确保公民在使用此类应用程序时，其个人数据得到足够的保护并限制侵扰性。4月12日，巴西总统宣布，因担心侵犯公民隐私，暂时搁置新冠肺炎病毒监测计划。4月10日，巴基斯坦政府发布了一份《个人数据保护法》草案，并征求公众意见。该草案旨在对个人数据的收集、处理、使用及披露做出规管，并对以任何方式侵犯个人数据隐私权的行为做出明确的条文规定。三是加密货币监管方面。在欧洲议会研究服务中心发布的一项研究报告指出欧盟在加密监管方面存在一些立法"盲点"后，欧盟立法者正在考虑建立一个新的监管机构。G20金融稳定委员会（FSB）4月14日就脸谱网的Libra（天秤币）等稳定币提出了10项监管建议，旨在建立国际性监管机制，防止稳定币破坏全球主要经济体的货币稳定。

三、同步推进新技术、新应用的部署实施和风险评估

各国加速推进新技术部署及其与产业的融合进程，同时也加紧对新技术、新应用的风险评估和相应监管。一是 5G 方面。美国联邦通信委员会（FCC）通过两项决议，将助推本国 5G 在农村的发展和频谱分配，为农村 5G 部署设立 90 亿美元基金的计划。美国国防部发布了最终版 5G 技术开发的原型需求建议书（RPP），呼吁业界投入频谱共享技术，以确保美国在 5G 技术上保持全球领先地位。美国国家标准与技术研究院（NIST）发布了名为《5G 网络安全：为 5G 时代安全演进而准备》的白皮书，白皮书根据 5G 技术的发展速度和 5G 在商用方面的可用性，展示了两个阶段、共 9 种应用场景示例。俄罗斯联邦通信、信息技术和大众传媒监督局（Roskomnadzor）起草了一份关于 5G 网络发展的新战略文件，其中包括拟由 4 家国家电信公司（MTS、MegaFon、Beeline 和 Rostelecom/Tele2）组建合资企业的运营细节。新加坡信息通信媒体发展管理局（IMDA）宣布，新加坡 5G 牌照名单最终由新电信（Singtel）、星和（StarHub）与第一通（M1）联合运营体获得。韩国科学技术信息通信部宣布为培育 5G 产业，在 2020 年投入 6500 亿韩元。另外，韩国政府将推进"5G+频谱计划"，目标是到 2026 年将 5G 频率从 2680MHz 大幅提升至 5320MHz。日本总务省 4 月 8 日发布了 2025 年在国内确立 6G 主要技术的战略目标，该战略目标着眼于 21 世纪 30 年代的 6G 实用化，将通过税收优惠等构建走在世界前列的开发环境。二是人工智能方面。美国国防部高级研究计划局（DARPA）发布"人工智能探索"计划，拟开发针对基于神经网络的机器视觉系统的干扰技术，重点在于探索深度神经网络中的结构体系发生变化，使攻击者无机可乘。英国政府通信总部（GCHQ）委托皇家三军联合研究所（RUSI）进行的一项新研究显示，英国情报部门需使用人工智能（AI）来对抗网络攻击、增强情报分析能力。法国国家健康与医学研究院、巴黎大学和法国铁路公司共同开发的"AlloCovid"语音助手服务正式上线，该服务可以帮助疑似患有新冠肺炎的来电者，并通过人工智能指引其至急救中心或医生处就诊。日本防卫省宣布 2020 年在网络领域投资 2.37 亿美元，包括开发基于人工智能的系统以应对网络攻击，新系统预计 2022 年可开展实际运用。三是大数据及云计算方面。美国国家标准与技术研究院（NIST）发布《为服务器平台启用硬件安全性：为云计算和边缘计算用例启用平台安全的分层方法（草案）》白皮书，同时正在就新起草的云系统的访问控

制指南征求意见，该草案有助于理解云系统中的安全挑战。美国拟建立一个包含 1.4 亿多条 COVID-19 推文的数据集，以帮助监测全球新冠肺炎大流行的传播和影响。巴西科技创新和通信部长马科斯·庞特斯 4 月 12 日在社交媒体上公布，电信部门与联邦政府提出了一个基于云计算的系统，该系统可以实时利用城市交通的地理信息，了解包括流行病期间人口流动的热力图。四是区块链方面。世界经济论坛（WEF）4 月 28 日发布了"重新设计信任：区块链部署工具包"，指导各行业，尤其是石油和食品行业利用区块链修复受到疫情冲击的供应链。新加坡于 4 月 15 日正式启动了新加坡区块链协会（BAS），该协会将成为通过使用区块链和可扩展技术推动业务互动和合作的中心，并为数字经济构建可持续的区块链人才流水线。此外，值得关注的是，美国国际开发署（USAID）4 月中旬发布了第一个数字战略，概述了其通过伙伴关系和数字举措改善世界各地生活的目标。数字战略基于两个主要目标：一是"通过在 USAID 的规划中负责任地使用数字技术，改善可衡量的发展和人道主义援助成果"；二是"加强国家级数字生态系统的开放性、包容性以及安全"。

四、对超大互联网平台型企业既监管又开展技术合作抗击疫情

各国政府继续对超大互联网平台和外资企业加强监管审查的同时，也致力于政府与企业开展技术合作共同抗击疫情。一是对超大互联网平台垄断及权力滥用进行监管。欧盟委员会指出，帮助遏制新冠肺炎传播的 App 不应收集用户的位置数据，移动 App 应基于匿名数据，并与其他欧盟国家的其他 App 进行合作。公共卫生部门将评估此类 App 的有效性，欧盟国家在 5 月分享这些反馈。法国反垄断监管机构法国竞争管理局发布声明称，使用法国出版公司和新闻机构的新闻内容，谷歌必须支付相应的费用。二是对国外电信运营商开展审查和监管。美国白宫发布的一项行政命令称，将授权美国联邦通信委员会（FCC）成立一个由国防部长、司法部长、国土安全部部长等执行机构成员组成的委员会，在 120 天内完成国家安全审查，以决定是否应授权外国电信运营商在美国境内运营。美国联邦通信委员会（FCC）表示，可能会以国家安全为由，撤销中国电信美洲公司、中国联通美洲公司、太平洋网络及其子公司信通电话等中国国有电信公司在美国的运营授权许可。三是继续推进数字服务收入税。英国政府于 2020 年 4 月 1 日开征数字服务收入税，该税适用于全球销售额超过 5 亿英镑且至少有 2500 万英镑来自英国用户的企业，税基为英国用户的收入，

税率为 2%。澳大利亚国库部长乔希·弗赖登伯格表示，将强制要求脸谱网和谷歌与当地媒体分享广告收入。澳大利亚成为要求数字平台为其使用的新闻内容付费的首批国家之一。四是严厉打击并督促企业监管网上的虚假信息。联合国秘书长安东尼奥·古特雷斯 4 月 14 日表示，有害的健康建议、疯狂的阴谋论和仇恨言行的病毒式蔓延正在阻碍抗疫工作，并宣布了一项新的联合国通信对策倡议，呼吁"让事实和科学充斥互联网，同时打击日益严重的、将更多生命置于危险之中的错误信息"。美国国防部上线"谣言控制"网站，以帮助消除与新冠肺炎相关的流言和错误信息。俄罗斯总统普京 4 月 1 日签署了一项法律，对传播与新冠肺炎相关的虚假信息处以最高 2.5 万美元的罚款和最高 5 年的监禁。英国政府 4 月 12 日宣布，授权英国通信办公室（Ofcom），以确保脸谱网、优兔网和推特等社交媒体公司会针对各自平台上的有害内容采取行动。

2.5　5 月全球网络安全和信息化动态综述

2020 年 5 月，全球网络安全事件呈现持续易发、高发态势，对全球网络安全形势产生了一定冲击。多国推动网络安全领域的战略立法和国家政策，美西方国家聚焦政府获取数据权限问题。各国通过法案、政策和监管等方式逐步加强了政府对个人信息的保护力度，并通过多种措施推动信息化领域新技术、新业态发展。

一、全球网络安全事件持续高发

信息泄露、网络攻击等事件呈现持续易发、高发态势，对全球网络安全形势产生一定冲击。一是个人信息泄露事件频出。欧洲议会官网域名下运行的系统被印度一家公司发现存在严重的数据泄露事件，该事件导致 1200 名官员和工作人员的账户以及 1.5 万名欧盟事务专员的信息被曝光；英国政府外包商 Interserve 公司发生黑客攻击事件，导致高达 10 万名员工的个人信息及银行账户信息泄露；印度 2.9 亿名求职者的个人数据被免费发布在一个黑客论坛上；俄罗斯 1.29 亿份车主信息在暗网被兜售，黑客宣称这些信息来自俄罗斯国家交通安全检查局；黑客组织 ShinyHunters 声称已窃取 11 家公司 7320 余万条用户记录，且正在暗网上出售这些数据。二是网络攻击活动频繁。欧洲多地的多台ARCHER超级计算机被恶意挖矿软件感染，这起安全事件的发生主要与其登录节点上的安全漏洞有关；瑞士洛桑联邦理工学院研究人员披露了一个新漏洞，该漏洞可以让攻击者伪装成受信任的恶意设备，在用户不知情的情况下与蓝牙设备配对，通过蓝牙窃取数据，并控制之前配对的设备等。

二、聚焦政府获取数据权限问题

美西方国家在推动网络安全领域的战略立法和国家政策的进程中，聚焦政府获取数据权限问题。一是修订法律，以扩大政府权限。美国参议院通过法案对《爱国者法案》第215条进行重新授权，允许美国联邦调查局和其他安全机构在不需要搜查令的情况下获取美国公民的网络历史记录，该数据还可被存储并提供给多家美国机构；美国众议院提出对《外国情报监视法》的修正案，该提案将彻底禁止联邦调查局使用法院调查令来收集互联网浏览和搜索记录，该法案将审查重点扩大至联邦调查局搜寻间谍和恐怖分子使用的工具。二是进行顶层设计，以加强国家网络安全能力。美国时任总统特朗普5月1日签署行政命令，宣布外国对美国电力系统的网络安全威胁为国家紧急状态，并成立工作组评估用于网络安全政策制定的方法和标准，旨在保护美国电网供应链安全；美国参议员提出《努力研究2020年最新高阶异常问题的网络安全竞赛法》，创设重大网络安全挑战赛，增强美国网络安全能力，以应对量子计算、5G和人工智能所带来的威胁；欧盟理事会将针对威胁欧盟或其成员国的网络攻击的限制性措施框架延长至2021年5月18日，从而保留"对欧盟或其成员国造成重大影响和外部威胁"的网络攻击的个人或实体参与者实施有针对性措施的能力。三是加强网络作战能力建设。美国空军相关部门计划2020年举办一场虚拟卫星黑客挑战赛"2020年太空安全挑战赛"，以发现太空和地面控制系统的网络安全问题和漏洞，提升国防部合作公司的网络安全意识；澳大利亚陆军2020年开始采购包括攻击要素的部队级电子战系统，以提升其军队的电子战攻击能力；日本设立了首个专门负责太空领域的"太空作战队"，新部门隶属于日本航空自卫队，旨在监测并确保本国卫星免受威胁，加强太空卫星防御。

三、加强对个人信息的保护力度

各国通过法案、政策和监管等方式逐步加强政府对个人信息的保护力度。一是完善个人信息保护法规与机制。新加坡通讯及新闻部和隐私监管机构个人数据保护委员会5月14日发布《个人资料保护法令》修正案（草案），要求加大对信息泄露的惩罚力度，出现大型数据泄露事件的机构必须通知受影响者和个人数据保护委员会；巴基斯坦信息技术和电信部发布巴基斯坦《2020年个人数据保护法》（草案），对同意处理数据的主体权利、合法性、安全性、完整性等内容进行了规范；法国数据保护局对企业抓取网络空间中个人公开数据并用于营销做出规定，要求数据持有者与第三方共享个人数据时，需征得个人同意；澳大利亚竞争和消费者委员会启动了消费者数据权注册和认证应用平台（RAAP），创建了一个仅在经过批准的参与者之间共享加密数据的可信数据环境。二是加强与新冠肺炎疫情相关的数据保护力度。美国参议院议员提出《2020年新冠肺炎消费者数据保护法案》，以规范与新冠肺炎大流行期间有关的个人信息的收集和使用；欧盟委员会发表声明，强调新冠肺炎追踪App必须"自愿、透明、安全、可互操作，并尊重人们的隐私"，不应收集地理位置或移动数据，且数据应被匿名；英国议会上院人权联合委员会提出《2020年新冠肺炎病毒接触者追踪程序（数据保护）条例草案》，呼吁设立新的专员对个人数据保护效果进行严格监督；日本个人信息保护委员会发布关于新冠肺炎联系人追踪App数据处理的指导意见；澳大利亚参议院通过《隐私权法修正案（公共卫生联系信息）》（草案），要求新冠肺炎病毒追踪App加强隐私保护，从而减轻公众担忧。三是加强对网上煽动性、仇恨性、性犯罪信息的打击力度。法国国民议会通过《反网络仇恨法案》（修正案），要求社交媒体平台在24小时内删除针对种族、宗教、性取向、性别或残疾人的仇恨性言论和性骚扰内容，涉恐怖主义和儿童色情的内容必须在被标记后1小时内删除，违规者可被处以高达全球营收额的4%的罚款；韩国科学技术信息放送通信委员会5月7日通过《信息通信网法》修正案，以防止类似"N号房"的网络性犯罪案再次发生，该修正案要求互联网运营商采用过滤技术对网络性犯罪内容进行过滤，否则将面临相应惩罚。四是针对超大互联网平台的审查制度进行调查。美国时任总统特朗普签署了一项针对在线言论自由的行政令，以限制联邦法律对社交媒体等平台提供的广泛法律保护，让联邦监管机构在认为推特、脸谱网等公司存在不公平限制用户言论情况（包括冻结账户和删帖）下，更容易追究这些公司的责任。

四、积极推动新技术、新业态自主能力培养

多国继续通过多种措施推动信息化领域新技术新业态发展，通过政策与产

业合作等方式提高自主研发与技术掌控能力。一是综合推动人工智能技术的落地与应用。美国继续致力于通过利用云计算和使用联合共同基础（JCF）加速人工智能的应用；英国发布人工智能解释指南，以帮助组织机构解释由人工智能提供或协助的流程、服务和决策；澳大利亚南澳大学和伍伦贡大学签署谅解备忘录，集中发挥两所大学在数据分析和人工智能方面的优势，联合培养澳大利亚国防人工智能能力；印度和以色列两国相关机构讨论了关于大数据和人工智能技术的联合研发事项，以推动人工智能技术的应用与合作。二是推进区块链技术的应用。美国众议员呼吁调查整个行业、政府和全球范围内的区块链技术的普及程度，考虑制定国家区块链战略；欧洲 3 家企业正在合作开发一种基于区块链的"COVID-19 健康护照"，以帮助各国政府实时监测民众的免疫状况；韩国推出"公共区块链领先示范项目"及相关的私营部门项目，提供约 1000 万美元，支持使用区块链技术；世界经济论坛发布区块链权利原则，包括隐私和安全性、互操作性、透明性和可访问性以及问责制和合规性等，呼吁行业参与者共同遵守，以促进区块链技术的应用与发展。三是加快推动 5G 网络建设。美国寻求机构提供能够将其网络安全标准运用到 5G 网络的产品和技术，创建针对 5G 最佳实践的专业指南，解决 5G 互操作性问题；31 个跨国科技公司宣布成立"开放无线接入网政策联盟"，旨在促进在无线接入网（RAN）中采用开放和互操作的解决方案，以推动建设开放、互通的 5G 网络系统，从而摆脱"对单一供应商的依赖"；韩国政府将与"庆尚南道技术园区联盟"和"光州广域市联盟"合作进行基于 5G 的数字孪生公共先导事业项目，该项目是使用 5G 及 ICT 技术将韩国政府与地方自治团体保有的公共设施及产业设施进行数字化升级、提供高端服务的政府支援项目，预算总额达 95 亿韩元；越南已经在考虑向国内 5G 产品制造商发放某些频率的牌照，并表示将支持 5G 芯片的开发，目标是推动 5G 服务，并于 2020 年中期实现商业化。

2.6　6 月全球网络安全和信息化动态综述

2020 年 6 月，各国在网络安全立法和内容监管领域推出系列举措，推动数据安全建设与隐私保护，强化网络安全防护和能力建设。各国统筹推进 5G、人工智能、物联网、区块链、卫星互联网等新技术新领域的发展与规范。美国、印度等国家出台诸多举措，加大对我国在外相关高科技企业的限制审查。

一、网络安全事件持续高发

信息泄露、网络攻击事件等持续高发，全球网络安全形势仍不容乐观。一是信息泄露事件规模和影响持续增加。自称"透明团体"的激进组织Distributed Denial of Secrets发布了一个296GB的数据文件，声称涉及美国200多个警察部门和执法融合中心，泄露数据包含100多万个文件；印度国家支付公司（NPCI）推出的移动支付应用BHIM发生数据泄露，约700百万条用户的个人数据被公开；名为"Toogod"的暗网暴露了2000多万条我国台湾省民众的敏感个人信息。二是网络攻击活动频繁。美国军方核导弹承包商新墨西哥州韦斯特国际公司遭到间谍组织"迷宫"的网络攻击，致其机密文件被盗；澳大利亚总理在新闻发布会证实"具有国家背景的网络人员"对其政府和企业发起了大规模的网络安全攻击；俄罗斯中央选举委员会称，俄罗斯宪法修正案网络投票系统遭受分布式拒绝服务攻击（Distributed Denial of Service Attack，DDoS）；网络安全初创公司Cyfirma称，黑客组织Lazarus Group计划利用疫情期间多国的财政救助计划开展一场针对美国、英国、印度、日本、新加坡和韩国的网络钓鱼运动。

二、加速网络空间立法和战略布局

多国政府推出涉网战略和网络法案，以优化网络空间治理顶层设计，加强数据与隐私保护，推动信息化发展。一是网络安全方面。美国众议院军事委员会6月22日通过2021财年《国防授权法案》，强调关键基础设施安全，并授权国防部明确与国民警卫队有关的网络安全能力和权限；美国参议院情报特别委员会6月11日通过了以网络安全为重点的《2021年情报授权法案》草案，要求国家情报局向国会提交报告，说明商用软件的现状、制造公司以及外国政府或企业使用情况；美国参议院提出《经济连续性法案》《国民警卫队网络互操作性法案》两项法案，以在遭遇全国性网络攻击、危及关键系统和经济安全的情况下保卫美国；加拿大政府更新其C-59号法案，对信号情报机构和网络安全机构——通信安全局如何合法运作进行大规模改革。二是数据和隐私保护方面。世界经济论坛6月9日发布《跨境数据流动路线图》白皮书，以促进密集型数据技术的创新发展，推进区域间的数据合作；欧洲数据保护委员会6月16日发布《关于在COVID-19暴发后重开边界情况下处理个人数据的声明》，强调数据处理活动应符合必要性和相称性；欧洲数据保护监管局（EDPS）6月30日发布了《欧洲数据保护监管局战略计划（2020—2024）——塑造更安全的数字未来》，勾勒了数据保护的三大核心支柱，旨在塑造一个更安全、更公平、更可持续的数字欧洲；英国政府6月16日发布《国家地理空间数据战略》，构建英国的地理空间数据框架；巴基斯坦信息技术和电信部起草《2020年个人数据保护法案》，拟管辖个人数据的收集、处理、使用和披露；赞比亚政府内阁6月11日批准了《非洲联盟网络安全和个人数据保护公约》，赋予其数字公民权利。三是信息化发展方面。联合国秘书长6月11日公布"数字合作路线图"，推动数字技术以平等和安全的方式惠及所有人；美国参议院军事委员会通过《频谱现代化法案》，加强对联邦频谱的管理；美国得克萨斯州两党参议员提出《为美国半导体制造创造有益激励法案》，建议将半导体行业发展列为国家优先事项；俄罗斯政府6月1日发布《数字金融资产法案》，明确了加密货币的定义，规定了数字资产的发行和流通。

三、强化网络军事能力建设

各国通过技术研发、资金投入、基础设施建设等方式频繁布局网络军事能力建设，加紧太空网络防御建设。一是军事能力建设方面。北大西洋理事会6月3日发布《关于恶意网络活动的声明》，重申网络防御是北约集体防御核心任务之一，决心利用全方位能力来威慑、防御和反击各种网络威胁；美国国防部与美国空军作战中心合作开发多用途移动5G网络，首先将其用于军事国防；英国陆军6月1日设立首个网络军团，为前线作战人员提供"数字装甲"，为军事通信提供安全的网络，并为测试和实施下一代信息技术提供技术支持；法国、德国、意大利国防部长和西班牙国防大臣计划设立欧洲国防基金，培育关键技术和相关的生产能力，包括应对新冠肺炎危机的军事能力；日本防卫省称将在陆上自卫队创设80人规模的电子战部队，拟通过使用电磁波和红外线等干扰对方通信设备和雷达来防止"电子战"，并加强专业人才的培养。二是太空网络防御方面。美国国防部发布一项新的太空防御战略，旨在强化在太空领域与俄罗斯和中国的对抗，以保持美国在太空的军事优势；美国太空部队致力于提升网络战士能力，寻求将进攻性网络行动纳入其未来作战计划；美国太空军商业卫星通信办公室启动"基础设施资产预评估"计划，以提高国防部采购商业卫星通信服务的安全性；日本宇宙开发战略本部6月29日批准了《宇宙基本计划》修订案，通过提高侦察和追踪导弹的能力提升太空防御态势，同时与美国合作应对朝鲜和中国"日益增加"的威胁。

四、同步推进新技术、新应用的发展与规范

各国积极推进新技术部署及与产业融合进程，同时也加紧对新技术、新应用的风险评估和相应监管。一是 5G 方面。欧洲网络与信息安全局发布《5G 网络威胁态势报告》，详细列举当前正在全欧洲铺设的 5G 网络基础设施中"令人担忧"的 58 个可行威胁与攻击载体；美国联邦通信委员会宣布推进 5G 基础设施建设，扩大毫米波频谱的使用范围。二是人工智能方面。欧洲网络与信息安全局成立特设工作组，负责就与人工智能网络安全有关的事宜提供建议，提供网络安全指南等；欧盟与美国、英国等多个国家 6 月 15 日宣布成立"全球人工智能合作组织"（GPAI），通过支持有关人工智能优先事项的前沿研究和应用活动，指导"基于人权、包容性、多样性、创新和经济增长的负责任的 AI 开发和使用"。三是大数据及云计算方面。美国国防创新单元（DIU）计划试用一种安全的云管理解决方案，为约 50 万个国防部用户提供零信任访问；德国与法国正式签署 GAIA-X（一项针对欧洲市场的云计划）合作项目，同时在比利时成立了 GAIA-X 基金会，以建设一个供全欧洲使用的数据基础设施，减轻对美国或中国云端的依赖。四是区块链方面。世界经济论坛 6 月 18 日发布报告，探讨利用区块链帮助政府提高竞投标过程中的透明度以及打击腐败；韩国科技部宣布将在 2021—2025 年投资 1.11 亿美元用于发展区块链技术。五是物联网方面。欧洲电信标准化协会（ETSI）网络安全技术委员会发布《消费者物联网网络安全标准》，为连接互联网的消费产品和未来的物联网认证计划建立安全基准；澳大利亚物联网联盟正在开发一个被称为"物联网安全信任标志"的认证测试项目，旨在确保联网设备在满足高安全性和隐私标准后才能上市，以保护消费者权益。

五、持续推进对超大互联网平台的治理与监管

多个国家和地区继续收紧对超大互联网平台的治理与监管。一是加强对超大互联网平台垄断及权力滥用的监管。欧盟委员会 6 月 17 日针对苹果公司的应用商店（App Store）和移动支付（Apple Pay）系统展开反垄断调查，调查将覆盖所有在欧洲市场上与苹果公司存在竞争关系的云应用和游戏应用；美国

两党参议员提出《平台责任和消费者透明度法案》（PACT），拟更新《通信规范法》第 230 条，加强社交媒体平台上内容审核政策的透明度，落实平台的内容审核责任；英国上议院民主和数字技术委员会要求政府尽快出台《在线危害法案》草案，赋予英国通信办公室（Ofcom）监管和规范网络平台的权力，对违规的互联网公司处以全球营业额 4%的罚款；德国法院 6 月 23 日裁定脸谱网必须遵守德国反垄断监管机构颁布的一项限制收集用户数据的命令。二是严厉打击虚假信息。联合国 6 月 10 日就日益泛滥的关于新冠肺炎的虚假和具有煽动性、误导性的信息，向各国政府和国际社会提出联手应对的倡议，并建议各国政府与民众建立互信；欧盟 6 月 10 日公布打击虚假信息联合通讯文件，评估欧盟应对与新冠肺炎有关的虚假信息的措施，并提出下一步工作计划；巴西参议院 6 月 30 日通过《建立巴西互联网自由、责任和透明法案》，要求建立打击虚假新闻的工作机制，减少和遏制错误信息的传播。三是推进数字服务税收。泰国 6 月 9 日通过一项法案，要求在泰国提供数字服务、年收入超过 180 万泰铢的非本国公司或平台缴纳 7%的增值税；肯尼亚总统批准了《2020 年财政法》，规定国家将对网上购物交易总额征收 1.5%的数字服务收入税，这些数字税将由利用肯尼亚数字市场提供服务和产品而获利的机构或个人缴纳。四是美国等国家加大对我国在外企业的审查和监管。欧洲数据保护委员会宣布成立一个特别工作组来审查抖音国际版应用程序 TikTok 对个人数据的处理情况；美国参议院常设调查委员会 6 月 9 日发布题为《美国网络的威胁：对中国国有电信公司的监管》的报告，呼吁联邦通信委员会对 3 家中国公司进行全面审查，并在需要时建立明确的撤销授权程序；美国联邦通信委员会向国会申请拨款 20 亿美元，用来拆除美国部分农村无线网络上所有的华为设备；美国国务院发言人 6 月 4 日表示，如果华为获准参与加拿大 5G 网络建设，美国准备重新评估其与加拿大的情报共享关系，加拿大电信公司 Bell 和 Telus 宣布在推行 5G 计划时不会与华为合作；印度政府 6 月 29 日以"有损印度主权和完整、印度国防、国家安全和公共秩序"为由，宣布禁用 59 款我国应用程序。

2.7　7月全球网络安全和信息化动态综述

2020 年 7 月，美国持续升级对中国信息通信领域的钳制举措，施压多国限制中国IT企业，华为、字节跳动、腾讯等公司的海外业务受到不同程度的影响。在网络安全防护方面，为了应对日趋复杂的网络空间态势和日益严峻的网络安全形势，美欧等国家和地区纷纷强化自身网络空间立法、网络空间治理和数据安全治理举措。在信息化领域，世界各国对5G、人工智能、量子计算等新技术的部署和应用持续加速，高新技术领域国际话语权争夺日益激烈。

一、网络空间立法和战略布局优化升级，对网络安全和信息化投资加大

多国政府推出涉网法案和战略，以优化网络空间治理顶层设计。一是网络安全方面。美国众议院拨款委员会通过新法案，为国防部提供6946亿美元拨款，用于采购最新的军事系统和研发未来网络安全技术；欧盟委员会7月24日发布《欧盟安全联盟战略2020—2025》，以应对网络攻击、恐怖主义、有组织犯罪等日益复杂的安全威胁。在网络安全方面，拟通过设立联合网络部提供协调、有序的业务合作，优化其数字生态系统建设、促进立法改革和强化国际合作；欧洲网络与信息安全局7月17日宣布其网络安全新战略——《可信且网络安全的欧洲》，旨在通过与更广泛的共同体合作，实现欧盟网络安全的高水平共同发展。二是信息化方面。美国众议院提出《人人可访问、负担得起的互联网法案》，计划投资1000亿美元推进高速宽带基础设施建设，并降低互联网服务费用；美国众议院能源和商业委员会7月15日批准《2020年利用战略联盟电信法案》，以促进和支持在全国部署由美国主导的可互操作的开放RAN无线网络技术，而不是更多依赖由中国公司主导的供应链中的5G硬件技术。三是互联网内容监管方面。美国参议院司法委员会7月2日通过《美国消除对交互技术的滥用和猖獗忽视法案》，将在线平台的法律保护与打击儿童性虐待内容联系起来，并允许联邦和州对传播儿童性虐待内容的在线平台公司提出罚款；南非全国省议会（NCOP）通过《网络犯罪法案》，将分发有害数据信息的行为认定为犯罪行为，授权颁布临时保护令，并进一步规范网络犯罪的管辖权。

二、美国施压多国围堵华为，印度继续封禁中国应用程序

美国继续加大对我国5G技术的围堵力度，并施压多国效仿。一是美国联合盟友在全球范围内对华为围追堵截。美国国防部7月23日发布有关中国技

术禁令的合同指南，禁止与使用华为和其他中国公司制造的电信设备的公司签订合同。与此同时，美国不遗余力地煽动及施压盟国弃用华为设备，多国政府及企业在美方压力下宣布禁用或将禁用华为设备：英国政府7月14日宣布，将在2020年年底禁止华为生产的5G网络设备，并规定到2027年英国移动运营商必须将华为设备完全从该国的5G网络中移除；法国国家网络安全局称华为的5G设备到期后将不再续签，2028年将实质性禁用华为设备；印度电信部长普拉萨德宣布，印度已决定将华为移出该国的5G网络建设计划。二是印度大规模审查封禁中国App。继6月底印度禁止59款中国应用程序后，印度电子和信息技术部（MeitY）于7月24日再禁止47款中国应用程序，印度军方也在内部进一步扩大针对应用软件的禁用名单。同时，印度政府还要求法院阻止印度企业针对中国应用程序封禁令的任何挑战行为。

三、全方位多举措加强数据安全治理，愈发重视个人数据保护

多国多举措加大数据安全治理的力度。数据安全治理重点包括以下方面。一是全面加强数据监管立法。美国佛罗里达州7月6日批准《众议院1189号法案》，禁止人寿、残疾和长期护理保险公司将基因检测用于保险目的，这也使得佛罗里达州成为美国第一个颁布DNA隐私法的州；德国联邦宪法法院裁定，德国《电信法》第113条关于电信服务供应商向执法人员提供电信用户数据的相关规定是违宪的，侵犯了宪法规定的隐私权，德国政府须在2021年年底前修订《电信法》以符合宪法要求；新西兰对《1993年隐私法》进行重大改革，改革内容包括强化合规性、提高处罚标准、增强隐私专员的信息收集处罚力度等方面；埃及7月13日通过《埃及个人数据保护法》，明确"个人数据"和"敏感个人数据"的定义、构成刑事犯罪的情形等内容。二是深度规范跨境数据传输。欧盟委员会7月9日发布文件，就欧盟和英国个人数据跨境做出指导，旨在帮助政府、企业和公民为2020年12月31日结束的"脱欧"过渡期做好准备；欧洲法院7月16日裁定欧盟与美国达成的规范跨大西洋个人数据传输的《欧美隐私盾牌》协定无效，因其未能满足有关数据在美国受到"与欧盟基本等同"的保护标准；日本和英国在签署的双边贸易协定中同意采用先进的数字化标准，禁止双方政府强迫企业披露算法或在当地建立数据服务器。三是重拳整治互联网企业数据违规行为。欧盟反垄断立法者针对数百家欧洲、亚洲和美国智能家居和物联网设备企业，启动物联网数据使用调查，以防

止大型公司滥用通过这些设备收集的数据，巩固自己在市场中的地位；针对谷歌未能遵守欧盟有关网民"被遗忘权"的规定，比利时数据保护局对其处以60万欧元罚款，是该局有史以来开出的最大一笔罚款。同时，责令谷歌停止引用欧洲境内的页面，并要求其提供更加明确的信息，说明哪些实体负责处理"被遗忘权"的相关请求；印度拟设立新的数据监管机构监督在线收集信息的共享和隐私保护等问题，以此限制谷歌、脸谱网和亚马逊等美国科技公司的数据主导地位。

四、网络攻击和数据泄露风险叠加演进，勒索软件攻击尤其猖獗

全球网络安全威胁态势仍然严峻，网络攻击和数据泄露风险增加，安全事件持续高发。一是网络安全形势越发严峻。美国网络安全公司 Tala Security 7月14日发布网络安全报告称，全球99%的网站 JavaScript 插件面临被攻击的风险；SonicWall 实验室报告显示，全球勒索软件攻击在2020年上半年增加了20%，截至2020年7月，全球共发生勒索软件攻击1.212亿次。二是网络攻击及数据泄露事件频发。云服务商 Blackbaud 7月16日披露其遭勒索软件攻击，导致多所英国大学的数据被窃取；推特网内部员工遭到黑客的比特币钓鱼骗局，多位知名人士的账户遭到黑客攻击，此事件是该公司史上最大的安全漏洞事件；乌克兰国家安全与国防委员会（NSDC）7月26日宣布，国家重要基础设施资源的网站发生数据泄露；金融科技公司 Dave 7月26日承认，由于Dave 前第三方服务提供商韦德夫遭到入侵，750万条用户信息遭到泄露。

五、新技术、新应用部署实施持续加速，顶层规划及产业融合双趋动

各国持续推进新技术顶层规划及产业融合进程，加紧对新技术、新应用的部署实施。一是5G方面。美国技术委员会－工业咨询委员会发布《5G能力：美国联邦政府的服务和创新》白皮书，介绍了相关概念、5G服务、相关技术以及联邦机构如何有效应用5G服务来完成任务和增强公民服务，并提供了5G可以帮助解决的不同需求的示例，以加深联邦政府对5G技术和使用案例的理解；美国联邦通信委员会正式开始在全美拍卖3.55～3.65GHz范围内的主要频谱，使运营商有机会竞标每个县的7个中频段，增加运营商现有高低频段的持有量；欧盟委员会通过关于小蜂窝的法规，制定了5G小蜂窝的物理和

技术特性，以推进5G网络部署，并提高整个欧盟的数据容量和覆盖范围。二是人工智能方面。美国国家情报总监办公室7月23日发布第一份关于使用人工智能的伦理准则报告《人工智能应用和发展伦理准则》，其将成为美国众多情报部门的行动指南；英国信息专员办公室7月30日发布《人工智能和数据保护指南》，对人工智能和数据保护之间的关系进行了说明，强调了技术使用方式中的责任、治理、合法性、安全和个人权利等问题，旨在帮助组织减轻开发和使用人工智能的风险。三是数字货币方面。立陶宛7月23日发行了全球首枚央行数字货币LBCoin，LBCoin可以直接与中央银行以及专用区块链网络进行交换；日本央行发布报告《央行数字货币的技术挑战：央行数字货币作为现金等效物》，探讨中央银行数字货币（CBDC）需解决的技术问题，计划开始数字版日元的试验。四是量子计算方面。美国能源部7月21日发布全国量子互联网蓝图，确定发展全国性量子互联网的主要研究、工程和设计障碍以及短期目标，其17个国家实验室将形成一个使用量子力学的安全通信系统，该系统的原型预计将在10年内实现；德国计划在2021年建成该国首台量子计算机，并于未来5～10年将相关新技术应用在工业领域。

2.8　8月全球网络安全和信息化动态综述

2020年8月，美国持续升级对中国网信领域的制裁措施，施压多国联合围堵限制中国企业，华为、字节跳动、百度等公司的海外业务受到影响。在网络安全方面，各网信大国积极谋划网络空间战略布局，完善加强数据安全和隐私保护监管政策，美国加紧强化涉总统大选的网络安全。在信息化方面，多国加速部署5G、人工智能、量子计算研发应用，高新技术领域竞争激烈。

一、积极谋划网络空间战略布局

美国网络安全与基础设施安全局（CISA）8月24日发布《确保美国5G技术的安全和弹性》战略文件，提出了支持5G政策和标准制定、扩大供应链风险态势感知、加强现有基础设施保护、鼓励5G市场创新、分析潜在的5G使用案例并共享风险管理信息5项重要举措，确定了风险管理、确保利益相关者参与、技术援助三方面核心能力，以推进安全和弹性5G基础设施的开发和部署。印度总理莫迪 8 月 15 日公布《2020 年国家网络安全战略（草案）》，强调要在数据和隐私保护、网络空间演变中的执法、获取存储在海外的数据、社交媒体平台监管、打击网络犯罪和恐怖主义国际合作等方面强化举措。印度尼西亚政府 8 月 10 日发布《2020—2045 年人工智能国家战略》，其涵盖四方面重点内容，即伦理和政策、人才培养、数据和基础设施、产业研究与创新，以及五大优先项目，即卫生服务、官僚机构改革、教育和研究、粮食安全、交通和智慧城市。澳大利亚政府 8 月 6 日发布最新的网络安全战略，计划投资 16.7 亿澳元，通过制定相关法律和监管框架两项关键要素，加强网络安全和关键基础设施安全。

二、持续健全完善网信法治体系

一是数据管理和隐私保护方面。美国《加州消费者隐私法案》8 月 14 日正式生效，该法赋予加州公民查看企业收集的有关特定个人数据的权利，包括智能手机位置、语音记录、乘车路线、生物特征面部数据和广告定位数据等信息。印度电子和信息技术部专家委员会 8 月 7 日发布《非个人数据治理框架（草案）》，提出重新定义非个人数和敏感非个人数据的概念，建议设立独立的非个人数据管理局。日本政府 8 月 19 日通过《个人信息保护法》修正案，扩大了要求删除或披露个人信息的权利，对导致个人权益受到侵犯的违法行为提高处罚力度，修正案将于 2022 年全面实施。二是行业监管方面。欧盟 8 月 25 日公布两项提案草案作为新电信规则的一部分，一项是《关于在欧盟范围内统一最大语音终端费率的授权法案》草案（即涉及"欧洲费率"），另一项《相关市场建议书》草案列出了电信行业内不具有充分竞争力的产品和服务清单，要求欧盟各国监管机构定期审查，并进行监管干预。德国联邦财政部（BMF）、联邦司法和消费者保护部（BMJV）8 月 11 日联合推出关于引入电子证券的法案草案，建议修改《证券法》及相应的监管法，以加强对基于区块链技术的加密货币的监管。荷兰数据保护局 8 月 27 日批准由 ICT 行业协会 NLdigital 起草的《数据专业守则》，其中包括一系列实用的数据合规工具，用于指导参与 ICT 经营活动的企业和组织履行欧盟 GDPR 规定的义务。

三、多措并举强化数据保护和治理

一是机构设置方面。美国政府成立联邦数据服务委员会，该委员会由 25 名专家成员组成，主要负责"迅速并实质性地"改进联邦机构获取、连接和保护数据的方式。巴西总统 8 月 27 日批准设立国家个人数据保护局（ANPD），明确其职责为保护个人数据、制定相关规则、调查违反数据保护规定的行为、组织对数据处理操作的风险评估、促进与其他国家数据保护机构的合作等。二是隐私保护方面。美国国家安全局（NSA）发布了一套限制位置数据暴露的指南，如个人手机和智能手表等设备上的位置数据，以降低隐私泄露风险。英国信息专员办公室（ICO）8 月 12 日公布《适合年龄的设计规范》，规定在线服务提供商不得使用特殊技术鼓励在线儿童更改或关闭默认隐私设置，避免其获取非必要的个人信息。加拿大隐私专员办公室（OPC）8 月 13 日发布最新的《企业隐私指南》，明确了企业强制性违规报告要求，旨在帮助企业保护其用户隐私。澳大利亚信息专员办公室（OAIC）发布"2020—2021 运营计划"，确定包括加强公民个人网络隐私保护等 4 项优先事项，将针对为防控新冠疫情传播使用个人隐私数据的情况进行监督。三是数据治理和共享方面。继 7 月欧洲法院裁定《欧美隐私盾牌》协定无效后，美国和欧盟就后续框架启动谈判，探讨在保护公民个人隐私的同时，支持创新活动和数据的自由流动。英国数据标准局（DSA）8 月 7 日发布针对政府的元数据标准，确保其遵循数据保护规则和数据道德框架的共同标准，以改善数据共享，优化公共服务。

四、美英进一步强化涉选举网络安全

美国国务院 8 月 5 日宣布，对于任何能够指认与外国政府合作或受外国政府指使、通过"非法网络活动"干扰美国选举的行为，将获得最高 1000 万美元的奖励，"非法网络活动"包括对美国选举官员、选举基础设施、投票机、候选人及其工作人员的攻击。美国选举基础设施政府协调委员会 8 月 21 日表示，联邦政府正在积极"监控"针对美国选举系统的威胁，包括来自外国的虚假信息，已有 30 个州的选举办公室部署安装了入侵检测传感器，用于监测和跟踪跨辖区的可疑活动。美国芝加哥大学启动"选举网络浪潮"倡议活动，为各州提供网络安全专家和安全服务支持。英国政府发布新规，要求在线竞选材料需带有宣传主体和代表团体的印记，以确保数字竞选规则与线下选举保持一致。

五、美国加大对中国网信企业的制裁围堵力度

一方面，美国公然对中国多家网信企业发起制裁。美国参议院 8 月 6 日一

致通过禁止联邦雇员在政府设备中使用中国社交媒体应用TikTok的法案，美国时任总统特朗普还限令TikTok在9月15日前出售给一家美国公司，否则将禁止其在美国使用。美国政府8月13日宣布《约翰·麦凯恩国防授权法》正式生效，禁止联邦政府与任何使用华为、中兴、海能达通信股份有限公司、杭州海康威视数字技术股份有限公司、浙江大华技术股份有限公司等公司的商品或服务的承包商合作。美国政府8月17日宣布进一步收紧对华为的限制，打压和阻断其获取商用芯片，并将该公司在其他21个国家的38个子公司列入经济黑名单。另一方面，美国施压多国，抱团围堵中国企业。德国正在研究用开放无线接入网络（Open RAN）代替华为专有设备的解决方案。法国国家信息与自由委员会（CNIL）正在对TikTok展开调查，包括向用户提供信息的水平、用户如何行使权利、数据如何流出欧盟、保护未成年人的措施等。罗马尼亚政府8月5日公布一项公开征求意见的法案，拟在5G网络建设中排除华为。斯洛文尼亚政府8月13日与美国签约，承诺不使用中国5G供应商。印度政府已要求国内的谷歌和苹果应用商店下架百度和新浪微博，互联网应用商店提供商也被要求禁用这两款应用。

六、高新技术研发应用加速部署

一是5G方面。美国政府8月10日公布计划，将从2022年开始拍卖之前专门用于军事用途的100MHz中频段频谱作商业用途，以扩大美国的5G网络覆盖。英国数字、文化、媒体和体育部（DCMS）推出"5G新思维"项目，旨在帮助英国农村地区和网络覆盖较差的社区部署5G无线网络，以缩小英国农村的数字鸿沟。韩国总理丁世均8月6日公布政府未来移动通信研发计划，包括奠定研发和行业基础、抢先开发下一代技术、保护标准和高附加值专利等，预计未来5年投资2000亿韩元用于研发，2026年启动6G移动服务试点项目，并在2028至2030年间实现商业化。二是人工智能和量子技术方面。美国白宫8月26日宣布，联邦机构和私营部门合作伙伴将在未来5年投资超10亿美元，用于建立12个专注于人工智能和量子信息的新研究机构。美国白宫科技政策办公室（OSTP）8月14日发布的《人工智能与量子信息科学研发摘要：2020—2021财政年度》报告显示，2020至2021年间相关研发投资将增加一倍，以确保美国在这两个领域始终处于领先地位。美国OSTP和国家科学基金会（NSF）计划成立3家"量子飞跃挑战研究所"，以期在未来5年内解决量子信息科学和工程的基础研究障碍。三是数字货币方面。欧盟委员会正在酝酿一项关于加密货币的"非正式文件"决议，涉及对所有类型加密货币的定义、修改《金融工具市场指令》（MiFID II）、建立基于区块链的平台制度等。新加坡金融管理局（MAS）联合国家研究基金会、新加坡国立大学宣布建立亚洲数字金融研究所（AIDF），开展涵盖数字基础设施、业务流程的性能优化、针对网络诈骗和反洗钱的高级应用程序开发等基础性和跨学科研究项目，以提高新加坡在金融科技方面的能力。巴西中央银行8月21日宣布开展在全球范围发行中央银行数字货币（CBDC）可行性的研究，希望在改善金融系统和应对新支付形式潜在风险之间找到平衡。

2.9 9月全球网络安全和信息化动态综述

2020年9月，全球网络安全事件呈现持续易发高发状态，对全球网络安全形势产生了一定冲击。各国在网络安全立法和内容监管领域加速布局，推动数据安全建设与个人隐私保护，推进对超大互联网平台的监管。各国统筹推进5G、人工智能、物联网、区块链、大数据等新技术、新领域的发展与规范。美国、日本、印度等国加大对我国在外企业的审查和监管，限制我国企业对外的正常经营。

一、网络安全事件持续高发

信息泄露、网络攻击事件等持续高发，对全球网络安全造成一定冲击。一是信息泄露事件规模和影响持续增加。美国网络安全与基础设施安全局（CISA）发布报告称，一家联邦机构的数据在一次网络攻击中被盗；美国明尼苏达州发生该州历史上第二大医疗数据泄露事件，数十万条信息遭到泄露；澳大利亚新南威尔士州服务局遭黑客窃取738GB数据，约18.6万名客户受到影响。二是网络攻击活动频繁。法国海运公司达飞海运集团遭遇勒索软件攻击；美国网络安全机构和蓝牙技术联盟发出警报称，蓝牙信息泄露漏洞允许未经授权的用户进行中间人攻击，并可能通过无线数据传输协议影响亿万个设备；印度电子和信息技术部及国家信息中心上百台计算机遭到恶意软件攻击；Neustar公司发布最新报告称，DDoS攻击相比2019年同期增加151%。

二、加速网络空间立法和战略布局

多国政府推出涉及网络安全、数据安全、隐私安全等方面的法案，提高网络安全和防御水平，加强数据与隐私保护，推动信息化发展。一是网络安全方面。美国众议院通过《物联网网络安全改进法案》《网络感知法案》《公私合作加强电网安全法案》《能源应急领导法案》《电力网络安全研究与发展法案》，旨在保护物联网设备、电网及其他能源基础设施免遭网络攻击；欧盟轮值主席国德国和欧洲议会的代表围绕"两用物项"（军民两用的敏感物项和易制毒化学品）的出口进行磋商以达成一致性协议，将限制网络监控技术或产品出口给监视公民的专制政权国家。二是数据和隐私保护方面。美国加利福尼亚州立法机关通过《基因信息隐私法案》，要求制定数据隐私和安全程序，以保护消费者基因信息隐私；德国通过《数字反垄断法（草案）》，该草案将为德国当局提供更多工具，以打击大型科技公司的市场滥用行为；瑞士联邦议会一致通过了修订版的《联邦数据保护法》；美国隐私和安全智库信息政策领导力中心（CIPL）和印度数据安全委员会（DSCI）联合发布《基于印度<个人数据保护法案>实现印美负责任的数据跨境传输报告》，要求根据拟议中的印度《个人数据保护法案》（PDPB），确保从印度到美国的跨境数据传输的稳定性和安全性。三是信息化发展方面。美国联邦数据专家小组发布《数据使用伦理框架（草案）》，提出七大核心原则，以指导如何在符合伦理的基础上使用数据；欧盟正式启动"GAIA-X计划"，以促进欧盟数据的共享和存储，推动实现欧洲在云基础设施领域的数字主权；欧洲议会工业、研究和能源委员会（ITRE）发布了关于《欧洲数据战略》的报告草案，呼吁欧盟积极与第三国开展合作，并磋商新规则；英国政府发布《国家数据战略》，提出"四大支柱"和"五大任务"，旨在通过释放数据价值推动数字行业和整个经济的增长；澳大利亚总理内阁部国家数据专员办公室发布了2020年《数据可用性和透明度法案》（征求意见稿），为共享公共部门数据提供统一的保障措施。

三、加强对个人信息的保护力度

各国通过法案、政策加强政府针对个人信息的保护力度。一是完善个人信息保护法规与机制。日本修订2005年颁布的《个人信息保护法》（APPI），使其更加符合欧盟《通用数据保护条例》（GDPR）；新加坡个人数据保护委员会

（PDPC）9月21日发布《2020年个人数据保护摘要》，文件内容涵盖了加强数据管理问责制和消费者信任，促进创新并支持新加坡数字经济的发展等内容；印度政府智库改造印度国家研究院公布的《数据授权和保护架构》讨论稿显示，印度需要在个人数据管理方面进行范式转变，将以组织为中心的数据共享系统转变为以个人为中心的方法，以促进用户对数据共享的控制；美国政府发布有关欧盟－美国个人数据传输的白皮书，为信息传输的隐私保护提供指导；新西兰《2020年隐私法》于2020年12月1日生效，新增"数据最小化"原则，新规定要求包括金融咨询的所有企业只能在需要时收集和保存个人信息。二是加强对网上煽动性、仇恨性、匿名信息的打击力度。韩国个人信息保护委员会发布有关个人数据处理特别是匿名和假名数据处理的指南；奥地利起草在线仇恨言论法，据法律草案，各网络平台将建立便于查询的报告系统，为用户指定联系人，并对每年收到的投诉进行报告。它们必须在收到投诉后24小时内删除明显构成犯罪的内容，并在7天内删除违法内容。

四、美国加强大选期间的基础设施、信息安全防护力度

美国发布了多份文件、规定，确保美国11月大选期间基础设施、信息安全性。一是确保大选基础设施安全。美国CISA 9月1日发布《确保大选基础设施安全的行为指南》，旨在指导美国联邦和各地方开展基础设施防护，确保基础设施在大选期间的运营安全；美国众议院一致通过《捍卫投票系统完整性法案》，将黑客入侵联邦投票系统定为联邦犯罪。二是加强打击与大选有关的有害言论，防止谣言传播。美国FBI和CISA 9月28日发布联合声明《"选民信息被黑"相关谣言或旨在引发对美国选举合法性的质疑》，以提高公众对谣言传播的潜在威胁的认识；谷歌表示，在11月美国总统大选期间会屏蔽一些自动搜索建议，以阻止错误信息在网上传播。

五、同步推进新技术、新应用的发展与规范

各国积极推进新技术部署及其与产业融合的进程，同时也加紧对新技术、新应用的风险评估和相应监管。一是5G方面。欧盟委员会9月18日发布倡议书，呼吁各成员国加速5G、大数据布局，以缩小与中美等国之间的差距；美、日、印、澳宣布将共同开发5G技术，进一步在反恐、海上安全、网络安全、区域互联以及高质量基础设施方面加强协调；印度宣布与以色列在"下

一代新兴技术"方面进行合作，共建透明、开放、可靠和安全的 5G 通信网络；立陶宛与美国签署"5G 安全谅解备忘录"，要求对软硬件供应商进行严格评估。二是人工智能方面。欧盟委员会主席冯德莱恩 9 月 16 日表示将投入 1500 亿欧元发展数字领域，重点建立欧洲云、人工智能、大数据、宽带等，并证实 2021 年将更新欧洲人工智能的使用规则；美英两国签署人工智能研发协议，双方将在技术、产业和学术等领域展开合作，探索建立研发生态系统。三是大数据及云计算方面。美国中央情报局启动研发创新实验室，研究大数据技术如何处理情报信息，以应对情报方面的挑战；欧盟启动"GAIA-X 计划"，为具有战略重要性的欧洲企业和公共部门机构提供新的云计算服务；欧盟通过新的"数字金融一揽子计划"，为对金融机构提供云计算的服务提供商设立了监管框架，加强对数字金融外包服务的监管；四是区块链方面。欧盟委员会提出了加密货币的监管框架，将欧盟现有金融类法律未涵盖的所有加密资产纳入监管中；瑞士联邦议会于 9 月 10 日通过《区块链法案》修正案，为区块链和分布式账本技术（DLT）奠定法律基础。五是物联网安全方面。美国众议院通过 2020 年《物联网网络安全改进法案》，要求 NIST 公布使用物联网设备的标准和指南，规定联邦政府必须采购符合安全要求的物联网设备；微软发布《2019 年数字防御年度报告》，指出物联网威胁值得关注。

六、持续推进对超大互联网平台的治理与监管

多个国家和地区继续收紧对超大互联网平台的治理与监管。一是加强对超大平台垄断及权力滥用的监管。欧盟拟议改进网络法规，迫使超大科技平台分拆或出售部分欧洲业务，欧盟内部市场专员表示，拟议中的改进措施还包括将大型科技企业完全排除在单一市场之外的权力；意大利反垄断机构宣布对苹果、谷歌和 Dropbox 的云存储服务展开调查，主要关注上述企业是否"涉嫌不正当商业竞争行为以及潜在的不公平合同条款"；德国内阁 9 月 9 日通过《数字反垄断法（草案）》，将允许德国反垄断监管机构介入调查，以规范大型科技公司的市场滥用行为。二是严厉打击虚假信息，规范互联网数据滥用现象。美国加州立法机关 9 月 1 日通过了《基因信息隐私法案》，要求企业在收集、使用和披露消费者的基因数据时，取得消费者的"明确同意"，保护消费者的基因数据不受未经授权的访问、破坏、使用、修改或披露；东盟国家拟加强合作，建立通信网络和反馈机制，进一步打击网络诈骗、网络虚假信息及其他网

络犯罪；巴西总统 9 月 18 日批准了《通用数据保护法》（LGPD），禁止以商业为目的对来自特定个人或团体的个人数据进行非法或滥用处理。三是美国等国家加大对我国在外企业的审查和监管。德国政府于 11 月敲定 IT 安全法案，有议员呼吁对华为 5G 设备设置"严格的限制"；美国国防部发言人称，美国政府考虑将中芯国际集成电路制造有限公司列入出口管制清单，严格审查向该公司出口的任何美国技术；美国外国投资委员会（CFIUS）对腾讯在美投资的游戏公司进行"安全审查"，要求提交与数据安全协议相关的信息；美国智库国际战略研究中心发布《中国在北欧地区的技术收购》报告，提议美国与北欧国家共享情报，帮助北欧国家认识到中国投资的"风险"；日本自由民主党"规则形成战略议员联盟"建议日本政府对 TikTok 等中国 App 设限，加强日本与欧美各国的情报信息共享，呼吁尽快引进美国的网络安全标准；印度政府以"部分 App 对印度国家安全和国防不利"为由，宣布禁用支付宝、淘宝和百度等 118 款中国应用程序。

2.10　10 月全球网络安全和信息化动态综述

2020 年 10 月，各国持续推进网络空间战略立法，受新冠肺炎疫情的影响，个人信息及隐私保护政策日渐严格；大国之间网络空间博弈更为复杂，泛政治化趋势愈发明显；网络空间军备和战略威慑竞争持续加剧；各国继续加速人工智能、云计算、区块链等新技术的部署与应用。

一、网络空间战略立法工作持续推进

多国政府推出涉及网络空间的战略、法案等，推动网络空间规范发展。一是网络安全方面。美国总统签署《美国安全网络延期法案》，授权联邦贸易委员会（FTC）开展旨在保护美国消费者免受跨境互联网欺诈和欺骗的执法行动；澳大利亚发布《国家安全法》征求意见稿，拟授予联邦政府机构对网络攻击"采取直接行动"的权力；马来西亚启动《2020—2024 年马来西亚网络安全战略》，拟拨款 4.33 亿美元加强国家网络安全能力建设；新加坡推出《2020 年更安全的网络空间总蓝图》，旨在提高个人、社区、企业和组织的网络安全总体水平。二是关键基础设施保护方面。美国国家标准与技术研究院发布了《负

责任地使用定位、导航与授时服务（PNT）的网络安全配置文件》草案，旨在保护使用PNT数据的系统，以降低会危及国家和经济安全的网络安全风险，保护支撑现代金融、交通、能源和其他经济部门等重要体系；澳大利亚推出"年度网络安全调查计划"等多个新网络安全计划，以维护国家数字安全基础设施；欧盟委员会和欧盟理事会发布27个欧盟成员国共同签署的《迈向欧洲的下一代云》宣言文件，计划投资100亿欧元为下一代欧洲云基础设施探路。三是选举安全方面。美国时任总统特朗普签署《捍卫投票系统完整性法案》，将试图入侵联邦投票系统的行为定为联邦犯罪，授权司法部根据《计算机欺诈和滥用法案》对任何试图入侵投票系统的人提起诉讼。

二、个人信息及隐私保护日渐严格

受新冠肺炎疫情的影响，各国进一步加大个人信息及隐私保护力度，强化互联网平台监管，规范跨境数据流动。一是个人信息及隐私保护方面。美国发布《加州消费者隐私法案》拟议修订建议，以协助企业理解和遵守相关规定；法国国家信息与自由委员会（CNIL）发布了详细的《通用数据保护条例》（GDPR）指南，为软件开发者落实数据保护政策提供指导；欧洲委员会发布抗击新冠病毒的数字解决方案报告，呼吁加强隐私及数据保护，报告分析了在《有关个人数据自动化处理之个人保护公约》中缔约的55个国家为防止新冠肺炎疫情所采取的措施，以及对隐私权和数据保护的影响，报告还指出了各国采取的某些法律和技术措施中的一些缺陷，并特别呼吁各国政府确保数字化解决方案的透明度，以促进对隐私权的尊重和对数据保护的重视；菲律宾国家隐私委员会（NPC）发布咨询报告，就新冠肺炎疫情期间相关企业处理个人数据时应遵循的准则做出说明。二是互联网平台监管方面。欧盟委员会提出《数字服务法》，建议欧盟委员会修改针对在线运营商业实体的商法和民法规则，确保公民匿名使用数字服务的权利；法国国会通过"网红"儿童视频管理法案，对16岁以下未成年人在视频平台播放的时间段和收入设立了管理框架；法国参议院通过关于实施公共数字平台网络安全认证制度的法案，提议在《消费者法》中增加第L.111-7-3条，要求数字平台的运营者应告知用户，运营者与第三方服务提供商（尤其是云服务提供商）收集数据的安全级别、诊断等相关信息，保护用户数据传输安全性。三是规范数据跨境传输方面。美国商务部、司法部和国家情报局联合发布个人隐私保护白皮书，重点聚焦于欧洲法院在判决《欧美隐私盾牌》协定失效中提出的有关问题，白皮书为采取GDPR规定的标准合同条款或约束性公司规则进行数据跨境传输的企业提供了一系列信息，以协助其满足GDPR的有关规定；英国政府制定"脱欧"期间企业和组织数据传输准则；新西兰隐私专员办公室发布了《2020年隐私法》中的新跨境数据传输规则，要求向海外传输用户个人信息的新西兰企业和组织需要遵守新的规定；韩国个人信息保护委员会加入亚太经济合作组织（APEC）跨境隐私执法安排（CPEA）的成员，加强对韩国跨境数据流动的管理；欧洲数据保护监管局（EDPS）发布战略文件，监督欧洲机构向第三国（尤其是美国）转移个人资料时遵守2020年7月欧洲法院对"Schrems II"（《欧美隐私盾牌》协定）案的判决。

三、网络空间大国博弈更为复杂

网络空间国际合作泛政治化趋势愈发明显，大国在技术创新、规则制定等方面开展多重博弈。一是美国智库呼吁成立12国联盟，夺回全球技术竞争优势。美国智库新美国安全中心（CNAS）发布《民主技术政策联盟框架》报告，呼吁由美国、法国、德国、日本、英国、澳大利亚、加拿大、韩国、芬兰、瑞典、印度和以色列共12个技术民主国家创建一个新的技术政策多边技术联盟架构——"T-12"集团，开展广泛、积极和长期的多边合作，以夺回全球技术竞争优势。二是美欧等国家和地区围猎中国电信运营商。美国宣布与斯洛伐克、保加利亚、科索沃和北马其顿四国签署5G安全协议，推动美国"清洁网络计划"，只使用"可信的"电信设备供应商；美国联邦通信委员会（FCC）和美国国际开发署（USAID）正在合作，以进一步推动美国切断与中国设备供应商的所有连接；英国议会国防委员会发布《5G安全性》报告，强调英国可能需要在2025年前提前拆除所有华为设备；意大利政府阻止国内电信运营商Fastweb与华为签署协议。三是美国、澳大利亚、韩国、印度等国家积极推进在"印太"和"亚太"地区开展新兴技术合作。美国、日本、印度、澳大利亚四方会谈认为，需采取多种手段应对中国，如在军队之间进行加密通信，通过专用软件进行信息交换以及实时共享情报等；美国国家人工智能安全委员会（NSCAI）呼吁建立"美印战略技术联盟"，就新兴技术领域及区域问题展开合作；澳大利亚和印度拟启动"澳-印网络和关键技术合作项目"的拨款，用于寻求人才，就人工智能、量子技术、大数据等技术提出建议，勾勒印太地区的关键技术框架、标准和最佳做法；印度和日本签署关于信息和通信技术领域双边合作备忘录，促进 5G 网络和人工智能等关键领域的合作。

四、网络技术应用于军事化建设速度加快，网络军备赛愈演愈烈

网络技术在军事上的应用逐渐成熟并开始创新，以提升军备力量。一是加快网络军备进程。美国国防部发布《电磁频谱优势战略》，旨在指导国防部如何在频谱上发展能力以及如何在频谱范围内建立伙伴关系和寻求战备状态，从而在与对手的电子战中占得优势；美国国防部创建"零信任"架构，确保国家安全局、国防信息系统局和美国网络司令部的网络安全；英国国防部发布《2020 年科学技术战略》，提出国防部应从 3 个方面保持科技优势，应对中俄等国带来的"安全威胁"；北约宣布在德国建立一个太空作战总部"太空中心"，应对日益增长的威胁；英国宣布实施先进的进攻性网络战能力，"削弱、破坏和摧毁"对手的关键基础设施。二是加快新兴技术在军事领域的研发和应用。美国国土安全部科学技术局开发名为"可信移动系统"（TrustMS）的新技术，以保护移动应用程序免受网络攻击；美国国防部拨款 6 亿美元用于在其全国 5 个军事基地进行 5G 无线测试和试验；美国国防部启动两个新的项目，致力于开发道德的人工智能框架。

五、人工智能、云计算、区块链等新技术部署加速，并关注新技术带来的网络安全风险问题

一是出台战略或政策性文件，为人工智能等技术发展提供政策保障。美国白宫发布了《关键与新兴技术国家战略》，围绕促进国家安全创新基础和保护技术优势这两大支柱，涵盖了 20 项关键技术的初步清单；美国众议院通过了《2020 年政府人工智能法案》，该法案将在总务管理局内创建一个卓越中心，帮助机构采用人工智能技术，并在整个政府范围内协调人工智能的使用；国际电信联盟（ITU）、国际标准化组织（ISO）和国际电工委员会（IEC）成立了一个新的"智慧城市标准化联合工作组"，旨在协调智慧城市的国际标准化进程。二是关注新技术网络安全问题。欧洲议会发布一份报告，就人工智能、机器人技术和相关新兴技术的伦理框架向欧盟委员会提出了建议；美国量子经济发展联盟宣布成立新的技术咨询委员会——量子国家安全委员会，未来将着力推动量子计算、量子通信、量子网络、量子安全和量子传感发展；微软、

MITRE 以及 IBM、英伟达、空客和博世等 13 家机构发布了"对抗式机器学习威胁矩阵"开放框架，旨在帮助安全分析人员检测、响应和恢复针对机器学习系统的威胁。

2.11　11 月全球网络安全和信息化动态综述

2020 年 11 月，全球网络安全事件呈现持续易发、高发状态，医疗领域重大信息泄露事件时有发生。美国智库密切关注我国网信领域的发展状况，发布多份涉及我国的报告；美国政府继续采取各类措施限制我国高科技企业的发展。为了应对日趋复杂的网络空间态势和日益严峻的网络信息安全形势，各国在数据安全、隐私保护、互联网内容监管、超大互联网平台治理领域加速布局。各国持续推进 5G、人工智能、量子计算等新技术新应用的发展，高新技术领域国际竞争日益激烈。

一、网络安全事件持续高发

一是网络攻击活动显著增加，尤以新冠肺炎为主题的攻击最为频繁。网络安全公司 Cloudflare 数据显示，2020 年第三季度 DDoS 攻击比第一季度增加 300%；云安全供应商 CDNetworks 发布报告称，与 2019 年相比，网络程序攻击已增加 800%；俄罗斯黑客组织"花式熊"以及两个被称为"锌"和"铈"的朝鲜黑客组织最近试图侵入加拿大、法国、印度、韩国和美国的 7 家制药公司和疫苗研究人员的网络，大多数攻击目标是正在测试新冠肺炎疫苗的组织。二是信息泄露事件屡禁不止，尤其是医疗领域的相关信息。美国明尼苏达州发生该州历史上第二大医疗数据泄露事件，数十万条信息遭到泄露；巴西 1600 万条新冠肺炎患者（包括总统、7 名部长及 17 名州长）信息遭泄露；黑皮书市场研究公司新发布的《2020 年医疗网络安全行业现状》报告显示，医疗行业的数据泄露量在 2021 年或将增加两倍。

二、多措并举推进数据治理

各国采取各类措施完善数据治理体系，加强政府针对个人信息的保护力度，推进数据共享机制建立，维护数据安全。一是完善个人信息保护法规与机制。联合国发布《应对COVID-19的数据保护和隐私的联合声明》，提出支持使用数据和技术抗击COVID-19，同时也要保护个人隐私，以人权为基础，遵循适用的国际法、数据保护和隐私原则，考虑包括健康权、生命权和经济社会发展权在内的相关权利的平衡；澳大利亚竞争和消费者委员会（ACCC）修订《消费者数据权利规则》，仅允许经认证的第三方机构收集消费者数据；韩国个人信息保护委员会发布了韩国未来3年个人信息保护战略路线图，将重点关注包括改进数据保护的自我监管、制定数据保护影响评估标准、实施信息假名化要求等多项举措。二是推进数据跨境流动。欧盟委员会公布《欧洲数据治理条例》提案，拟建立欧盟内数据共享空间，旨在促进欧盟成员国数据共享，提出一个基于中立和透明的"数据中介"的模式，数据中介作为数据共享或汇集的组织者，以增加信任度，为大型技术平台的数据处理实践提供了一种代替模型，同时将会对数据中介进行严格限制，必须证明其不会将获取的数据用于任何其他目的；欧洲数据保护委员会提出有关解决国际数据传输问题的建议，为数据出口商列出了一系列步骤，以确保其转移个人数据信息的行为符合欧盟的数据保护法律。三是加强数据安全保护。欧洲议会公民自由、司法与内政事务委员会发布《欧洲数据战略》建议草案，提出在该委员会概述的数据空间内处理个人和非个人数据之间划定明确界线；强调公共行政部门的数据空间，特别是用于改进欧盟执法的数据使用，必须符合相称原则和数据保护及隐私规则；呼吁采取强制性的网络认证架构等强有力的实际措施，以确保个人数据的安全，并防止数据泄露；支持欧洲议会制定欧盟安全公共电子识别（e-ID）框架，以便更安全地跨境提供个人身份证明服务等；澳大利亚议会发布有关强制性数据保留制度建议的报告，增强了强制数据保留使用的透明度，提高了数据访问门槛；联合国特别报告员发表年度报告，为健康数据保护的最低标准提供了一个共同的国际基线，详细说明了所有控制者和处理者必须采取一切适当措施来履行其与健康相关数据方面的义务，并能够向主管监管机构证明，所有相关数据处理的合规性。

三、新技术、新应用部署实施持续加速

各国持续推进新技术顶层规划及产业融合进程，加紧对新技术、新应用的部署实施。一是5G方面。美国参议院商务委员会批准3项宽带法，扩大通信服务提供商的范围，开启更多频谱拍卖，帮助改善消费者（特别是农村地区消

费者）的互联网接入；美国众议院通过《2020年利用战略联盟电信法案》，拟提供7.5亿美元的拨款，以支持在全美范围部署和使用5G开放式无线接入网络，帮助美国5G公司与我国厂商竞争；英国政府承诺拨款2.5亿英镑，扩大英国对开放式无线电接入网络（Open RAN）技术的投资，帮助运营商更换华为5G设备，并保持5G设备来源多样化；英国电信与大学、研究与技术组织和初创公司合作，在全球首次尝试5G和车联网之间端到端量子安全通信基础设施，为5G信号塔与移动设备、联网汽车之间提供超安全的网络连接。二是人工智能方面。美国白宫发布《人工智能应用监管指南备忘录（草案）》，强调注重人工智能应用监管的原则性、注重非限制性监管，以及减少部署和使用人工智能过程中的障碍；加拿大隐私专员办公室（OPC）发布人工智能监管建议，呼吁通过立法扩大人工智能的优势，要求组织机构遵循特定理念来设计人工智能系统，以保护隐私和人权；澳大利亚启动"人工智能决策"第一轮计划，将建立一个专注于为国防和国家安全提供创新人工智能决策方案的国家社区。三是量子计算方面。美国国家安全局与美国陆军研究办公室建立量子联合实验室，广泛召集对实验室研究项目感兴趣的政府、行业及学术圈的合作伙伴，并推出培训等相关举措，以促进量子信息科学的发展及应用（如低温技术等）；英国和加拿大推进量子研究合作，两国分别拨款200万英镑和440万加元，将涵盖诸如卫星网络的量子通信、量子计算的先进制造和基于硅的量子计算机的开发研究等领域，以发挥互补优势，实现互利共赢；俄罗斯宣布建立国家量子实验室，联合大学、研究中心、金融机构和科技公司在量子计算领域的多方力量，拟在2024年底前完成量子计算机开发工作，创建拥有30～100量子比特的量子计算机，以及可能拥有数百个量子比特的通用计算机。

四、持续推进对超大互联网平台的治理与监管

一是加强对超大平台垄断及权力滥用的监管。欧盟宣布于12月发布《数字服务法》和《数字市场法》两项新法规，以强制科技公司的公平竞争，届时包括谷歌、亚马逊、苹果和脸谱网等在内的美国科技公司将必须解释其算法如何在拟议中的欧盟新规则下工作，并向监管机构和研究人员开放其广告数据；英国竞争与市场管理局（CMA）将下设一个专门的数字市场部门，该部门将根据新的法规来监管大型数字网络平台，使其提供的服务和数据更加透明化，消费者有权选择是否接收个性化广告，小企业也将公平地获得包括数字广告在

内的平台服务。二是加强对网络平台内容的治理。欧盟内政部长会议提出《在线恐怖内容管理条例法案》，旨在提升欧盟外部边界安全，控制网上极端主义信息内容；同时，欧盟还计划收紧其措施，打击网络极端主义，在《数字服务法》中，制裁网络非法内容的制度。西班牙政府发布《反虚假信息干预程序》文件，将以政治手段应对虚假信息传播，例如当虚假信息传播活动对竞选等造成持续性破坏时，将被提升到"政治战略层面"，由情报委员会或政府的危机内阁开展处置工作；当虚假信息传播活动可以归因于某个国家时，该委员会可以选择外交程序或向国际机构提出申诉；澳大利亚数字商业协会发布《虚假信息和新闻质量行业行为准则》征求意见稿，以打击虚假信息，准则列举了一些具体措施，包括开发投诉处理系统和流程、删除内容、标记或降级其排名，以及通知使用虚假信息内容的用户等。

2.12　12月全球网络安全和信息化动态综述

　　2020年12月，各国通过立法、设立新机构和行政监管等方式进一步加强了网络安全能力建设和对个人信息的保护力度。随着美国当选总统拜登上任，美西方国家宣扬重塑"美欧联盟"以共同应对中国，并通过发布研究报告，在网信领域抹黑中国。此外，全球各国正日益加强对超大互联网平台的监管。

一、全球关键基础设施供应链网络攻击事件频发

　　针对关键基础设施供应链的网络攻击事件呈现高发态势，美国"太阳风"（SolarWinds）网络事件为关键信息基础设施供应链安全问题敲响警钟。美国软件服务供应商SolarWinds公司基础设施管理平台（Orion）的发布环境遭黑客入侵，被篡改添加的后门代码随软件更新下发，攻击波及美国国防部、国务院、国土安全部、国家航空航天局、国家安全局、国家核安全管理局等政府部门，美国十大电信公司、发电厂、石油、天然气等关键基础设施，"世界500强"企业中的425家，以及全球数百所大学等。黑客利用Orion网络监控软件，通过秘密安插的后门取得企业和个人的敏感数据，以攫取"情报"。如瑞典政府和企业IT系统从3月起便因"太阳风"软件恶意代码遭受大规模的网络攻击。此外，英国能源供应商"人民能源"遭遇黑客入侵导致大规模数据泄露，包括

过往客户及 27 万名现有客户的信息在内的整个数据库均遭到泄露。

二、持续加强网络安全能力建设

一是加强供应商安全领域政策立法。美国 NIST 发布 4 份物联网设备网络安全指导文件，旨在为联邦机构和制造商提供物联网设备网络安全建议；英国政府公布 5G 供应链多元化战略，旨在减少对华为 5G 技术的依赖；德国内阁通过新 IT 安全法案，对供应商设置高要求；芬兰出台新电信安全法，规范 5G 设备供应商。二是设立新机构、新项目，以提升网络安全防护能力。欧盟公布新网络安全战略计划，建立"网络盾牌"和"联合网络机构"，提升整个欧盟的"抵御网络威胁的集体应变能力"；阿联酋政府将建立国家网络安全委员会，制定全面的网络安全策略；东盟与日本将协作开展网络安全能力建设项目，提高各国对网络事件的相应能力，从而更好地应对日益增长的网络攻击威胁。

三、加强数据治理工作，完善个人信息保护

各国持续完善和强化数据治理、个人信息保护和打击网络犯罪相关工作。一是制定、更新和完善个人数据保护法规政策。欧洲数据保护委员会发布《欧洲经济区个人数据出口建议》，向未对个人数据提供适当保护的国家出口个人数据提供指南；俄罗斯国家杜马修改《联邦个人数据法》，增加了个人被遗忘权，同时阐明了处理公共数据的条件；澳大利亚信息专员办公室提议以欧盟《通用数据保护条例》（GDPR）为蓝图，对澳大利亚 1988 年《隐私法》进行全面修改；新西兰发布新版本《隐私法》，以应对整体经济和社会的变化，并确保其适应技术的发展；日本个人信息保护委员会更新了与个人信息保护相关的法律施行规则，并就特定个人信息保护评价指南修订进行意见征询。二是通过建设系统、加强合作等方式，保护个人数据免受攻击。韩国建立网站账户信息泄露确认系统，以应对个人信息被非法传播；英国信息专员办公室与全球网络联盟（GCA）签署网络安全谅解备忘录，以保护个人数据免受攻击。

四、加强对超大互联网平台的监管

近年来，超大互联网平台对国家安全、经济发展和社会稳定的影响日益加深，12 月多国通过立法、行政手段加强监管。在立法层面，美国国会两党提出《2020 年拆分科技巨头法案》，拟废除《通信规范法》第 230 条保护互联网

服务提供商的法律豁免条款，加强对在线平台的监督管理；欧盟委员会推出
《数字服务法》和《数字市场法》，旨在迫使大型科技公司减少有害内容并开放
竞争，否则将面临巨额罚款；英国政府发布《在线危害法案》，对谷歌、脸谱
网、优兔网等网络平台提出了新的责任、义务和要求；韩国通过《电信业务
法》修正案，要求科技公司为网络服务稳定性担责。在行政监管层面，美国联
邦贸易委员会向 9 家社交媒体及视频流公司发布隐私保护命令，要求相关公司
就如何收集个人信息等近 50 项实质要求做出回应；欧盟制定搜索排名指南，
要求在线数字平台披露排名标准；英国竞争与市场管理局就英国数字市场新竞
争机制的设计和实施向政府提出建议，要求使用定制化规则监管科技公司。在
执法方面，美国联邦贸易委员会及 48 个州和地区对脸谱网提起反垄断诉讼，
指控其利用垄断地位抑制竞争威胁，要求脸谱网必须进行拆分；澳大利亚竞争
和消费者委员会就"未经许可收集用户数据"问题起诉脸谱网，并开出罚单；
德国联邦反垄断局就虚拟现实产品调查脸谱网；美国 30 个州起诉谷歌涉嫌滥
用搜索市场的优势地位；爱尔兰数据保护委员会根据欧盟 GDPR 对推特违规行
为罚款 45 万欧元；法国国家信息与自由委员会就未经同意在用户电脑上放置
广告 Cookie，对谷歌和亚马逊处以 1.35 亿欧元的罚款。

五、美西方智库机构鼓吹重塑"美欧联盟"以共同应对中国

部分西方国家的政府机构和智库继续渲染"中国威胁论"，鼓吹重塑"美
欧联盟"，企图联手在高新科技领域遏制中国。一方面，发布研究报告或警告
渲染"中国威胁论"，并提出遏制中国科技进步的途径。美国国土安全部就使
用中国公司提供的数据服务和设备事项向美国企业发出警告；美国对外关系委
员会刊文探讨美西方联盟对遏制中国科技进步的最佳途径；美国智库大西洋理
事会发布《2021 年全球战略：中国的盟国战略》报告，为遏制中国的发展提
供战略框架和实施计划；欧盟委员会发布《欧盟－美国全球变革新议程》，旨
在振兴跨大西洋伙伴关系，以共同应对中国；"欧洲与跨大西洋关系"项目组
和德国对外关系委员会发布《共同强大：振兴跨大西洋力量的战略》，提出一
整套"跨大西洋行动计划"，以共同应对中国在网信等领域的发展。另一方面，
加强分析评估中国 ICT 领域全球发展情况。美国对外关系委员会刊文评估中国
"数字丝绸之路"；美国美中经济安全审查委员会发布《2020 年度报告》，关注
中国"数字一带一路"在非洲的发展等情况；美国智库兰德公司发布《中国

21世纪的创新倾向：确定未来成果的指标》报告，筛选出反映中国未来创新倾向的指标。

六、积极推进新技术、新应用的部署实施和风险评估

各国积极推进新技术部署及其与产业融合的进程，同时也加紧对新技术、新应用进行风险评估和相应监管。一是5G方面，美国政府问责局发布5G技术评估报告，详细列出了解决每个潜在5G风险领域的政策选项；欧洲网络与信息安全局（ENISA）更新其《5G网络威胁态势报告》，加入新的5G安全体系架构、5G资产及其面临的风险等内容；印度电信部成立了8个工作组，为农业、金融科技、交通和教育等不同领域部署5G网络制定路线图。二是人工智能方面，美国时任总统特朗普签署一项行政命令，旨在指导联邦机构采用AI，指示联邦机构在设计、研发、获取和使用AI时应遵循9项原则；欧盟发布1.5亿欧元融资计划支持人工智能企业发展；德国联邦经济事务和能源部、标准化研究所和电工电子与信息技术标准化委员会共同制定AI规范和标准路线图，概述了AI领域的现状、要求和挑战；以色列将启动一个为期5年的国家人工智能计划，预算为50亿以色列新谢克尔。三是区块链方面，西班牙数据保护局公布了一份区块链在数据保护方面基本概念的指南，指南概述了区块链的主要元素和数据保护策略；新加坡国家研究基金会、新加坡国际企业发展局和资讯通信媒体发展局发起一项1200万新元的"新加坡区块链创新计划"项目，以进一步加强该国的区块链生态系统建设。四是物联网方面，印度电信推出了一项基于卫星的物联网设备服务，旨在实现各个部门的数字化转型。该服务将连接印度电信的卫星地面基础设施，并广泛覆盖印度，包括该国管辖范围内的海域。

第 3 章

2020 年相关国家及地区重要
战略立法评述

3.1 美国《确保美国5G技术的安全和弹性》

3.2 美国《关键与新兴技术国家战略》

3.3 美国"量子互联网国家战略"

3.4 英国《国家数据战略》

3.5 梵蒂冈《人工智能伦理罗马倡议》

3.6 欧盟《人工智能白皮书》

3.7 欧盟《欧洲数据战略》《塑造欧洲的数字未来》等
     战略文件

3.8 欧盟发布《数据监管战略》

3.9 欧盟新版《欧盟安全联盟战略2020—2025》

3.10 欧盟《欧盟数字十年的网络安全战略》

3.1　美国《确保美国 5G 技术的安全和弹性》

2020 年 8 月 24 日，美国国土安全部网络安全与基础设施安全局（CISA）发布《确保美国 5G 技术的安全和弹性》（以下简称《CISA 5G 战略》）。该战略文件旨在推进安全和弹性 5G 基础设施的开发和部署。

一、出台背景

美国加快推进 5G 建设。美国近年来加快了引进 5G 技术的步伐。2019 年美国联邦通信委员会（FCC）开始推行 5G 加速发展计划，包括更新基础设施政策，加快对小型蜂窝网络的审查，并鼓励私营企业投资 5G 网络；更新过时的法规，以促进 5G 网络的有线骨干网的建设。2020 年美国希望拿出军队部分频段进行拍卖，以推进本土 5G 商业化。转移频段实属罕见，此波段有更快的网速和更大的容量，可见美国意图快速赶超 5G 技术的决心。2020 年 3 月 23 日，美国时任总统特朗普签署了《5G 安全和超越法案 2020》。根据该法案，白宫于当天发布了《美国 5G 安全国家战略》，提出美国保护国内外 5G 基础设施的框架，阐明美国的 5G 发展愿景：与美国最紧密的合作伙伴和盟国密切合作，领导全球安全可靠的 5G 通信基础设施开发、部署和管理。《美国 5G 安全国家战略》提出四大举措：一是加快推进美国的 5G 网络建设；二是评估风险并确定 5G 基础架构的核心安全原则；三是管控使用 5G 基础设施带来的经济与国家安全风险；四是促进负责任的全球 5G 基础设施开发和部署。《CISA 5G 战略》继承了《美国 5G 安全国家战略》的战略意图和主要举措，是美国实现其 5G 发展愿景的重要行动计划。

二、主要内容

《CISA 5G战略》旨在通过5项战略举措促进有利于维护美国安全和有弹性的5G基础架构的开发和部署，并确定了三大核心能力——风险管理、利益相关者参与和技术援助，指导CISA制定相关的政策、法律、安全和安全框架，以充分利用5G技术，同时管理其重大风险。

（一）举措一：与可信的合作伙伴制定技术标准和安全政策

通过强调安全性和弹性来支持5G政策和标准的开发。该举措旨在实现如下目标：一是扩大并协调政府和行业5G工作组和标准机构会议的参与；二是与值得信赖的市场领导者合作，以增加5G标准贡献；三是支持国际5G安全和弹性政策框架的开发工作。战略指出，对抗性国家正在大力发展技术标准，并用这些标准生产大量不可信的技术和设备。基于此，美国应积极参与5G技术标准制定，与相关企业和国际电信联盟、电气与电子工程师协会、电信行业解决方案联盟等组织一起制定5G技术标准；与盟国制定促进5G系统和网络安全性的政策，确保美国及其盟国之间的互操作和安全通信；继续与国际合作伙伴合作，交流使用不可信5G组件和供应商的潜在影响和风险。

（二）举措二：增强对5G供应链风险的态势感知并采取安全措施

该举措旨在实现如下目标：①与联邦政府内部的信息和通信技术（ICT）供应链合作，以统一5G供应链风险管理工作流程；②建立通用框架以评估，确定优先级，并传达5G供应链风险；③创建定制的宣传材料，以促进供应链风险管理策略。具体措施包括：一是加强供应链风险管理，统一联邦政府内部各部门对5G供应链风险管理的工作流程；二是建立评估、沟通5G供应链风险的通用框架，以确定并共享相关信息；三是开发相应的风险评估产品，以识别各关键基础设施领域的特定供应链风险。

（三）举措三：加强与利益相关者合作，以保护现有基础架构

该举措旨在实现如下目标：一是与国家实验室和技术中心合作，以评估现有的关键5G组件，并确定安全漏洞；二是直接参与，以促进关键基础设施部门和SLTT社区中5G部署的安全性和弹性；三是整个联邦政府进行协调，以与国际合作伙伴互动，并推广5G部署最佳实践。战略指出，美国5G网络的第一次迭代部署将与现有的4G LTE基础设施和核心网络一起工作，5G的规范和协议源于以前的网络，应注意防范遗留的漏洞。战略提出两点建议：一是与国家实验室和技术中心合作，建立测试项目，解决与 5G 手机、无线电接入网络和其他 5G 组件相关的 5G 安全和脆弱性问题；二是与盟友合作，共享信息，并推广 5G 网络部署的最佳实践案例，以确保盟友间的通信安全和互操作性。

（四）举措四：鼓励 5G 市场创新，培育可信赖的 5G 供应商

该举措旨在实现如下目标：一是与联邦机构间合作伙伴合作，建立专注于新兴 5G 技术和功能的研发项目；二是分析并报告不受信任的 5G 组件供应商的长期风险；三是与美国政府奖励竞赛计划的合作伙伴，以影响和应对 5G 创新挑战。战略指出，美国未主导 5G 市场，且 5G 市场面临被其他国家垄断的风险。因此，CISA 需要与联邦机构间的合作伙伴合作，建立专注于 5G 技术和功能的研发项目；与美国政府有奖竞赛和国土安全部"创新挑战计划"合作，以鼓励技术创新，培育可信赖的 5G 供应商。此外，为了防止美国及其盟友购买不可信的设备，CISA 将分析来自 5G 供应商的组件，并报告影响通信安全和信息共享能力的长期风险。

（五）举措五：明确并共享 5G 技术在新应用场景下的新漏洞和风险

该举措旨在实现如下目标：一是在真实和模拟环境中识别，确定优先级，并评估潜在的 5G 用例；二是利用 5G 用例评估的结果，开发并提供 5G 技术援助产品，包括培训、工具和现场协助，满足利益相关者的特定需求；三是 5G 网络将实现数十亿物联网设备的扩展，从而支持工业控制系统、智慧城市、卫生健康等行业的发展。战略指出，5G 技术将应用到各个领域，连接数十亿台设备与机器，将带来更多未知的潜在风险。因此，CISA 将在真实和模拟环境中识别和确定相关风险，定制开发 5G 技术援助产品，为各行业提供包含培训、工具在内的技术援助服务，帮助行业与用户清晰地理解和管理新漏洞和风险。

3.2　美国《关键与新兴技术国家战略》

2020 年 10 月 15 日，美国白宫发布《关键与新兴技术国家战略》（以下简称《战略》）。《战略》详细介绍了美国为保持全球领导力而强调发展"关键与新兴技术"，并提出两大战略支柱，明确了包含 20 项关键与新兴技术的清单，概述了如何促进和保护美国在人工智能、能源、量子信息科学、通信和网络技术、半导体、军事和空间技术等领域的领先地位。

一、《战略》的主要内容

（一）《战略》的三大方式和两大支柱

该战略文件主要在于促进国家安全的创新基础，以及保护美国的技术优势，总体战略强调：技术战略与国家战略相统一。《战略》明确美国要成为关键和新兴技术的世界领导者，成为技术领导者，构建技术同行，实现技术风险管理。其中包含三大方式和两大成功支柱：三大方式分别是保持技术领导地位、技术伙伴长期合作、技术风险管理；两大成功支柱分别是推进国家安全创新基地建设（实行13项"优先行动"，包括加强科学、技术、工程和数学（STEM）教育投资、简政放权、产学研合作、与盟国建立合作伙伴关系等）、保护技术优势。

（二）推进美国国家安全创新基地^①建设

《战略》呼吁美国促进和保护国家安全创新基地建设，并建议美国联邦、州和地方政府采取以下优先行动来推进国家安全创新基地建设：一是培养世界上最高质量的科学技术劳动力；二是吸引并留住发明家和创新者；三是利用私人资本和专业知识进行建设和创新；四是迅速推动发明和创新；五是减少抑制创新和行业增长的烦琐法规、政策和官僚程序；六是引领反映民主价值观和利益的全球技术规范、标准和治理模式的发展；七是支持发展一个强大的国家安全创新基地，包括支持学术机构与实验室的研发工作，支持基础设施建设，支持风险投资、企业和工业发展；八是提高技术研发在美国政府预算中的优先地位；九是在政府内部开发和采用先进的技术应用；十是鼓励公私伙伴关系；十一是与志同道合的盟友和伙伴建立牢固而持久的技术伙伴关系，促进民主价值观和原则；十二是与私营部门一起创造积极的信息，以提高公众对社区和社区教育的接受度。

（三）保护美国及其盟友、合作伙伴的技术优势

《战略》提出，保护美国的技术优势需要公司、行业、大学和政府机构之间的国内与国际合作。《战略》建议采取以下优先行动来保护美国的技术优势：一是确保竞争对手不使用非法手段获取美国知识产权和研究成果；二是在技术

---

① 国家安全创新基地被定义为"美国的知识、能力和人员网络"，主体包括学术界、国家实验室和私营部门，主要作用是将想法转化为创新，将发现转化为成功的商业产品和公司，并保护和改善美国的生活方式。

开发阶段要求安全设计，并与盟友和合作伙伴一起采取类似的行动；三是通过增强学术机构、实验室和行业的研究安全性，同时平衡外国研究人员的贡献，保护研发企业的诚信；四是确保在出口法律法规和多边出口制度下，合理控制关键与新兴技术的相关方面；五是让盟友和合作伙伴参考美国外国投资委员会（CFIUS）相关做法制定自己的流程；六是与私营部门合作，让其在关键与新兴技术发展战略中获益；七是评估全球科技政策、能力和趋势及其对美国的影响；八是确保安全的供应链，并鼓励盟友和合作伙伴采取同样举措；九是向主要利益相关方传达保护技术优势的重要性，并尽可能提供实际帮助。

二、《战略》要点分析

（一）重新界定"关键和新兴技术"的范围

《战略》提出的关键和新兴技术范围共涉及 20 个领域。该名单将通过由国家安全委员会工作人员协调的机构间进程每年进行审查和更新，这 20 个领域包括：高级计算、先进常规武器技术、高级工程材料、先进制造、高级传感、航空发动机技术、农业技术、人工智能、自主系统、生物技术、化学/生物/放射/核（CBRN）减缓技术、通信和网络技术、数据科学与存储、分布式分类技术、能源技术、人机界面、医疗和公共卫生技术、量子信息科学、半导体和微电子学、空间技术。白宫声明称，美国政府已将人工智能、能源技术、量子信息科学、通信和网络技术、空间技术以及半导体和微电子学确定为优先领域。

（二）《战略》明确将俄罗斯和中国列为战略竞争对手

美国白宫发表声明称："由于我们的竞争者和对手在这些领域调动了大量资源，美国在科学和技术方面的主导地位现在比以往任何时候都更加重要，这对我们的长期经济和国家安全至关重要。美国不会对中国和俄罗斯等国家的策略视而不见。"

3.3 美国"量子互联网国家战略"

2020 年，美国通过出台战略文件和推进产学合作加紧谋划发展量子互联网，提出"两大目标"战略远景和"五个步骤"战略蓝图，在量子学科建设、人才培养、技术研发及产业转化等方面积极布局，旨在争夺量子信息领域世界领导地位。具体情况如下。

一、美国实施"量子互联网国家战略"

（一）战略意图：实施国家战略，确保领先地位

2016 年 7 月以来，美国国家科学技术委员会发布《发展量子信息科学：国家的挑战与机遇》《量子信息科学国家战略概述》等战略文件，强调发展量子信息科学的重要性。2018 年 12 月，美国时任总统特朗普签署《国家量子计划法案》，为美国加速量子科技的研发与应用、夺取战略性领先优势提供了立法保障。随后又陆续出台《美国量子网络战略愿景》等一系列文件，明确指出把确保其在量子科技领域的领先地位作为一项重要的国家战略。2020 年 9 月，美国国家实验室核心小组向众议院科学、空间和技术委员会提交了《量子网络基础设施法案》，要求建立由能源部牵头的"量子网络基础设施研究、开发和示范计划"。

（二）战略构想：提出两大目标，聚焦 6 个领域

2020 年 2 月，美国白宫科技政策办公室下属的国家量子协调办公室发布《美国量子网络战略愿景》（以下简称《战略愿景》），提出美国将开辟"世界首个量子互联网"，确立两大发展目标：短期（5 年）目标为美国公司和实验室将展示使量子网络成为可能的基础科学和关键技术；远期（20 年）目标为利用网络化量子设备解决传统技术"无法实现"的新功能。《战略愿景》聚焦和研究 6 个具体技术领域，包括关键部件技术和平台开发、将量子源和信号从光学和电信领域转移到量子计算机相关领域、量子纠缠[2]和超纠缠态[3]的产生、开发量子存储器和小规模量子计算机、探索用于小规模和大规模量子处理器之间远程纠缠的新算法和应用、探索用于地面和天基纠缠分布的技术。

（三）发展规划：优先四大方向，实施 5 个步骤

2020 年 7 月，美国能源部发布《美国能源部量子互联网蓝图工作组报告：从远距离纠缠到国家量子互联网建设》（以下简称"战略蓝图规划"），提出计划在 10 年内完成的量子互联网发展"战略蓝图"，并确定四大优先研究方向：

---

[2]　量子纠缠：也称量子缠结，是一种量子力学现象，如相隔很远的两粒光子只有在测量的一瞬间才能同时确认彼此状态，在测量前处于概率未知状态。当前常用于秘钥验证。

[3]　超纠缠态：与量子纠缠具有两个自由度相比，超纠缠态具有更多的自由度，能够提高量子通信的容量和安全性。

为量子互联网提供基础性模型，整合多个量子网络设备，为量子纠缠创建中继、开关和路线，实现量子网络功能的纠错。"战略蓝图规划"提出"五步走"方案：一是"雏形演示"，即在现有光纤网络上验证安全量子协议；二是初步整合量子纠缠分发网络；三是运用纠缠交换实现城际量子通信；四是运用量子中继器实现州际量子纠缠分发，实现经典网络和量子网络技术相互融合；五是建立实验室、学术界和产业界之间的多方生态系统，从演示向运行过渡。

（四）发展现状：进入过渡阶段，开展网络测试

对照美国"战略蓝图规划"的"五步走"步骤，2020 年美国已进入第二步与第三步的同步探索阶段。2020 年 5 月，隶属于美国能源部的两个国家实验室通过在城市变电站中安置可信节点，实现了电网中 3 个量子密钥分发系统的中继，初步完成第一步的"雏形演示"。处于第二阶段的是 2020 年 4 月美国能源部赞助启动的伊利诺伊快线量子网络，站点包括西北大学、费米实验室和阿贡国家实验室。美国也已经着手启动第三阶段的探索，纽约长岛地区的纽约州立大学石溪分校和布鲁克海文国家实验室计划将量子网络延伸到曼哈顿地区，建成后其将是世界上第一个量子中继网络。

二、美国发展量子互联网的具体举措

（一）投入资金"大力"支持

2018 年 9 月发布《量子信息科学国家战略概述》的当天，美国能源部即宣布投资 2.18 亿美元用于奖励在量子信息科学这一重要新兴领域的研究。2018 年 12 月正式开始实施的《国家量子计划法案》确定从 2019 年到 2023 年首个 5 年间在量子研究上投入 12.75 亿美元。2020 年，美国能源部官员表示，政府每年在量子信息技术方面投入约 5 亿至 7 亿美元，其中相当一部分资金用于量子互联网建设。美国 2021 年预算提案对量子互联网的投资将大幅增长至 8.6 亿美元。

（二）动员社会"全力"协作

美国积极促进工业界、学术界和政府共同组建美国量子联盟与联合研究中心，以加强技术交流和研讨，共同确定量子信息科学未来发展中的关键问题和重大挑战，同时为公共和民间资金投资提供平台，并简化技术转让机制，推进技术成果转化。2020 年 9 月，美国空军研究实验室、纽约州罗马市政府、格里菲斯研究所、纽约州立大学合作成立量子研究与开发创新推进中心，以发展量子创新生态系统。

（三）培养人才"努力"储备

美国认为其当前量子人才储备无法满足未来产业发展的需求，培养具备物理、信息和工程科学等跨学科专业知识的人才对于量子信息科学的发展至关重要。一方面，积极鼓励工业界和学术界创建跨行业、跨学科的多元化人才培养战略，不断满足国家对量子信息科学发展的需求；另一方面，完善并强化量子信息科学人才发展计划，具体举措包括设立研究生奖学金项目，鼓励高校将量子科学与工程设为未来重点学科，并在中小学阶段开始提供相关教育，通过多种途径普及量子信息科学知识。2020年8月，美国国家科学基金会与白宫科技政策办公室公布"促进K-12④发展量子教育"计划，拟扩大参与量子职业领域的学生范围。

（四）倾向盟友"合力"研发

美国注重量子研究的"国际合作"，将中国视为量子技术领域的强劲对手，与包括"五眼联盟"国家在内的盟国进行量子信息技术合作的进程逐渐加快，其针对中国的指向性亦日益明显，力求对中国进行技术"封锁"及"脱钩"。2019年7月，美国谷歌公司与负责研发量子计算机的德国于利希研究中心在量子计算领域建立伙伴关系。同年9月，美国IBM公司宣布与德国弗劳恩霍夫协会建立伙伴关系，联合研发量子计算机。12月，美日欧政府官员宣布将在量子技术开发方面加强合作，随后美国和日本签署了《关于量子合作的东京声明》，通过"日本–IBM量子伙伴关系"框架，将美日量子合作推向产学研全面合作的层级。

三、对互联网产业及信息安全的影响

（一）作为新一代信息技术，量子信息技术或成为下一代颠覆性技术

量子计算将成为第四次工业革命的引擎，率先掌握量子计算技术的国家和企业将获得全方位的战略优势。与此同时，量子技术也将对互联网产业和信息安全产生正负面的影响。

（二）量子信息技术将提升互联网安全性，推动互联网产业跳跃式发展

一方面，量子通信具有时效性强、抗干扰性好、无污染、安全性和保密性高等特点，可在很大程度上消除传统互联网的安全隐患，全面提升信息安全水平；

---

④　K-12教育是美国基础教育的统称。其中"K"代表幼儿园，"12"代表12年级，相当于我国的高三。

另一方面，量子科技与计算和传感测量等信息学科相融合，将形成全新的量子信息技术领域，极大地改变和提升人类获取、传输和处理信息的方式和能力。

3.4 英国《国家数据战略》

2020 年 9 月 9 日，英国数字、文化、媒体和体育部发布《国家数据战略》（以下简称《战略》），《战略》着眼于如何利用英国的现有优势来促进政府、企业、公民社会和个人之间更好地使用数据，以利用"数据的力量"来促进经济复苏。

一、《战略》主要内容

（一）以"四大支柱"促进数据的开发与利用

一是提高数据质量。主要举措包括：与利益相关者紧密合作，解决数据标准化和互操作性问题；启动建立数据共享法律解释专家团队、数据成熟度模型和数据管理社区的工作计划；开发政府集成数据平台，创建数据审核清单。二是提升数据技能。主要举措包括：发布明确区分数据技能、数字技能和人工智能技能的工作技能定义；为教育系统提供多层级数据技能课程，为中小企业提供在线数据技能培训；在公共部门招聘具有数字技能的管理人员、培训数据技能和设计数据专业。三是优化数据环境。主要举措包括：建立跨部门数据工作组，以协调和支持各领域的数据互用；确定一个明晰的数字市场监管框架，以明确政府角色；审查和升级监测网络危害的数据基础设施；通过寻求与贸易伙伴的协议规定，消除"数据本地化"等不必要障碍。四是推动安全可靠地使用数据。主要举措包括：探索有效的机制和隐私增强技术，以提高公共部门算法使用透明度和消费者信任度；利用"人工智能全球合作伙伴关系"人工智能和数据治理工作组的联合主席国职位，推动公平、透明和信任的人工智能发展；在更广泛的公共部门中使用数据道德框架，并发布《绿色政府：信息通信技术与数字服务战略（2020—2025）》文件和制定《数据可持续性宪章》。

（二）明确政府的"五大优先任务"

一是全面释放经济领域的数据价值。制定一个更明确的数据使用环境政策框架，以通过高质量的数据使用支持经济增长和创新。二是建立促进增长和可信赖的数据机制。将与欧盟及全球合作伙伴、监管机构和企业组织合作磋商，寻求国际数据自由流通的"充分性认定"，并制定安全实用的指南和共同监管工具。三是转变政府的数据使用方式，以改善公共服务效率，包括制定数据标准战略、发展中央和地方政府的数据科学能力、加强政府审查和问责制等。四是确保数据基础设施的安全性和弹性。政府将根据数字市场新趋势确定风险的规模、性质以及适当的应对措施。五是倡导国际数据流通。在国际规则制定时，努力消除不必要的数据跨境流通障碍；在全球范围内推动公开、透明和创新的英国数据价值观发展。此外，《战略》还针对"五大优先行动领域"，在跨政府使用和复用数据、推动公共部门的数据技能、推动安全可靠地使用数据等方面，制定了针对性的具体政策。

二、《战略》出台背景

近年来，大力推动经济数字化转型、加快数字化发展、建设数字经济已经成为全球共识。以美欧为代表的国家和地区纷纷启动以数据为核心的数字化战略，旨在提升国家数字化竞争优势，建设高效、透明和负责任的政府。英国同全球其他发达经济体一样，对数据战略具有现实需求，特别是面对新冠肺炎疫情和"脱欧"两大挑战，通过数字战略寻找新的经济增长点和国际影响力显得尤为迫切。

（一）英国谋求数字应用大国的目标没有变，是其应对数字经济新时代的机遇和挑战的必然举措

英国是领先的数字化国家，具有全欧洲最大的数据市场。2019年度，科技的飞速发展使得英国获得了欧洲科技投资的33%，在全球范围内仅次于美国和中国。近5年，全球科学技术发生了巨大变化，各国政府均加强科技发展，以应对新挑战；面对数字经济新时代的机遇和挑战，英国需要一项新的国家数据战略，在数据利用和风险防范之间取得平衡，推动英国经济复苏。

（二）疫情后英国国内经济衰退严重，经济危机压力剧增，亟须利用数据要素激活国内创新动力，转变经济发展模式，刺激经济复苏

2020年以来，新冠肺炎疫情对英国原本伤痕累累的经济造成了重创。统计数据显示，英国4月GDP环比暴跌20%，随后有所缓解，5月增长了2.4%，6月增长了8.7%，但英国经济第二季度跌幅创下历史纪录，环比大跌20.4%，同比暴跌 21.7%，是全球主要经济体中表现最差的国家。7 月 GDP 虽然环比增长 6.6%，但英国经济增速已较前一个月有所放缓。同时，英国财政大臣苏纳克决定不延长工作保留计划，10 月底到期后失业率急剧上升，第三季度经济增幅更加承压。此外，欧洲新增病例超过美国，欧洲再度成为全球疫情热点地区，英国感染人数也再度飙升，英国经济还将持续面临疫情考验。不少分析人士预测，新冠肺炎感染率上升、疫情管控再度趋严以及就业支持计划结束，英国远远没有走出困境。

三、《战略》要点分析

（一）重点关注英国致力于成为"数字世界领导者"的雄心

《战略》不但注重通过政策举措释放国内数据价值，还重视通过积极参与消除国际数据流通障碍等举措，以推动国际数据自由流通，并在全球范围内推动公开、透明和创新的英国数据价值观发展，凸显英国谋求在全球数据治理领域提升自身影响力、成为"数字世界领导者"的雄心。

（二）重点关注英国推动禁止数据本地化的跨境数据流动主张

《战略》指出，英国将寻求与贸易伙伴的协议规定，并做出具体承诺，以防止使用不合理的数据本地化措施。这表明英国对于数字主权的不同主张，其与贸易伙伴的数据协议谈判或将对全球数据治理产生实质性的影响。9 月 11 日，英国与日本签署的包括禁止数据本地化的《英日全面经济伙伴关系协定》佐证了这一判断。

（三）重点关注英国欲借"人工智能全球合作伙伴关系"主导人工智能治理规则

《战略》多次强调，要利用英国作为"人工智能全球合作伙伴关系"人工智能和数据治理工作组的联合主席国地位，推动在数据访问与共享、算法透明度等方面的议程进程。

3.5 梵蒂冈《人工智能伦理罗马倡议》

2020 年 2 月 28 日，梵蒂冈公布了促进人工智能合理使用的《人工智能伦理罗马倡议》（以下简称《倡议》），呼吁对人工智能的发展制定严格的道德标准。《倡议》由梵蒂冈教皇生命学院发起，第一批签署者包括微软、IBM、联合国粮农组织和意大利创新部。该倡议概述了人工智能发展所要遵循的伦理规范，重点阐述使用与设计人工智能应遵循的六大原则。相关内容综述如下。

一、《倡议》出台背景

《倡议》源于罗马教皇 2019 年对人工智能及其对社会的影响担忧。他称技术"既需要理论，也需要道德"。罗马教皇称，人工智能领域的显著发展优势对于所有人类活动都具有重大影响，并且不道德地使用人工智能技术可能会导致"回归到野蛮的原始状态"。他认为，不合理地运用人工智能能够损害公众的言论自由权、操纵数百万人观点，甚至威胁到那些促进和平的民间机构。因此，一直对人工智能的滥用及其对政治和社会紧张局势的影响持谨慎态度。遂梵蒂冈一年前开始制定"梵蒂冈人工智能计划"，关注人工智能对社会的影响程度。

二、《倡议》的主要内容

《倡议》分为介绍、伦理、教育和权利 4 个部分，旨在确保人工智能被合理地开发，服务和保护人类与环境，并支持以道德的方式对待人工智能，并增强组织的可塑造性，增强政府之间的责任感；推动数字创新和技术进步，营造人类思维方式和创造力的具体环境，而非人工智能逐步取代人类。

（一）介绍部分：人工智能必须为整个"人类大家庭"服务

《倡议》在介绍部分重点强调，人工智能正在影响人类的行为方式以及人们感知现实和人性本身的方式，以至于它们可以影响人们的心理和人际交往习惯。因此，必须按照确保新技术真正为整个"人类大家庭"服务的标准来研究和生产新技术，尊重每个成员和所有自然环境的固有尊严，并考虑到最脆弱者的需求。《倡议》还强调，人工智能的发展不应侧重于技术，而应着眼于人类和环境的利益……在未来，很明显，技术进步虽然承继了人类的文明光辉，但仍然取决于人类的道德完整性。

（二）伦理部分：人工智能系统应服务和保护人类及其生存环境

《倡议》的伦理部分重点阐述了应该生产和使用什么样的人工智能系统来服务和保护人类及其生存环境。其对人工智能系统提出 3 个具体要求：一是它必须包括每个人，且不歧视任何人；二是它必须具备人类内心的善良；三是它必须牢记生态系统的复杂现实，并以高度可持续的方式来照料和保护地球，在未来也确保粮食系统的可持续。此外，每个人都必须知道是不是正在和机器及人工智能对话和交互。《倡议》强调，基于人工智能的技术绝不能以任何方式利用人，尤其是弱势的群体。相反，必须使用它来帮助人们发展能力，并支持地球可持续。

（三）教育部分：人工智能教育必须"无人落伍"

《倡议》在教育部分阐明，通过人工智能的创新来改变世界，这项工作必须体现在对教育的承诺中，包括对老人和残疾人的教育与支持。因此，必须全面改革学校课程。《倡议》强调，我们未来的人工智能教育内容必须面向社会，是创造性、连接性、生产性、负责任的，以能够对年轻人的个人和社会生活产生积极影响的方式加以呈现，人工智能的社会和道德影响也必须是人工智能教育活动的核心，从而使人工智能教育"无人落伍"成为现实。

（四）权利部分：定义人工智能伦理性使用的 6 个原则

《倡议》的权利部分称，为了使人工智能成为造福人类和地球的工具，社会各界应在国家和国际层面上共同努力，以促进"算法伦理学"的发展，即以下原则所定义的对人工智能的伦理性使用。一是透明度，原则上人工智能系统必须是可解释的；二是包容性，必须考虑到全人类的需求，以便每个人都能受益，并为所有人提供表达和发展自己的最佳条件；三是责任感，设计和部署人工智能使用的人员必须承担责任，并保持透明；四是公正性，不以偏见创造或行事，从而维护公平和人的尊严；五是可靠性，人工智能系统必须能够可靠地工作；六是安全和隐私，人工智能系统必须安全运行，并尊重用户的隐私。此外，《倡议》还强调，为了开发和实施使人类和地球受益的人工智能系统，同时充当维护国际和平的工具，人工智能的发展必须与强大的数字安全措施齐头并进。

三、相关启示

人工智能伦理标准的制定是国家人工智能竞争的重要议题之一，关乎未来人工智能产业和智能社会的可持续发展。《倡议》的签署和正式发布对我国制定人工智能伦理标准有以下 3 点启示：一是人工智能伦理标准制定需考虑不同行业、年龄、民族甚至宗教的人群对人工智能的需求及建议；二是人工智能伦理标准需将未来的"全民人工智能教育"（包括人工智能伦理教育）要求纳入其中，以实现人类的可持续发展；三是人工智能伦理标准的制定应站在人类可持续发展与科技进步的视角，审视科技的发展对人类社会健康发展的伦理规范。

3.6 欧盟《人工智能白皮书》

2020 年 2 月 19 日，欧盟委员会发布了《人工智能白皮书——通往卓越和信任的欧洲路径》（以下简称《白皮书》），旨在打造以人为本的可信赖和安全的人工智能，确保欧洲成为数字化转型的全球领导者。《白皮书》阐释了欧盟发展人工智能的价值观，提出了较具体的目标和举措，可被视为欧盟近年来发展人工智能的顶层设计，其体现的欧盟发展人工智能的导向、可能引发的后续影响值得关注。

一、发布背景

（一）从全球整体层面看：直面中美人工智能领先态势，以标准制定寻找突破口

在创新方面，中美两国占主导地位。世界知识产权组织发布的数据显示，全球约有 45% 的人工智能相关专利申请来自美国，40% 来自中国。在公共研究领域，人工智能三分之二的顶尖大学和公共研究机构设在中国。在商业领域，中国信息通信研究院发布的《2019 年 Q1 全球人工智能产业数据报告》显示，截至 2019 年 3 月底，全球共有 5386 家活跃的人工智能企业，其中企业数量所在地前五名为美国（2169 家）、中国（1189 家）、英国（404 家）、加拿大和印度。全球 41 家人工智能独角兽企业中，中国有 17 家，美国有 18 家。综上可见，欧盟在人工智能方面的发展较中美两国有较大的差距。

（二）从欧盟区域层面看：现有乱象呼唤技术顶层设计，以更好地培植现有制度优势

一方面，欧盟人工智能发展存在落后、无序的问题。欧洲智库布鲁盖尔研究所称，只有 18% 的欧洲大型公司大规模使用了人工智能。伦敦风险投资公司 MMC 调查称，40% 被归类为人工智能公司的欧洲创业公司实际上并未以对其业务有实质意义的方式使用人工智能技术。另一方面，欧盟在人工智能方面也亟须摆脱"受制于人"的困境。尤其是英国"脱欧"后，欧盟严重缺乏数据科学家和程序员，并且很难保留现有的人才。随着人工智能应用的增长，依赖欧盟以外的生产和控制技术所带来的风险也会增加。因此，在当前的地缘政治

环境下，包括人工智能在内的供应链被经济脱钩破坏的风险对于欧盟来说已变得非常现实。

（三）从欧盟成员国层面看：成员国人工智能政策各异、规制空白多，亟待统一

作为政治、经济共同体，欧盟需要为其成员在政策制定上提供方向和指引。2010 年以来，欧盟把实现智能型增长作为其三大增长目标（智能型增长、可持续增长和包容性增长）之一。近几年，欧盟成员国纷纷加大推进人工智能发展的力度，出台相关战略。如法国、德国于 2018 年发布了人工智能国家战略，西班牙、荷兰于 2019 年公布人工智能战略发展战略和行动计划等。欧盟虽然先后发布《欧盟人工智能》报告、发布人工智能伦理准则、成立了欧盟人工智能高级别专家组，但尚缺乏统一的人工智能发展纲要。《白皮书》可以被看作对这一问题的回应。《白皮书》中明确提出，与成员国一起共同制定人工智能协调计划是一个良好的起点，有助于建立更加紧密的合作，发挥协同效应，实现人工智能投资价值的最大化。

二、主要内容概述

《白皮书》包括人工智能概述、利用工业和专业市场的优势、抓住下一波数据浪潮机遇、卓越生态系统、信任生态系统等内容。根据《白皮书》，在接下来的 5 年中，欧盟委员会将专注于数字化的 3 个关键目标：为人民服务的技术；公平竞争的经济；开放、民主和可持续的社会。主要包括以下内容。

（一）介绍相关概念、理念和目标，确立人工智能欧盟基本价值观

《白皮书》阐释了人工智能的概念和意义，进而阐述了欧洲需要利用产业和专业优势扩大自身在人工智能系统乃至整个价值链中的地位，通过发展关键数字技术抓住下一波数据浪潮机遇；强调了欧盟发展人工智能的理念，即"坚持以人为本、合乎道德、可持续发展、尊重基本权利和价值的发展方向"；提出相关路径："必须发展和增强必要的工业和技术能力""应当采取措施使欧洲成为全球数据中心"。

（二）聚焦研究投入和创新社群，建立"卓越生态系统"

《白皮书》认为，欧洲需要一个集聚研究、创新和专业知识的"灯塔型"中心，借此吸引最优秀的人才。因此将建立私营主体和监管机构合作的卓越和测试中心，从研发创新开始，建设正确的激励机制来加快包括中小企业在内的人工智能解决方案的应用。欧盟委员会将借助顶尖高等学府组成的"数字欧洲计划"网络，吸引最优秀的教授和科学家，并提供全球领先的人工智能课程。

（三）创建"可信任的生态系统"，赋予公众使用人工智能的信心

《白皮书》认为，欧洲的人工智能必须以欧洲的价值观和人类尊严及隐私保护等基本权利为基础，人工智能系统的影响不仅要从个人的角度来考虑，还要从整个社会的角度来考虑。要做到这一点，必须确保体系遵守欧盟的规则，包括保护基本权利和消费者权利，尤其是那些在欧盟运行的、风险较高的人工智能系统。这个政策为民众使用人工智能应用增添了信心，为企业和公共组织人工智能创新提供了法律保障。在此部分中，欧盟委员会再次强调了"以人为本"的理念。

（四）加强国际合作，破除国际壁垒

《白皮书》称，欧盟将密切关注其他国家限制数据流动的政策，并将在双边贸易谈判中通过世界贸易组织范围内的行动解决相关不适当的限制。欧盟确信，人工智能国际合作必须建立在尊重基本权利的基础上，包括人的尊严、多元化、包容性、非歧视、保护隐私和个人数据。负责任的人工智能也可以积极推动 2030 年可持续发展议程。

三、相关分析研判

（一）欧盟继续深化自己的人工智能价值观，产业国际政策分歧凸显

《白皮书》多次提到"价值观"，强调"以人为本""尊重基本权利"等。这是欧盟再次对其人工智能伦理的强调。近两年来，欧盟出台了多份报告和政策文件，密集阐明其"以人为本"的人工智能价值观，提出发展人工智能应当有益于个人和社会。可以看出，欧盟已经把人工智能价值观提到了战略的高度，希望在技术水平和市场发展水平占劣势的情况下，通过向国际社会输出价值观来引领人工智能的发展方向。这与占据技术高地的美国更多着力于技术发展和创新层面，较少谈论人工智能伦理问题，立法和监管也更为谨慎的做法是迥然不同的。

（二）欧盟从"裁判"到"选手"的转变将给全球人工智能发展格局带来变化

《白皮书》表明，欧盟不仅要做人工智能的"裁判"，也有志于成为"实力派选手"。由于缺乏与中美进行数字化角逐的实力，以往欧盟通过规则制定，利用"反垄断"等法律工具加大对科技公司在欧洲业务的监管，形成"硅谷发展互联网、欧盟监管互联网"的"分工格局"。然而，抓紧设计更有利于自身的游戏规则，使欧盟数字产业后来居上，才是欧盟监管机构的使命。《白皮书》将"卓越生态系统"和"信任生态系统"并重，明确指出坚持将政策鼓励框架和未来监管框架两大要素统筹考虑，同步推进；要求各国集中在欧洲有基础并有竞争潜力的领域集中推进人工智能的发展。

3.7　欧盟《欧洲数据战略》《塑造欧洲的数字未来》等战略文件

2020年上半年，欧盟密集出台《欧洲数据战略》《塑造欧洲的数字未来》等系列重要战略文件，提出创建"欧洲互联网"设想。这些战略文件本质上服务于欧洲新工业战略，旨在强化欧洲工业和战略自主权，表明了欧盟数字化转型战略的进一步成型，凸显了其追赶中美的急切心态和重夺"技术主权"的决心。相关情况综述如下。

一、政策文件的主要内容

（一）《欧洲数据战略》

《欧洲数据战略》全文包括背景介绍、关键点、愿景、问题、战略、国际路径、结论以及附录（欧洲战略部门和公共利益领域公共数据空间创建计划）8个部分。该战略的目标是确保欧盟成为数据驱动型社会的榜样和领导者，旨在使欧盟成为世界上最具吸引力、最安全、最具活力的数据经济体——为欧洲提供数据，以改善决策，改善所有公民的生活。该战略提出了实现这一目标所需的若干政策措施，包括利用私人和公共投资。欧盟将为数据创建一个单一市场，数据可以在欧盟内部流动，并遵守欧洲规则，特别是隐私和数据保护以及竞争法。欧盟将投资下一代标准、工具和基础架构，以存储和处理数据，通过欧盟统一数据空间将关键部门中的欧洲数据集中起来，并按照既定规则进行合理、透明和公平的使用，最大化发挥数据价值。

（二）《塑造欧洲的数字未来》

为了推动数字经济的发展，在数字领域中赶超中国和美国，欧盟委员会发布了新的数字战略——《塑造欧洲的数字未来》。欧盟委员会希望建立一个以数字解决方案为推动力的欧盟社会，为欧盟创造适当的条件，以发展和部署欧盟自己的关键能力，从而减少欧盟对关键技术的依赖，维护欧盟技术主权。推动欧盟数字化转型，使所有人都能从中受益，数字解决方案将以人为本，为企业开拓新机遇，促进可信技术的发展，促进社会开放和民主，创造充满活力和可持续的经济环境。接下来的 5 年中，欧盟将关注 3 个关键目标：为民众服务的技术、公平竞争的经济、开放民主和可持续的社会。

（三）《数字服务新动向》

应欧洲议会内部市场和消费者保护委员会（IMCO）的要求，德国咨询公司 Future Candy 为经济、科学和生活质量政策司撰写了名为《数字服务新动向：短期（2021 年）、中期（2025 年）和长期（2030 年）展望及对<数字服务法>的影响》（以下简称《数字服务新动向》）的政策文件，于 2020 年 5 月签发，6 月公布，呼吁建立"欧洲互联网"、云服务。文件提出建立欧洲单一市场的"欧洲云"和"欧洲互联网"，并建立"欧洲互联网防火墙"。文件称，应在 2025—2030 年间正式启动"欧洲互联网"，即要能像中国的"防火墙"一样，屏蔽来自第三方国家的非法服务，以促进欧洲基于数据和创新的数字生态系统、推动竞争和标准制定。这种欧洲防火墙 / 云 / 互联网的基础是民主价值观、透明度、竞争和数据保护。文件提出"有远见的沟通计划"，称有必要定期更新《数字服务法》的立法和框架，确保欧盟成为数字服务领域的领导者。与中国政府的 5 年计划类似，该计划将帮助制定议程和战略框架，向欧洲企业家、决策者和公民展示愿景。文件承认欧洲在新技术和数字服务领域较中国、美国有较明显的差距，呼吁有关部门采纳"行动建议"，以追平差距。

（四）"欧洲量子技术旗舰计划"《战略研究议程》

欧盟"欧洲量子技术旗舰计划"官网发布《战略研究议程》（SRA）报告。报告中表示，未来 3 年将推动建设欧洲范围的量子通信网络，完善和扩展现有数字基础设施，为未来的"量子互联网"愿景奠定基础。报告开篇指出，旗舰计划的长期愿景是实现量子互联网，该网络能够为欧洲数字基础设施提供安全保障。报告强调，欧洲必须在制定量子网络的标准方面发挥带头作用。为了实现这一目标，欧盟将推动量子通信与传统的网络基础设施和应用相结合，利用量子通信协议和具有可信节点的网络开发用于全球安全密钥分发的基于卫星的量子密码等。

二、政策文件要点分析

（一）集中展现了欧盟在数据和人工智能时代的新发展愿景

《欧洲数据战略》提出"到 2030 年，欧盟在全球数据经济中的市场份额（即在欧洲存储、处理和有效利用数据）至少与其经济实力相对应"；《数字服务新动向》提出"确保欧盟成为数字服务领域的领导者。"总体来说，欧盟希望自己在数字经济领域能成为与中美比肩的第三极。

（二）聚焦数据战略，提升数字竞争力，摆脱对美国的依赖

欧盟委员会公布的数据战略认为，当前少数几家领先的科技企业掌握了全球绝大部分数据。这种"数据垄断"不利于欧盟以数据为驱动力的相关领域创新与发展。为了提高竞争力，欧盟将建立真正的"欧洲数据空间"，推动欧盟单一数据市场发展，提高尚未被使用的数据的应用效率，为跨行业、跨地区数据自由流动创造条件。此次欧盟发布数字化战略，就是要加速追赶数字化时代的发展步伐，全面提升欧盟在数字经济领域的竞争力。此外，欧盟希望通过提升自身的数字竞争力，摆脱对美国技术企业的依赖，从而维护自身的"数字主权"。

（三）提出建立"欧洲互联网"

《数字服务新动向》提出建立欧洲单一市场的"欧洲云"和"欧洲互联网"，并建立"欧洲互联网防火墙"。文件称，应在 2025—2030 年间正式启动"欧洲互联网"，以促进欧洲基于数据和创新的数字生态系统、推动竞争和标准制定。

（四）文件凸显欧洲争夺全球互联网服务"技术主权"的决心

贯穿欧盟委员会发布的这几份重要的数字战略文件的一个核心概念就是，欧盟必须重新夺回自己的"技术主权"。欧盟的技术主权概念实际上在 3 个层面上展开：基础设施和工具、标准和法律规则，以及价值观和社会模式。欧盟希望通过在这 3 个方面实现最大程度的规制自主来实现"数字欧洲应该反映出欧洲最好的属性：开放、公平、多样化、民主和自信"这样的目标。在基础设施和工具方面，《欧洲数据战略》提出发展自己的云服务产业。在标准和法律规则方面，在《通用数据保护条例》（GDPR）成功经验的基础上，《欧洲数据战略》进一步提出了明确的立法计划。在价值观和社会模式方面，欧盟不仅希望继续持续监管包括数据处理和人工智能等在内的技术发展和应用，其还在

《人工智能白皮书》中进一步提出通过新的监管框架来增强人们对人工智能的信任。《数字服务新动向》也呼吁欧盟建立"欧洲互联网"，并制定标准，要求外国网络服务符合欧盟规则和标准，更是凸显了欧盟争夺全球"技术主权"的决心。

3.8　欧盟发布《数据监管战略》

2020年6月30日，欧洲数据保护监管局（EDPS）[5]发布《欧洲数据保护监管局战略计划（2020—2024）——塑造更安全的数字未来》（以下简称《数据监管战略》）。该战略旨在逐步完善当前欧洲数据保护规范，强化监督职责，应对新兴技术带来的数据保护挑战，塑造一个更安全、更公平、更可持续的数字欧洲。相关情况综述如下。

一、战略的主要内容

《数据监管战略》称，新冠肺炎疫情的暴发大大改变了欧洲数据保护监管局正在准备的战略和行动计划的客观环境。疫情下的隔离措施极大地加快了数字化转型的步伐，对数据和技术的日益依赖放大了数字生态系统的特点：市场力量的集中、信息不对称、虚假信息、数据泄露和平台支配能力。欧洲数据保护监管局强调，必须继续主张捍卫数据保护和隐私的基本权利，维护欧洲在数字世界的价值观。

（一）全球形势与挑战

该战略分两章。第一章《我们周围的世界》从全球竞争标准制定、广泛的监视、后疫情世界、主权4项内容概述当前数据保护面临的全球形势与挑战。一是提出数据保护大势所趋，强调欧洲应主导标准制定。《数据监管战略》称，未来5年可能是全球隐私和个人数据保护的转折点，新冠肺炎疫情强化了保护个人隐私的要求；未来10年，欧洲希望在工业数据方面发挥主导作用，同时重新设计现行的一些互联网协议和标准。二是分析数字技术的潜在威胁，认

---

[5]　欧洲数据保护监管局（EDPS）是欧盟内部的独立机构，根据欧洲议会与欧盟理事会决定于2004年设立，目标是确保欧盟机构与组织在处理个人数据和出台新政策时尊重个人隐私与加强数据保护。

为广泛应用导致"广泛监视"。《数据监管战略》列举了生物识别技术、人工智能、预测性警务和法律技术、增强/虚拟现实（AR/VR）、机器对机器（M2M）通信等新兴技术，称设备和数据的激增将引发无限的隐私和数据保护问题。三是注重数据监管，强调以"数字团结"保护弱势群体。该战略指出，数据收集增加不仅涉及患者或消费者，还涉及教育、工作和社会生活；强调"数字团结"概念，即"确保数据和技术适用于所有欧洲人，特别是最脆弱的人群"。四是再提"数字主权"，重申欧洲价值观与欧洲方式。战略称包括中国、俄罗斯和印度在内的多个国家已采取措施管控各自辖区内的基础设施和数据，制定本地数据存储规定，限制外国投资和收购本地企业，欧洲数据保护监管局对实现"数字主权"的政策计划"感兴趣"，希望将欧洲产生的数据转化为欧洲企业和个人的价值，并按照欧洲价值观进行处理。

（二）目标、行动与理念

第二章《战略支柱》以远见、行动、团结三大重点，以及智能、趋势、工具、一致性、公正、可持续六大关键词勾画未来4年的具体政策目标、行动、理念。

（1）远见

欧洲数据保护监管局致力于成为一家智能管理机构，以长远的眼光看待数据保护的趋势以及法律、社会和技术环境。一是完善机构职能，提升"智能"管理水平。包括总结新冠肺炎疫情期间欧盟机构采取的措施；设立网络培训项目；组织欧盟卫生机构以及国家相关组织密切关注流行病，并加强个人数据保护；建立研究访问学者计划，举办科研交流活动；出台覆盖全欧洲的数据保护和隐私判例法摘要；与国际组织保持信息和最佳实践的交流；组建多元化、跨学科的优秀团队等。二是研判全球趋势，应对新技术挑战。包括分析、研究技术进步带来的风险和机遇，持续关注匿名、加密和网络安全领域的技术更新；提供法律建议以及数据保护相关规则；要求欧盟机构在部署新技术时详细解释其影响与风险；向企业和民众发出隐私侵犯警告；重视发展电子卫生服务；与各利益相关者加强沟通，共同应对新冠肺炎疫情的最新进展以及数据保护问题等。

（2）行动

欧洲数据保护监管局将为欧盟机构和组织开发工具，促进欧盟内部各执行机构在数据保护方面的活动保持一致，以更有效地体现"真正的欧洲团结、共同承担和通用做法"。一是开发"工具",提供技术支撑。包括在联合抗疫中部署有效的监督机制;对技术和工具的运用建立强有力的监督、审计和评估机制;支持欧盟暂停在公共场所使用自动识别人类特征技术;减少对垄断性通信和软件服务供应商的依赖;呼吁欧盟机构及其他公共行政机构审核其对外的数码产品、软件、服务和技术合同,确保其符合欧盟数据保护法律的要求等。二是协调政策,推动内部"一致性"。包括确保《通用数据保护条例》《数据保护法执法指令》的一致应用和执行;密切监控欧洲刑警组织和涉及公民权利和自由的司法等领域的其他机构对数据分析和人工智能等新工具的使用;协助建立数字单一市场,并充分遵守欧盟隐私和数据保护规则以及竞争法;确保数据访问和使用的规则公平、实用和明确等。

（3）团结

共同的价值观、利益和目标是欧盟实施数据保护项目的核心。欧洲数据保护监管局致力于维护法治和民主。一是强调数据保护中的公正问题。包括强调隐私和数据保护是法治不可分割的一部分;倡导将数据保护和保护公民隐私等基本权利作为"欧洲未来大会"⑥的核心议题;支持将数据保护因素纳入《欧洲民主行动计划》;要求欧盟各机构遵从有关规定,保护弱势群体;与欧洲数据保护委员会、欧盟委员会等相关欧盟机构和组织合作,就具体案例开展数字监管机构之间的务实合作和联合执法等。二是提出数据保护"可持续"发展理念。包括强调数据处理和数据保护必须环保;鼓励全面长远地看待数据保护的未来;提倡远程办公;参与数据共享的讨论,提倡出台数据重新分配的政策,如通过匿名化的方式来对抗非法网络访问等。

二、战略特点及影响

该战略延续《欧洲数据战略》《塑造欧洲的数字未来》等欧盟系列政策文件精神,重申欧洲价值观,再次强调欧洲的"领导作用",追求欧盟对内"一致"与对外"自主可控"。说明欧洲依然高度警惕对外部垄断性供应商的依赖带来的风险,高度重视数据处理与应用的本地化。

该战略也体现出欧盟在规划未来数据保护与监管方面的新特点:一是高度重视新兴技术风险挑战。该战略大篇幅介绍对新兴技术的数据监管问题,表

---

⑥　"欧洲未来大会"是欧盟委员会与欧洲议会于2019年年底宣布的一项提案,旨在探讨欧盟的中长期发展前景,并提出政策机构改革建议。

明欧洲国家日益重视对新兴技术发展的长远规划，同时也说明欧盟在新技术部署的评估方面尤为谨慎，对新技术带来的不利影响十分重视。二是提前部署数据保护政策。该战略称，有关方面将继续探讨如何在促进公共利益的同时保护个人数据，并将推动新冠肺炎疫情防控期间欧盟机构相关紧急措施的后续处理，说明其在疫情冲击下对数据保护问题的高度重视。三是强调弱势群体保护与可持续发展。战略称："我们不保护数据，我们保护的是人"，要求欧盟各机构保护弱势群体，建议在《移民和庇护新公约》[⑦]中保障隐私与数据，推动欧洲委员会通过关于反对歧视的提案，提出数据处理与保护的环保问题等，说明欧盟在规划数据保护的过程中充分考虑了包容性与可持续发展。四是职能建设愈加完备。该战略从开发工具、建立机制、推动联合执法等多方面思考，提出多项举措，行动计划可操作性相对较强。可以预见，欧洲数据保护监管局在履行数据保护监管方面的职能将进一步扩大，欧盟在数据保护方面的架构体系正在逐步完善。

三、相关研判建议

如何在保护数据安全、规范数据流动与促进经济社会发展之间取得平衡成为当前各国网信领域发展与治理的重点，数据规则成为大国网络空间博弈的重中之重。《数据监管战略》是欧盟应对新冠肺炎疫情冲击与国际局势演变的政策回应，具有追求"自主可控"、寻求欧洲"领导作用"的特点。

同时，也可借鉴学习该战略在数据保护方面的一些具体经验和做法：一是加强对新型技术与应用的监管能力，持续关注技术更新，充分评估新兴技术与应用的影响，加快出台相关指导与规范；二是全面考量疫情时期以及后续的数据保护，做好政策调整与提前部署，平衡数据使用和隐私保护；三是关注数据保护中的弱势群体利益问题与可持续发展，将其纳入未来数字化发展规划，推动数字化发展的包容性与可持续性。

3.9 欧盟新版《欧盟安全联盟战略 2020—2025》

2020 年 7 月 24 日，欧盟委员会发布新版《欧盟安全联盟战略 2020—

---

⑦ 《移民和庇护新公约》是2020年1月欧盟委员会宣布启动的立法计划，旨在更新欧盟的移民与庇护政策。

2025》（以下简称《安全联盟战略》），全面分析了欧盟当前面临的安全形势，制定了4项战略优先事项，提出在未来5年内要开发的安全工具和出台的措施。根据《安全联盟战略》，欧盟将重点打击恐怖主义和有组织犯罪，预防和探测混合型威胁，提高关键基础设施的韧性，促进网络安全和相关技术研发。具体情况如下。

一、《安全联盟战略》的主要内容

（一）出台背景

近年来，欧盟不断出现新的、复杂的跨境、跨领域的安全威胁。面对日益恶化的安全形势，欧盟不得不加强各层次安全领域的合作。此前，欧盟已于2015年通过了《欧洲安全议程》，此次发布的《安全联盟战略》是对《欧洲安全议程》的进一步调整与更新。在欧盟内部，各种安全威胁开始呈现跨国的特点，各成员国之间有必要就处理各种纷繁复杂的网络安全事件进行沟通与协调，从而获得应对相关安全威胁的最有效途径。此外，新冠肺炎大流行也促进了该战略的出台。疫情期间大量欧洲民众被迫隔离家中，越来越多地借助互联网开展工作和学习，个人信息泄露、虚假信息传播、网络犯罪等安全隐患大大提升，这考验着欧洲保障关键基础设施安全、危机管理以及打击网络犯罪等方面的综合能力。

（二）《安全联盟战略》重点

《安全联盟战略》明确了4项优先行动：一是建立永不过时的安全环境，包括关键基础设施保护和弹性框架、网络安全、公共空间安全3个方面，提出基于物理空间和数字空间的基础设施安全新框架，以保障欧洲民众线上线下活动以及公共服务的安全；二是应对不断变化的威胁，包括网络犯罪、现代执法、网上非法信息、其他威胁4个方面，提出打击网络犯罪应成为欧盟安全战略沟通的重点，并把人工智能、大数据和高性能计算等纳入安全体系之中，以提高数字调查执法能力，综合应对数字时代的混合威胁；三是保护欧洲民众免受恐怖主义和有组织犯罪的袭击，提出综合运用网络技术及多种监管手段打击恐怖主义和有组织犯罪，促进欧盟各执法部门、机构之间的信息共享以及内外部合作；四是建立强大的欧洲安全生态系统，包括合作与信息交流、牢固的边境、加强研究与创新、提高技能与认识4个方面，提出要将面临安全威胁的政府部门、社群组织、私营企业、公民等利益相关方联系起来，形成联动的安全生态系统。

二、《安全联盟战略》的主要看点

（一）重视关键基础设施，尤其是数字基础设施的安全防御

《安全联盟战略》认为，关键基础设施既包括交通运输、能源电力、金融、卫生等传统意义上的物理基础设施，也包括互联网、信息系统、5G、量子通信等数字基础设施。随着网络和数字化的发展，数字基础设施越来越重要，基础设施部门之间的依赖性也越来越高，一个部门的中断会影响其他部门的运行。然而欧盟现有的关键基础设施保护和弹性框架未能及时跟上不断发展的风险。因此，欧盟强调一方面要通过完善立法框架，加强关键基础设施的保护；另一方面需要强化外资审查，对可能影响关键基础设施或关键技术的外国直接投资进行评估、约束。

（二）关注网络安全，打造多方协同共治格局

《安全联盟战略》认为，欧盟遭到网络攻击的数量持续增加。这些攻击比以往任何时候都更复杂，它们来自欧盟内外，瞄准云基础设施等主要的数字基础设施。因此，要集合欧盟成员国、机构、组织、行业、学术界和公民个人的力量，共同维护好网络安全，同时放眼全球，建立和维持强有力的国际伙伴关系，以应对全球性的网络攻击。

（三）打击网络犯罪，多措并举维护网络空间安全

《安全联盟战略》认为，在新冠肺炎疫情的冲击下，欧洲经济衰退加剧了欧盟内部的矛盾和冲突，导致网络犯罪上升，通过恶意软件或黑客技术窃取个人或商业数据进而造成财务或声誉损害的网络攻击活动数量在不断上升，身份盗用、隐私泄露等成为主要的问题。因此，《安全联盟战略》提出要依法对网络犯罪行为进行制裁，与欧洲刑警组织和欧盟网络安全委员会共同探讨建立与欧盟网络犯罪相关的快速警报系统的可行性，以确保网络犯罪激增时的信息共享和快速响应，同时建议以公约的形式推动有效的国际合作。

（四）关注网上非法信息，严厉打击网络恐怖主义、网络仇恨言论

《安全联盟战略》提出，为了使网上和现实环境的安全保持一致，欧盟需继续采取措施打击网上的非法信息，重点是打击网络恐怖主义和网络仇恨言论。欧盟将致力于尽快通过《关于防止恐怖主义内容在线传播的提案（2018）》的谈判，并确保其顺利执行；加强执法部门和私营部门合作以及国际合作，以有效遏制恐怖分子、暴力极端分子和犯罪分子滥用互联网的行径；防止和打击

网络仇恨言论的传播，迫使网络平台遵守欧盟《打击非法网络仇恨言论行为准则（2016）》、自愿承诺删除仇恨言论内容等规定，并进一步提高信息发布活动的透明度。

三、《战略》凸显欧盟网络安全治理新趋势

（一）理念系统化，更加强调不同形式安全之间的关联性

《安全联盟战略》将重点放在解决复杂的、日益增长的跨境、跨部门安全威胁上，这些威胁包括恐怖主义、网络犯罪、混合型威胁，以及疫情带来的持续影响。与以往相比，《安全联盟战略》更强调线上和线下、现实和虚拟、内部和外部安全性之间日益增加的关联性。同时，新的欧盟内部安全战略不是常规意义上的安全战略，它既有高层议题，又有政策细节，不仅提出了应对危机的举措，还制定了未来几年的指导方针。

（二）行动一致化，更加注重各成员国、各机构部门之间的协调合作

欧盟制定《安全联盟战略》的主要目的是进一步强化其成员国在处理跨国、跨境安全问题中的协调力度，从而更有效地应对网络攻击、恐怖主义、有组织犯罪等日益复杂的安全威胁。尽管欧盟在过去几年中整合了一系列安全数据库，执法部门可以更广泛地访问这些数据，但各成员国之间、部门和机构之间仍存在缺乏协调的问题，《安全联盟战略》在实施过程中将努力破除各方协调不足的问题。

（三）责任清晰化，更加明确各主体的网络安全责任和义务

《安全联盟战略》明确了欧盟促进内部安全应承担的责任，强调政府、执法部门、企业、社会组织、公民都有维护欧盟网络安全的义务。《安全联盟战略》提出，将加强对欧洲刑警组织的任务授权，进一步发展欧洲检察官组织，以便将司法和执法系统更好地联系起来；还将建立欧洲内部安全创新中心，培训民众应对网络犯罪的基本技能，并加强与外部伙伴的合作。

（四）发展一体化，更加重视推动欧盟形成单一的数字市场

《安全联盟战略》重视关键基础设施尤其是数字基础设施的安全防御，提出要强化外资审查，对可能影响关键基础设施或关键技术的外国直接投资进行评估、约束，必将对外来主体进入欧盟数字市场形成一定的制约，从而为欧盟保护内部数字经济发展、加快形成单一数字市场提供制度保障。《安全联盟战略》在提升内部安全环境的同时，也将为欧洲带来相对安全、稳定的数字环

境，为数据在欧盟各成员国之间的跨境自由流动打下基础。

3.10　欧盟《欧盟数字十年的网络安全战略》

2021 年 1 月，欧盟委员会和外交与安全政策联盟高级代表发布新的欧盟网络安全战略——《欧盟数字十年的网络安全战略》（以下简称《网络安全战略》），旨在加强欧盟对抗网络威胁的能力与增强集体防御的可靠性、构筑网络安全领导地位，引领和打造更安全的网络空间，为数字经济的发展保驾护航。

一、《网络安全战略》的主要内容

（一）出台背景

作为塑造欧洲的数字未来、欧洲复苏计划和欧盟安全联盟战略的关键组成部分，《网络安全战略》建立在欧盟此前实施的一系列立法、行动和倡议的基础上，表明了欧盟未来一段时间在数字经济发展和网络安全战略领域的基本思路，也将作为欧盟下一阶段长期预算（2021—2027 年）中的优先事项。

（二）主要内容

《网络安全战略》在维护全球开放互联网的同时，提出"全球化思维，欧洲化行动"的理念，阐述了欧盟将如何保护其人民、企业和机构免受网络威胁，在推进国际合作、确保互联网的全球性和开放性方面发挥领导作用。遵循先前战略取得的进展，《网络安全战略》从强化监管、促进投资、政策支持等方面提出 3 个重点行动方向。一是增强网络安全弹性、技术主权和领导力。根据《网络安全战略》，欧盟委员会将通过《网络与信息安全指令》（NIS）提案，改革网络和信息系统的安全规则，以增强关键公共和私营部门（如医院、电网、铁路等）以及关键基础设施和服务（如数据中心、公共管理机构、研究实验室、关键医疗设备和药品制造等）的网络弹性。《网络安全战略》提议在整个欧盟范围内建立一个由人工智能驱动的安全运营中心网络，构建欧盟"网络安全盾牌"；在数字创新中心下为中小企业提供专门支持；加大力度培养劳动力技能，吸引和留住最佳网络安全人才；对开放、有竞争力、卓越的研究和创新进行投资。二是强化网络安全风险预防、制止和应对的行动能力。欧盟委员会正与成员国一起成立新的"联合网络机构"，加强欧盟与成员国之间的合作，鼓励成员国充分利用永久性结构化合作机制和欧洲防务基金，助力构建欧盟网络防御建设；加强欧盟网络外交工具箱，以预防、遏制和有效应对恶意网络活动，特别是影响关键基础设施、供应链、民主机制和进程的活动。三是加强合作推进全球开放网络空间。欧盟将与国际伙伴加强合作，主张建立以规则为基础的全球秩序，以促进网络空间国际安全和稳定，保护网络人权和基本自由，最终达到推动反映欧盟核心价值观的国际规范和标准的目的。《网络安全战略》提出制定《欧盟外部网络能力建设议程》，通过加强网络外交工具箱、加大对第三国的网络能力建设的支持力度、加强与第三国（国际组织）以及多方利益相关者网络对话等方式，在全球范围内加强欧盟网络外交推广力度，以实现其在网络空间的愿景。

二、要点分析

在全球新冠肺炎疫情不断蔓延、全球数字浪潮风起云涌的背景下，欧盟不断强化网络安全战略，希望借此夯实其维护网络安全的"软实力"和"硬实力"。

（一）意图形成欧盟网络安全新格局，形成欧盟网络战略"新天地"

《欧盟数字十年的网络安全战略》是《塑造欧洲的数字未来》、欧盟委员会"欧洲复苏计划"、《欧盟安全联盟战略2020—2025》《欧盟外交与安全政策的全球战略》，以及欧洲理事会《2019—2024年战略议程》的关键组成部分。新的网络安全战略包含了对欧盟3个行动领域的监管、投资和政策倡议的具体建议，目的是建立一个具备坚固防护措施的全球性、开放性互联网，保护欧洲民众的安全以及基本权利和自由。战略对于欧盟保护其民众、企业和机构免受网络威胁、推进国际合作、确保互联网的全球性和开放性方面发挥领导作用具有重要的作用。这一战略的协调实施将有助于欧盟实现网络安全数字十年，实现安全联盟，并加强欧盟在全球的地位。

（二）欧盟缺乏对网络威胁的集体态势意识，制约着欧盟网络领域发展

目前，欧盟成员国之间只有有限的业务互助，在发生大规模跨境网络事件或网络危机时，成员国与欧盟各部门、机构和团体之间没有建立起协作机制。因此《网络安全战略》建议，有必要通过统一的、同质的规则来提高网络安全的整体水平。计划将在整个欧盟范围内，分阶段实现尽可能多的安全运营中心的互联，形成集体性知识，分享最佳做法。按照各自的职权，欧盟委员

会和高级代表将继续与成员国保持联系，确定切实可行的措施，以便在关键基础设施和内部市场弹性、司法和执法、网络外交和网络防御等 4 个欧盟网络安全共同体之间建立联系。可见欧盟在加强网络安全集体意识，夯实网络根基。

（三）加强欧盟网络投资，推动欧盟网络发展进程"良性发展"

实现网络安全与稳定需要资金建设。《网络安全战略》称，日益敌对的网络威胁形势和更为复杂的网络攻击发生率的增加促使需要增加投资，以达到高水平的网络成熟度。未来 7 年中，欧盟将对该战略给予大力支持，将对欧盟数字转型进行前所未有的投资，投资水平可能达到以前的 4 倍。《网络安全战略》称，在与利益相关者进行需求分析的基础上，在欧洲网络与信息安全局的支持下，承诺提供不低于 3 亿欧元的资金支持公私合作和跨境合作，在适当监管、数据共享和安全规定的基础上，建立国家网络、部门网络和中小企业网络。在新技术手段提升方面，有必要通过完善的资助机制提升 CERT-EU 机构的职责，以提高其帮助欧盟机构和组织实施新的网络安全规则、提高其网络弹性的能力。

（四）积极提升欧盟网络防御能力，加强硬实力锻造，深耕网络基础设施建设领域

《网络安全战略》称，建立欧洲网络防御系统，随着网络连接的扩大化和网络攻击的复杂化，信息共享和分析中心（包括部门一级）发挥着重要的作用，使多个利益相关方能够就网络威胁进行信息交换。除此之外，网络和计算机系统需要不断进行监视和分析，才能对入侵和异常情况进行实时检测。欧盟和成员国需根据《2016 年欧盟全球战略》提出欧盟标准，提高防范和应对网络威胁的能力。提升网络合作实力的"典范"。高级代表同委员会合作，将对网络防御政策框架进行审查，以进一步加强欧盟行动者之间以及与成员国之间的协调与合作，如在共同安全和防御政策任务和行动方面。欧洲防务机构正在建立的军事证书网络将进一步大大增加成员国之间的合作。发展量子通信技术手段，使用以欧洲技术为基础构建的超安全加密形式来抵御网络攻击，将为各国政府提供一种全新的方式来传输机密信息。

（五）积极构建网络安全教育，推动网络软实力建设

发展网络教育有助于构建网络软实力。《网络安全战略》称，网络安全教育亟待加强。企业和个人的网络准备度和安全意识仍然很低，劳动力的网络安全技能严重不足。据估计，欧洲有 29.1 万个网络安全职位空缺尚待填补。招聘和培训网络安全专家是一个缓慢的过程，这个过程会给组织带来更大的网络安全风险。《网络安全战略》称，欧盟努力提高劳动力的技能，培养、吸引和留住最优秀的网络安全人才，并投资于世界一流的研究和创新，这是防范网络威胁的重要组成部分。这个领域潜力巨大。因此，特别注意培养、吸引和留住更多多样化的人才；鼓励妇女参与 STEM 教育和信息技术工作，提高和重新掌握数字技能。欧盟努力提高劳动力的技能，培养、吸引和留住最优秀的网络安全人才，并投资于世界一流的研究和创新，这是防范网络威胁的重要组成部分，《网络安全战略》称应在欧盟层面进一步提高网络安全和网络防御技能。

（六）聚焦 5G 网络安全新动向，助力欧盟网络安全得到更好的保障

5G 科技引领未来发展，欧盟也将眼光聚焦于 5G 网络发展方向。《网络安全战略》称，欧盟的 5G 工具箱措施也引起了非欧盟国家的兴趣，这些国家正在制定措施保护其通信网络。在欧洲网络与信息安全局的支持下，在对可能的缓解计划进行评估、对最有效的措施进行确认的基础上，欧盟成员国与欧盟委员会一起，使用欧盟 2020 年 1 月发布 5G 工具箱，制定了一个全面、客观的 5G 网络安全措施。此外，欧盟正巩固其在 5G 及其他领域的能力，避免产生过度依赖，促进供应链的可持续性和多样化发展。此外，在物联网安全方面，欧盟也是频频发力。欧盟委员会将考虑更全面的措施，包括制定一个新的横向规则，用于改善内部市场上销售的所有联网产品和相关服务的网络安全。这些规则可能包括新的注意义务，要求联网设备制造商解决软件漏洞，包括软件和安全更新的持续性，同时，确保在产品生命结束时删除个人数据和其他敏感数据。

（七）开展多通道合作，助力欧盟网络治理通道建设

欧盟计划在多层面上实现多通道合作，《网络安全战略》称，欧盟委员会计划在欧盟资金的支持下制定一项应急计划，应对影响全球域名解析服务器（DNS）根系统完整性和可用性的极端情况。欧盟委员会将与欧洲网络与信息安全局、各成员国、两个欧盟 DNS 根服务器运营商和多方利益相关者合作，评估这些运营商在确保互联网全球可访问性方面发挥的作用。欧盟委员会还计划通过支持欧洲公共 DNS 解析服务的开发，为确保互联网连接安全做出贡献。此外，欧盟委员会计划支持开发一个专门的网络安全大师计划，并为 2020 年后欧洲共同的网络安全研究和创新路线图做出贡献。通过投资在网络安全卓越中心网络开展的研发合作基础上，将欧洲最好的研究团队与业界结合起来，按照欧洲网络安全组织路线图设计和实施共同的研究议程。在打击网络犯罪方面，通过继续与互联网名称与数字地址分配机构和互联网治理系统中的其他利益相关方合作，形成治理共享的局面。

第 4 章

2020 年主要战略文件选编

4.1 美国《关键与新兴技术国家战略》

4.2 美国《当选总统拜登关于技术和创新政策的议程》

4.3 英国《国家数据战略》

4.4 《基于印度<个人数据保护法案>实现印美负责任的数据跨境传输报告》

4.5 欧盟《塑造欧洲的数字未来》

4.6 欧盟《欧洲数据战略》

4.1 美国《关键与新兴技术国家战略》

一、背景

纵观美国历史，美国在科技领域的成就和领导地位一直驱动着美国公民生活方式进步和社会繁荣。然而，美国在科技领域的领导地位面临着来自战略竞争者越来越多的挑战。

《国家安全战略》提出促进美国繁荣的愿景；保护美国公民、国土和美国公民的生活方式；通过美国的实力维护和平；在大国竞争中提升美国的影响力。它呼吁美国优先发展对经济增长和安全至关重要的新兴技术，从而在研究、技术、发明和创新（这里统称为科技）方面发挥领导作用。《国家安全战略》还呼吁美国促进和保护美国国家安全创新基础（NSIB），NSIB指的是包含知识、能力和人员在内的体系（包括学术界、国家实验室和私营部门），该体系将构想转化为创新，将发明转化为成功的商业产品和公司，保护和改善美国公民的生活方式。

以市场为导向的路径使得美国更高效、更创新，这种路径也使得美国能够免受不公平竞争的影响，并防止美国的技术被用于专制活动。

根据《国家安全战略》，通过推进国家安全创新基础建设和保护技术优势，美国将在关键与新兴技术方面保持全球领先地位。在本战略中，关键与新兴技术被界定为那些经国家安全委员会（NSC）确认和评估、对美国的国家安全优势（包括军事、情报和经济优势）至关重要或有可能变得至关重要的技术。详细的关键与新兴技术清单见"五、附录"。

由于关键与新兴技术范围广泛，美国将致力于在最优先的关键与新兴技术领域保持绝对的领导地位，并邀请盟友和伙伴共同努力。在高优先的关键与新兴技术领域，美国将与盟友和伙伴共同为世界做出贡献。最后，在其他新兴技术领域，美国将合理应对国家安全面临的风险。

美国政府全力支持《关键与新兴技术国家战略》，并将引导鼓励私营部门了解和应对关键与新兴技术对国家安全带来的影响。当前，美国关键与新兴技术的主导地位不再主要由美国政府驱动，而且美国之外的国家越来越多地推动关键与新兴技术方面的进步。自1980年以来，私营部门的研发支出已经超过了美国政府的资金投入。然而，美国政府可以致力于为美国在全球范围内发挥关键与新兴技术领导作用创造必要的条件。美国的战略竞争对手已经从政府层面大力发展关键与新兴技术，并正在进行大规模的战略投资，旨在取得领先地位。受此影响，美国在某些关键与新兴技术领域的领先优势正在缩小。美国将实施有力举措扭转这一趋势。

美国将利用自身的国家安全创新基础和先进的经济制度，积极在关键与新兴技术领域发挥领导作用。美国将在积极主动中抓住机遇，塑造技术格局，并从中获得最佳利益，领先于战略竞争对手，并推广民主价值。

《关键与新兴技术国家战略》鼓励美国政府内部齐心协力，并提供了一个框架，在此框架内采取的深思熟虑的行动将对多个技术领域发生协同性影响。美国不可能在全技术领域的所有方面都处于领先地位，也不可能仅凭一项技术就确保在全球关键与新兴技术领域处于领先地位。事实上，许多技术突破是在两种或多种不同技术的交叉点上实现的。因此，需要采取综合性手段解决各种应用技术日益融合的问题。

二、世界领先的关键与新兴技术

该战略概述了美国及其盟友和伙伴将继续在关键与新兴技术上发挥世界领导作用的方式和途径。为了实现国家长久发展，美国将在最优先的关键与新兴技术领域保持领先，在其他高优先技术领域与盟友和伙伴共同发展，并在其他领域管理风险。

作为关键与新兴技术领域的世界领导者，美国帮助盟友和伙伴塑造技术生态系统，并从中受益，保持美国的优势，维护基于民主价值观的安全、自由和开放的国际秩序。联盟国家能够获得发展所需的关键与新兴技术，不受区域限制，它们都将享有更多的市场份额，积累经济效益，并避免技术意外。与盟友和伙伴的合作不仅能促进技术优势共享，还能防止战略竞争对手获取不公平的优势。

（一）技术领先

美国将在最优先的技术领域发挥主导作用，以此确保国家安全和经济繁荣。保持技术领袖的地位需要具备对技术进行预测的能力，根据资源有限因素的影响确定技术优先级，与盟友和合作伙伴协调，在技术开发的早期进行适当的投资，以及随着技术的成熟定期进行技术评估。

（二）技术同行

在最优先的技术领域处于领先优势后，美国将继续在其他优先领域与盟友及伙伴保持领先地位。美国将与盟友及伙伴合作，在互利合作、合理安全投资的基础上，推进关键与新兴技术发展。美国可以向盟友及伙伴共享技术能力，同盟及伙伴间广泛共享关键与新兴技术将实现互惠互利。

（三）技术风险管理

部分新兴技术正在全球发展，或者处于早期研发阶段，无法明确它们对美国国家安全的影响。在此情况下，美国将采取风险管理的方法衡量这些技术对美国国家安全的影响，为投资提供相关信息，并监测其发展情况。在风险管理中，美国政府将首先识别、评估和确定这类技术风险的优先级，然后采取协调一致的应对措施，规避、降低、接受或转移风险。

三、获得成功的支柱

美国及其盟国和合作伙伴将通过两个关键行动继续在关键与新兴技术领域保持世界领先地位，这两个关键行动是促进美国国家安全创新基础和保护技术优势。

这些活动是相互关联的，共同构成了美国维持全球关键与新兴技术领域领导地位所必需的基础。为了获得最大的利益，每一项努力都将同时考虑发展和保护的关系。例如，对知识产权的保护可以激励创新投资，这证明保护技术优势可以间接促进技术发展。

（一）支柱一：推进国家安全创新基础建设

要促进美国国家安全创新基础建设，需要对其各个方面进行持续、长期的投入，这些方面包括：科学、技术、工程和数学教育；先进的技术劳动力；有利于激励早期研发的法规；风险资本；政府、学术界和私营部门之间的合作；与盟友和伙伴的合作。

美国将考虑采取以下优先行动措施，促进清洁与环境技术的发展，以下措施排序不分先后：

- 培养全球最尖端的科研队伍；
- 吸引和留住发明家和创新者；
- 借助私人资本和优势进行建设和创新；
- 迅速运用发明与创新；
- 削减阻碍创新和产业发展的烦琐规章、政策和官僚程序；
- 主导反映民主价值和利益的世界性技术规范、标准和治理模式的进程；
- 支持形成一个强大的国家安全创新基础，其涵盖学术机构、实验室、支持性基础设施、风险资金、支持性企业以及工业；
- 在制定美国政府预算时，加大研发资金预算投入；
- 开发和采用针对政府的先进应用技术，加大政府通过委托方式与私营部门合作的力度；
- 鼓励建立公私伙伴关系；
- 与志同道合的盟友和伙伴建立牢固而持久的技术伙伴关系，并促进民主价值观和原则的实现；
- 与私营部门合作宣传关键与新兴技术，提高公众对关键与新兴技术的接受度；
- 鼓励各州和地方政府采取类似的行动。

（二）支柱二：保护技术优势

第二个保持和提高美国在关键及新兴技术领域领先地位的方法是，既要在国内保护技术优势，也要与志同道合的盟友和合作伙伴一起保护技术优势。

美国不容忍知识产权盗窃、恶意利用开放科学的规范或侵犯关键与新兴技术的行为。各方关系的维护将根植于公平、互惠和忠实地遵守协议。为了保护美国的技术优势，要在存在分歧的方面加强规则建立，执行协议，以及与志同道合的盟友和伙伴合作，以确保美国与盟友和伙伴间的共同原则占据上风。

确保美国技术优势的另一部分工作是保护美国国家安全创新基础，这需要企业、行业、大学和政府机构在国内和国际上通力合作。美国还将与盟友和伙伴一道，反对各类破坏国家安全创新基础的行为。

为了保护关键与新兴技术优势，美国将考虑采取以下优先行动措施，以下措施排序不分先后：

- 确保竞争对手无法非法获取美国的知识产权、研发（信息）和技术；
- 在技术开发阶段尽早进行安全设计，并与盟友和伙伴合作采取类似的行动；
- 通过强化学术机构、实验室和行业的研发安全保障，以及肯定外国研究人员的宝贵贡献，保护研发企业的利益；
- 确保在出口法律和条例以及多边出口机制下，美国能够充分控制关键与新兴技术；
- 促使盟友和伙伴以美国外资投资委员会（CFIUS）为蓝本，制定与CFIUS协同一致的流程；
- 督促私营部门充分理解关键与新兴技术及与之相关的未来战略风险，以确保可从中受益；
- 评估世界范围内的科技政策、能力和趋势，以及它们对美国的战略和计划可能造成的影响或破坏；
- 确保供应链安全，并督促盟友和合作伙伴采取同样的行动；
- 向主要利益攸关方宣传保护技术优势的重要性，并尽可能提供实际的援助。

四、结论

根据美国《国家安全战略》制定的《关键与新兴技术国家战略》统一了美国政府与其盟友和合作伙伴保持全球关键与新兴技术领导地位的共识。美国将在最优先的关键与新兴技术领域发挥主导作用，在高优先的关键与新兴技术领域与盟友和合作伙伴共同做出贡献，并管理其他关键与新兴技术领域的技术风险。通过提升国家安全创新基础和保护技术优势，保持在全球关键与新兴技术领域的领先地位。

五、附录：美国政府关键与新兴技术清单

关键与新兴技术清单是美国政府各部门和机构向国家安全委员会确定的20个优先发展的领域。该列表将由国家安全委员会协调每年进行审查和更新。列表如下：

（1）高级计算；

（2）先进常规武器技术；

（3）高级工程材料；

（4）先进制造；

（5）高级传感；

（6）航空发动机技术；

（7）农业技术；

（8）人工智能；

（9）自主系统；

（10）生物技术；

（11）化学、生物、放射和核（CBRN）减缓技术；

（12）通信和网络技术；

（13）数据科学与存储；

（14）分布式分类技术；

（15）能源技术；

（16）人机界面；

（17）医疗和公共卫生技术；

（18）量子信息科学；

（19）半导体和微电子学；

（20）空间技术。

4.2　美国《当选总统拜登关于技术和创新政策的议程》

一、关键要点

拜登政府可能制定的技术、创新和相关贸易政策计划包括加大支出、加强监管、加强多边主义。

拜登政府可能会推动大幅增加在研发（尤其是清洁能源）、农村宽带和缩小数字鸿沟、教育和培训等领域的公共投资，这些领域数十年来的投资力度都不足，有巨大的资金需求。

但与此同时，拜登政府很可能面临来自民主党进步派的巨大压力，要求他们提高企业税，对技术和科技行业实行更广泛和更严格的监管。

风险在于这些压力带来的负面效应将超过加大公共创新投资带来的好处。

二、介绍

长期以来，技术创新对提升人均收入水平、经济竞争力和保障国家安全都至关重要，今后也将延续这一趋势。因此，从这个角度审视拜登政府的政策议程十分重要。

《当选总统拜登关于技术和创新政策的议程》汇集了来自竞选网站和政策文件、民主党政纲以及媒体关于拜登发表声明的报道各方面的信息，首先概述了拜登在科技和创新政策方面的总体理念，然后分析了他在十大领域的政策立场和可能采取的举措，十大领域如下：

- 创新与研发；
- 数字经济；
- 宽带；
- 教育和技能；
- 税收；
- 监管；
- 贸易；
- 先进制造；
- 生命科学；
- 清洁能源创新。

（一）技术与创新政策方面的基本理念

在解决与科技和创新相关的一系列重大国际问题上，包括如何应对与中国的竞争、互联网治理和跨境数据流动，拜登政府可能会比特朗普政府更多地与国际机构接触，与美国盟友进行更密切的合作。在移民问题上，拜登政府可能会支持增加高技能和低技能移民，但也会限制 H1-B（H1-B 工作签证）移民。

总体而言，拜登政府针对技术和创新政策的总体方针更像是要让政府成为行业的积极合作伙伴，以推动创新，同时政府也成为许多技术行业和技术的更严格的监管者。此外，《当选总统拜登关于技术和创新政策的议程》可能会把创新政策的重点放在解决国内问题上，而不是放在提升竞争力、生产力和国家安全能力上。这些重点可能包括应对气候变化、振兴陷入经济困境的社区和地区、增加弱势群体特别是少数族裔的就业机会。

总体来说，拜登在竞选期间表达的立场和公开的声明透露了拜登政府大致的施政理念，这种理念可能将决定拜登政府的技术和创新政策：

- 在政策制定的过程中，政府可能会成为产业界积极的合作伙伴，政府将支持研发和国内生产，并对许多技术行业和技术领域（如隐私问题）进行更严格的监管；
- 新政府可能会在提高少数族裔发展机会、推动地区经济增长和解决气候问题等方面扩大投资，以实现社会经济发展的目标，同时可能削减其他领域的投资，尤其是国防支出；
- 强调要大幅提高在研发和先进制造方面的公共投资；
- 支持大幅增加清洁能源研发资金；
- 提议大幅增加教育和技能方面的公共投资；
- 质疑特朗普政府在贸易问题上的态度，并专注于对中国采取强硬态度，同时支持多边主义；
- 支持民主党在移民问题上一贯持有的立场，即支持增加高技能和低技能移民，但限制H1-B签证；
- 支持加大对农村宽带基础设施的公共投资，以缩小数字鸿沟；
- 支持对企业，尤其是大型企业，征收更高的税；
- 支持加强政府监管，包括对隐私保护和宽带供应商的监管，支持更激进的反垄断执法，特别是针对大型互联网公司的执法；
- 支持大幅限制《通信规范法》第230条的保护措施。

（二）创新与研发

各国正在竞争全球创新的领导地位。大多数国家认识到了协调一致的国家创新和研发战略对推动经济增长和增强竞争力是至关重要的，因此，已有50多个国家制定了国家创新战略，并启动了国家创新基金。然而，按人均计算的话，美国政府在研发方面的投入低于历史水准和其他国家的人均水平。事实上，美国为了激励研发而做出的税收优惠在34个具有代表性的国家中仅排在第24位。

尽管按绝对值计算，美国在研究方面的投资最多，但在经济合作与发展组织（OECD）国家中，美国的研发强度（研发投入占GDP的比重）已从2000年的第五名下降至2019年的第八名。要使联邦政府研发经费占国内生产总值的比重恢复到20世纪80年代的平均水平，联邦政府研发经费需要增加大约80%，即每年增加1000亿美元。

拜登提议在4年内增加3000亿美元的投资，其中大部分将用于政府研发，特别是在突破性技术上。拜登表示，他还将修订许多现行支持小企业发展的倡议，加大对少数族裔和女性所属企业的政策倾斜力度。拜登在创新和研发政策上的立场见表 4-1。

表4-1　拜登在创新和研发政策上的立场

议题	立场
联邦政府研发投资	呼吁在4年内新增3000亿美元投资，其中大部分用于研发和突破性技术
国防/国防研发投资	即使美国"没有大幅削减国防预算"，拜登也会在实际操作中削减美国国防支出。但拜登也呼吁"大幅增加研发支出"，其中包括对美国国防部高级研究计划局（DARPA）研发的支持
人工智能	人工智能被视为一项"突破性技术"，拜登可能会大幅增加资金投入，进行人工智能研发
量子计算	量子计算被认定为一项"突破性技术"，拜登可能大幅增加资金投入，进行量子计算研发
半导体	呼吁增强美国半导体制造业和供应链的弹性，可能会支持《芯片法案》，帮助美国半导体行业扩大生产
技术转让和商业化	呼吁拓宽小型企业创新研究计划，可能推出一系列新举措，用于小型企业提升技术转让和商业化能力
支持初创企业和小型企业	将实施一项新的更大范围的国家小企业信贷计划，为少数族裔所属的企业创建一个100亿美元的风险投资项目，为女性所属的企业设立的基金增至30亿美元
支持区域创新计划	将创建一个由免费孵化器和创新中心组成的网络群组，与小企业发展中心、图书馆、少数族裔服务机构、社区大学等合作
联邦研发资金的纳税人利益	呼吁"强化联邦权利"，以确保美国政府能"从高利润产品盈利中获取一部分特许权使用费"。要实现这一目标，可能需要撤销《贝赫-多尔法案》中有关技术商业化的条款

（三）数字经济

数字经济是提升竞争力、促进经济增长和提高生活质量的关键驱动力。因此，美国信息技术与创新基金会认为，联邦政府应该制定政策促进数字技术在消费者和机构组织中的发展和使用。国家在数字技术中处于领先地位尤其重要，因此，许多国家正积极部署数字技术，欲在人工智能和物联网等新兴技术方面与美国展开竞争。

拜登政府需要与私营部门合作，加速有益于提升生产率的技术的发展和普及，帮助医疗卫生行业、教育行业、制造业、交通行业、政府部门进行变革，以及应对数据保护、网络安全和数字贸易等一系列复杂的政策问题。在某些领域，拜登政府将延续以往政策，包括对互联网和网络平台采取宽松监管政策，对网络攻击和盗窃数字知识产权等非法网络活动进行大力打击。

公开记录显示，拜登可能会大力推广数字经济，借助数字技术改善政府服务，如医疗、教育和一般政府服务。但与此同时，新一届政府也可能会在数字经济的许多领域推动更严格的监管。拜登在互联网和数字经济政策上的立场见表4-2。

表4-2　拜登在互联网和数字经济政策上的立场

议题	立场
网络安全	• 呼吁改善网络安全，增强智能电网抵御网络攻击的能力； • 民主党在2020年的竞选纲领中呼吁拜登政府保持美国遏制网络威胁的能力，并与其他国家和私营部门合作，加强个人数据保护，巩固关键基础设施薄弱环节
加密	在联邦政府是否应该限制强加密的问题上没有表态
互联网治理	2020年民主党竞选纲领声称，将重申美国对开放互联网的原则。拜登政府很可能会把这个问题作为一个优先事项，不仅与盟友合作，还会与国际机构密切接触
开放数据	曾经支持开放数据倡议，特别是支持癌症研究
版权	2020年民主党竞选纲领称，将竭尽全力打击那些窃取美国知识产权的行为。不过，拜登政府可能不会采取更多、更有力的行动来打击数字盗版
在线平台	• 曾表示网络平台应该在防止虚假信息和仇恨言论的传播方面承担更多责任； • 在一次采访中，曾呼吁撤销美国《通信规范法》第230条对互联网平台免责的保护，称230条款应被撤销且应立即撤销； • 拜登的竞选团队曾在Facebook上呼吁打击虚假信息和谣言，防止政治候选人和政治行动委员会通过付费广告传播虚假信息，并防止包括重要竞选人在内的所有用户传播有关选举的虚假信息
数据隐私	• 拜登曾表示，应该关注互联网平台上的隐私保护问题，参考欧洲政策制定隐私保护标准。这意味着，拜登政府可能会扩大隐私保护监管力度； • 民主党2020年的竞选纲领要求通过《联邦数据隐私法案立法》； • 2020年民主党竞选纲领呼吁更新《电子通信隐私法》（ECPA），针对数字内容与物理内容采取一致的隐私保护政策
人工智能	• 提出了一项新的3000亿美元的投资，其中包括对人工智能在内的突破性技术的投资； • 拜登曾表示，人工智能等未来技术同样会受到法律和道德的约束，它们将促进更普遍范围内的繁荣和民主
电子政务	拜登政府可能会增加资金投入，通过数字技术实现联邦政府现代化，包括对网络安全、云计算、移动端政府网站和公开数据进行投资

（四）宽带

当今世界信息异常丰富，借助先进的数字网络，智能手机和电脑可以与云端重要的数据库和信息处理系统连接起来。长期以来，美国信息技术与创新基金会一直强调，稳健的宽带网络将大幅增加信息技术提升经济发展和改善公民生活质量的机会。移动端的创新尤为迅速，但对有线网络的持续投入也很重要。有关宽带和电信政策的争论点颇多，包括频谱权的管理、网络中立规则的性质，以及为支持宽带发展进行的通信补贴变革。

公开记录表明，拜登政府可能会推动在宽带问题上更多的监管，包括网络中立性和支持市政提供的宽带方面，但拜登也支持增加投资，以缩小数字鸿沟，促进农村宽带部署。拜登在宽带和电信政策上的立场见表4-3。

表4-3　拜登在宽带和电信政策上的立场

议题	立场
宽带基础设施普及	• 将"普及宽带接入"的目标进阶为"将宽带接入扩展到每一个美国人"； • 作为一项更大的基础设施计划的一部分，承诺在农村宽带上投资200亿美元； • 计划将美国农业部的农村宽带拨款增加两倍，并与市政行业合作，扩大农村宽带覆盖范围
无线频谱和5G	• 拜登曾提到，拟议中的3000亿美元研发投资将覆盖5G领域，以扩大美国在新兴技术上的"创新优势"； • 拜登曾提到5G可以帮助美国普及宽带； • 未就频谱政策发表意见
《通信法》第二章和网络中立性	• 拜登对特朗普政府推翻奥巴马时代的网络中立规则表示"愤怒"； • 拜登-桑德斯联合特别工作组的报告建议民主党人在《通信法》的第二章恢复美国联邦通信委员会对宽带提供商的授权； • 拜登-桑德斯联合特别工作组的报告呼吁对"造成人为稀缺性并哄抬售价的垄断、惜售等行为"采取行动
负担能力和宽带补贴	拜登-桑德斯联合特别工作组提议通过"生命线计划"提供补贴，支持低收入的美国人获得医疗服务
宽带竞争和公私伙伴关系	拜登-桑德斯联合特别工作组呼吁，采取行动以防止各州妨碍市政当局和农村合作社建设公有制宽带网络，并将增加联邦政府对市政宽带的支持力度

（五）教育和技能

如果美国想在全球创新经济中获得成功，美国工人需要获得更高水平的教育和技能，尤其是在科学和工程领域。为了实现这一目标，提高美国人的 STEM 技能至关重要。与此同时，对全球人才的需求迫使美国既要培养具有全球所需技能的国内劳动力，又要向那些希望在美国发展的具备高级技能的外国工人开放政策。

拜登的立场和声明表明，拜登政府可能会大力投资技能培训，特别关注妇女和经济上处于不利地位的少数族裔，同时支持更开放的移民政策。拜登在教育和技能政策上的立场见表4-4。

表4-4 拜登在教育和技能政策上的立场

议题	立场
高技能移民工人	• 将与国会合作改革临时签证政策，建立基于工资的分配程序和执行机制，以确保针对高技能移民工人的薪酬与劳动力市场保持一致； • 将增加高技能签证的数量，并取消各国对就业签证的限制，以缓解长期积压的工作签证问题
对STEM教育的支持	• 将增加初中和高中的计算机科学课程； • 将投资50亿美元用于教学和卫生保健方面的研究生项目，支持以少数族裔服务机构为中心的实习和就业渠道
支持创新教育	• 将对学校职业培训进行投资，并与高中、社区大学和雇主建立合作伙伴关系，创建能让学生在高中毕业时获得行业证书的项目； • 将增加中学生学习计算机科学课程的机会； • 向传统黑人大学和少数族裔服务机构投资200亿美元，建设高科技实验室、设施和数字基础设施
支持少数族裔和低收入家庭的学生	• 将"Title I 学前项目"的补助资金增加两倍，该项目为低收入学生占比较高的学校提供资金，并要求学校优先保障教育工作者拥有更高的薪资，优先支付学前教育费用，并为学生提供高质量的课程学习机会； • 将创建一个新的项目，以确保社区高中能够应对不断变化的劳动力需求，优先建设针对低收入群体和少数族裔的社区学校； • 将对收入低于12.5万美元的家庭免收公立学院和大学的学费； • 将佩尔助学金最高等级的奖学金金额增加一倍； • 通过改革以收入为基础的贷款偿还项目，将申请联邦学生贷款的本科生的偿还额减少一半以上； • 将向传统黑人大学和少数族裔服务机构投资700多亿美元，使这些大学和服务机构收费更低、设备更完善、创新性更强
社区学院	• 将提供为期两年的社区大学或其他优质培训项目，培训费免费，培训费用由联邦政府承担75%，剩余部分由各州承担； • 将设立一个新的助学金计划，支持社区大学提高学生的留校率和毕业率，并推广现行效果良好的项目，以帮助更多的学生； • 为各州提供财政激励，促进社区大学和社区组织之间的合作，为学生提供服务支撑； • 将创建一项联邦拨款计划，帮助社区大学针对那些面临经济意外、无法继续入学的学生设立紧急拨款计划； • 将投资500亿美元用于劳动培训，包括社区−大学商业伙伴关系和学徒培训； • 将投资80亿美元，帮助社区大学改善设施

（六）税收

政府可以通过税收机制激励创新和投资。减免企业所得税以及大幅抵扣研发税收和设备支出费用会刺激更多的投资。美国信息技术与创新基金会认为，通过驱动生产率和创新的计划，税法制度应促进国际竞争力并激励创新，包括研发投资、信息和通信技术在内的新的资本设备，以及劳动力培训。

《2017年减税和就业法案》（TCJA）没有提高研发税收抵免率。

此外，从2022年开始，超过5年的研发支出将被清零，而非立即抵扣。《2017年减税和就业法案》还设定了红利折旧，允许企业在第一年抵扣资本设备支出，但从2022年红利折旧将开始逐步取消。

拜登政府可能会主张增加对企业和高收入人群的税收，而不是通过TCJA解决这些问题。拜登在税收方面的立场见表4-5。

表4-5　拜登在税收方面的立场

议题	立场
企业所得税税率	• 将把企业税率提高至28%。对于进口的外国商品和服务，税收将额外提高10%； • 将对账面收入征收15%的税，以确保所有企业缴纳一定的税款
外包惩处	离岸外包服务和产品将不享受税收优惠
国产制造的税收抵免	为翻新旧工厂、扩建设施、职业移民或提高制造业薪酬提供10%的税收抵免
制造业税收抵免	对投资遭遇大规模裁员或主要政府机构倒闭的社区的企业提供3年期共60亿美元的拨款
研发税收抵免	未提及，但优惠力度增加的可能性不大
推进研究抵免	未提及，但支持终止研究支出的可能性不大
税基侵蚀和利润转移活动	将直面全球税收透明度和避税问题，打击逃税者将资产转移至"避税天堂"的个人和企业，同时收紧反向规则
数字服务税	未提及
外国企业所得税	将把现行最低税率从10.5%提高到21%。这项税将以国为单位逐个征收
药品广告	不支持对广告费用进行扣减
税收支出	降低化石燃料生产和商业房地产的税率
创新一揽子计划	未提及
资本巨头税率	对年收入超过100万美元的资本巨头按普通税率征收长期资本利得和合格股息，对短期收益维持现有税率
个人税率	• 将40万美元以上家庭收入的税率从37%提高到39.6%； • 将纳税人的分项扣除税额限制在28%以上
附带权益	• 拜登曾暗示将取消该项
对中介公司减免20%的税额	将废除
社会保障	对于工资水平超过40万美元的个人，工资税从免征提高到12.4%

（七）监管

好的规章制度可以降低监管的不确定性，激励正向行为，满足创新标准，从而激发创新和提高生产率。即使规章制度不能达到这些效果，监管制度在制定过程中也应考虑降低创新成本和负担。美国需要更强有力的监管措施，尤其是针对贸易企业的监管。在这方面，美国信息技术与创新基金会提出了若干建议，包括在行政管理和预算局（OMB）内设一个创新政策审查办公室（类似于信息和监管事务办公室（OIRA）的创新办公室）。此外，OIRA应该在其审查联邦法规时引入"国际竞争力排名机制"。

拜登政府很可能会推翻特朗普政府的一系列监管决策，并为国会开启绿灯推动重大立法改革，赋予反垄断机构更多权力，进行反垄断审查和执法，同时可能会加大执法力度，发起更多联邦反垄断诉讼，尤其是针对大型科技平台。拜登在监管方面的立场见表4-6。

表4-6　拜登在监管方面的立场

议题	立场
废除现行规定	未提及，但在这方面不太可能有什么大动作
美国行政管理和预算局监管预算	未提及，但不太可能支持
简化基础设施管理	未提及，但不太可能支持
独立承包商	将制定法律，使错误分类工人成为所有联邦劳工、就业和税收法律规定的实质性违法行为，并对其他违法行为施加额外的惩罚。可能会推动政策使企业将合同承包给"散户"
反垄断	• 将积极利用反垄断法来打击医院、保险、制药、科技和其他行业的大型合并； • 反垄断决策参考因素将不只包括使消费者受益这一标准，还包括更广泛的标准，如对劳工、服务缺失社区、政治权力和种族平等的影响； • 审查自特朗普上任以来的所有并购活动； • 可能会加大对大型科技公司的反垄断审查力度，包括可能的结构性拆分

（八）贸易

过去4年来，贸易政策在美国经济和外交政策中发挥了更加积极的作用。美国经济增长主要以创新为引领和支撑，另外，美国企业需要付出的固定成本相对较高，而边际成本较低，在此背景下，创新政策尤为重要。贸易政策发挥着至关重要的支撑作用，它通过保证美国企业开放和公平地进入全球市场，实现规模经济，从而刺激美国的生产力和创新。美国信息技术与创新基金会认为，美国必须在捍卫开放的、基于规则的贸易体系方面发挥领导作用。

美国贸易政策正在进行重大变革，虽然这个变革姗姗来迟，但尚不清楚最终的结果会如何，或许它会导致世界贸易组织（WTO）变革，或许它能帮助美国有效地应对他国不公平的贸易挑战，或许它能帮助美国与志同道合的贸易伙伴制定新的更好的规则和协议。

拜登政府可能不会很快通过贸易协议实现重要市场的开放，但可能会努力推动世贸组织发挥更大的作用，使其在限制贸易重商主义方面更有作为。拜登政府的贸易政策可能会聚焦工人权利和环境问题，以及增加购买美国本土制造商品的条款。针对中国的政策，虽然拜登可能不会像特朗普那么武断，但可能会以一个更加连贯的总体战略为指导。拜登在贸易方面的立场见表4-7。

表4-7　拜登在贸易方面的立场

议题	立场
总体思路	承诺与盟友就新的贸易协定进行合作，其中包括更严格的原产地规则和气候变化承诺。然而，在达成新的贸易协定之前，将优先保证国内投资
跨太平洋伙伴关系	如果美国能与伙伴针对部分内容重新进行谈判，如汇率操纵、劳工和环境标准以及投资者与国家间争端解决机制，美国愿意重新谈判
世界贸易组织	未提及，但拜登倾向于与世界贸易组织成员合作
贸易执法	致力于制定一项全面战略，"积极"执行国内贸易法
专门针对中国的贸易政策	拜登对中美第一阶段协议持批评态度，认为该协议没有处理产能过剩、网络盗窃和国有企业的角色等关键问题，拜登表示他将处理其中的许多问题
出口管制政策	未提及，但对中国的限制可能没有特朗普政府那么严格，不太可能会对TikTok、华为等公司采取限制性政策
进出口银行	奥巴马政府支持进出口银行发展。拜登在竞选中唯一提到的是，他将禁止为燃煤发电厂提供资金。不过，拜登可能会促进进出口银行扩张
贸易调整援助	拜登没有特别提到贸易调整援助，但他支持为劳动力技能培训项目提供更多资金支持
数字自由贸易	未提及，但可能会推动更强有力的跨境贸易条款

（续表）

议题	立场
购买美国制造产品	大力支持"购买美国制造"条款（包括一项4000亿美元的采购投资提案），并将要求联邦政府资助的基础设施项目采购美国国内的原材料。承诺收紧国内相关规定，没有豁免购买美国产品的例外，并将购买美国产品的要求拓宽至其他形式的政府援助，如公共资助的研发。拜登称："当我们花纳税人的钱时，我们应该购买美国产品，支持美国的就业机会。"并且很可能要求国防项目采购更多的本土产品
关税政策	将审查《贸易扩展法》第232条款及其他关税政策。不过，美国对将关税作为新贸易战略的手段之一持开放态度
汇率操纵	反对通过操纵汇率来获得不公平贸易优势，支持贸易协定中新的透明度、磋商和执法条款
清洁/绿色贸易	承诺对未能履行气候承诺的国家生产的高碳排放产品征收碳调整费或配额，将《巴黎协定》作为未来贸易协议的一部分
美国外国投资委员会	拜登政府可能会继续特朗普政府对中国对美直接投资相对严厉的审查，但可能会开放其他国家在美国的直接投资

（九）先进制造

先进制造业优势仍然是美国经济健康发展的关键。然而，美国制造业正陷入泥潭。2007年至2019年，美国制造业增加值下降了13%。如果考虑计算机行业产量增长的数据存在夸大成分，这一下降幅度可达20%。同时，制造业生产率也停滞不前。

美国需要制定一项全面的国家制造业战略，实施更完善的税收、人才、技术和贸易政策，以帮助制造业和软件及信息技术等行业蓬勃发展，保持全球竞争力。拜登在先进制造方面的立场见表4-8。

表4-8　拜登在先进制造方面的立场

议题	立场
先进制造战略	呼吁制定全面的"制造和创新战略"
美国制造	目前还没有扩大美国制造业网络的计划。但建议发展50多个社区技术中心，这些技术中心以美国制造业为基础，将新的联邦研发投资计划、劳动技能提升及商业化结合起来
制造业扩展合作	呼吁投入美国国家标准与技术研究院制造业扩展伙伴关系（MEP）的资金增加4倍（这将使这一资金每年接近6亿美元）
地区性制造业支持	扩大"制造业创新伙伴关系"，将制造业研究所、大学和学院、雇主和工会、州和地方政府联系起来

（续表）

议题	立场
为中小型企业制造商提供资金	• 建立信贷机制，向中小企业制造商提供资金，促进工厂现代化和提高能源效率； • 将通过一项"制造业税收抵免"政策，促进现存的或刚关停的制造工厂重振、重组或实现现代化
学徒制和劳动力培训	扩大学徒培训计划，如工业技师学徒计划
机会区	支持机会区项目，同时呼吁进行改革，以实现更深程度的种族平等

（十）生命科学

虽然到 20 世纪 80 年代美国一直在全球生命科学创新方面处于劣势，但在此后的几十年里，一系列经过深思熟虑的、跨党派的公共政策的推出，使美国成为世界生命科学创新的领导者。这些政策包括对生命科学基础研究的重大投资、强有力的知识产权保护、有效的技术转让政策、有效的监管环境和投资激励，更重要的是，激励企业投资高风险药物开发的药品定价政策。

但是，尽管美国创新能力很强，制造业发展却停滞不前。事实上，从 2009 年到 2018 年，美国制药和药品制造业实际增加值下降了近三分之一，而美国其他制造业增长了 23%。

此外，该领域的全球竞争日益加剧。这意味着，如果要提升生物制药竞争力，美国需要制定一个完备的国家生物制药竞争力战略。

拜登呼吁大幅增加生物医学研发支出，同时表示将改革药品控价政策和其他监管政策，相关举措将减少制药公司的直接收益，但这些资金可以用于研发新的药物和其他创新产品。拜登在生命科学政策上的立场见表 4-9。

表4-9　拜登在生命科学政策上的立场

议题	立场
抗击新冠肺炎疫情	• 确保生物医学高级研究与开发局资源充足，能够保障新冠肺炎诊疗设备和疫苗的供应； • 将制定一项应对新冠肺炎疫情的全面性的国家战略，包括保障全国范围内核酸检测能力，并强制佩戴口罩
国立卫生研究院基金	• 作为3000亿美元创新基金提案的一部分，呼吁"大幅增加"国立卫生研究院的资金支持，但没有列举具体数额； • 拜登还提议成立高级卫生研究计划局

（续表）

议题	立场
药品定价	建议在医疗保险计划中限制哄抬产品、生物技术和"滥用定价的仿制药"价格的行为。可能支持对药品定价进行约束
拜杜法案	可能支持对《拜杜法案》的限制，包括更多地赋权联邦政府，减少联邦资助研究项目的商业化

（十一）清洁能源创新

如果没有更先进的清洁能源技术，就不可能有效应对气候变化，而如果没有强有力的国家清洁能源创新政策，这些都无法实现。

根据拜登的官方立场和公开声明，他可能会把应对气候变化作为执政的中心议题。他提议大幅增加能源研发资金，这方面的资金投入是其4年3000亿美元研发总支出的一部分。他还呼吁美国到2050年实现零碳排放，到2035年实现电网脱碳。拜登将碳捕获、利用和封存（CCUS）作为他的技术优先事项，并否决了参议员伯尼·桑德斯的支持者及其他人提出的完全消除化石燃料使用的呼吁。拜登在清洁能源创新政策上的立场见表4-10。

表4-10　拜登在清洁能源创新政策上的立场

议题	立场
能源和气候政策的总体思路	• 呼吁美国在2050年前实现零碳排放，并在他的第一任期内向清洁能源和绿色基础设施投资2万亿美元； • 推动广泛的低碳能源技术创新，强调需要解决高碳污染行业和负排放问题
对能源研发的联邦投资	• 提议在4年内为公共研发投入3000亿美元，包括清洁能源的研发； • 呼吁增加对美国能源部实验室及相关的区域创新生态系统的资助； • 建议创建一项旨在"帮助美国实现100%清洁能源目标的技术"倡议
联邦政府对清洁能源商业化和部署的支持	• 提倡"需求拉动"政策，包括清洁能源税收激励政策、碳价格方针、技术中立的能源效率和清洁电力标准； • 主张利用联邦采购推动对清洁能源技术的需求，这是政府追加4000亿美元支出的一部分，特别是在电动汽车方面
创新诱导的行为政策	• 制定了一些主要部门的减排目标，包括到2035年实现电网脱碳，以及将建筑排放降低50%； • 主张加快关键技术研发，这是实现工业和农业在内的所有经济部门脱碳目标所必需的
将环评纳入清洁能源创新	致力于确保贫困社区从清洁能源和绿色基础设施投资中获取40%的收益

（续表）

议题	立场
促进国内清洁能源供应链和制造业创新	• 已经提议在10年内投资4000亿美元，实现净零排放； • 支持公共研发，加快清洁能源供应链弹性的创新； • 促进利用公私伙伴关系提高制造能力，如美国制造创新研究所； • 呼吁在每个州制定低碳制造的国家战略
美国在全球清洁能源创新中的作用	• 鼓励参与创新任务的国家在清洁能源研发投资金额翻两番； • 呼吁对未履行国际气候义务的国家的进口产品征收碳调整费

4.3 英国《国家数据战略》

一、数字化、文化、媒体和体育大臣前言

当奥利弗·道登就任数字化、文化、媒体和体育大臣时，就下定决心要义无反顾地支持技术发展，技术发展始于数据。当前，数据已成为经济发展和企业创新的驱动力。即使在新冠肺炎疫情期间，它仍驱动着创新。政府、企业、组织和公共服务机构能够在疫情期间迅速、有效和合乎道德地共享重要数据，不仅拯救了无数人的生命，也使远程办公成为现实，经济保持运转。我们能在这样一个前所未有的混乱时期与我们所爱的人保持联系，也得益于数据。当我们进入复工复产期，充分利用已有的经验显得至关重要。

《国家数据战略》是为了兑现承诺，即改善政府层面的数据使用现状，并进一步推进数据技术的发展和治理而诞生的。在新冠肺炎疫情期间，《国家数据战略》旨在充分发挥数据的作用，促进企业和组织继续借助数据进行创新、试验，以此塑造一个新的增长时代。《国家数据战略》致力于利用数据提高生产率，创造新的商业和就业机会，改善公共服务，使英国跻身于下一轮创新浪潮的前列。

《国家数据战略》认为数据和数据使用是一种机遇，而不是威胁。但这也带来一些基本的问题，比如哪些数据应该在英国全国范围内公开，哪些数据不应该公开。英国应制定一种不会对小型企业带来过重负担的监管制度，且这种制度不会妨碍创新。这意味着需要推动政府改变对自身数据价值的理解，改变政府共享数据的方式，从而改善一系列公共服务，并提高循证决策能力。同

时，需要认真考虑数据使用可能带来的风险。要将英国定位为数据使用的先驱，并鼓励跨境数据流动。

英国政府期盼能在公众的支持下，打造繁荣、快速增长的数字经济，《国家数据战略》是政府愿景的核心部分；希望英国社会充满着数字企业家、创新者和投资者，期待英国成为全球发展数字业务的最佳选择，全球网络最安全的地方。《国家数据战略》详细阐述了如何借助数据驱动经济社会繁荣发展。

《国家数据战略》是政府数据行动的框架。这不是英国发展数字经济的绝对方式，但能反映英国在数据治理方面的总体思路。《国家数据战略》列出了英国数据发展的机遇、释放数据潜力的核心支柱，以及现在必须优先完成的任务。

二、执行摘要

（一）机遇

更好地利用数据可以帮助各种组织（包括公共部门、私营部门和第三部门）取得成功。

数据可以为制造业、物流业等各行业提供服务，塑造全新的产品。它是实现科学和技术创新的驱动力，是实现应对气候变化、支持国民卫生服务体系建设等一系列重要公共服务和社会目标的核心。随着企业不断进行技术创新，数据使用不断为社会创造就业机会，开辟市场，并推动着社会对高技能劳动力的需求。

对于个人而言，人们每天都能从数据使用中获益。得益于数据驱动的医学发现，无数人获得了救治；得益于数据，人们能更好地制定个人预算；得益于数据，人们能够清楚每日的运动量；得益于数据，人们能够规划更好的交通路线。

当前，英国已成为全球领先的数字国家。英国是欧洲最大的数据市场（即从数字化数据衍生的产品或服务中获得的利润）。2019年，英国科技发展迅猛，欧洲33%的科技投资发生在英国。从全球来看，英国在风险投资规模方面仅次于美国和中国。

但在过去的5年里，技术发生了巨大变化，各国政府需要顺势而为。英国需要制定一个数据战略，这一战略能够明确英国在数据经济发展中遇到的机遇和挑战，这一战略能够确保英国以审慎的态度并基于循证的方法开展数据活动，这一战略能够推动英国经济增长，推动英国从新冠肺炎疫情中复苏。

《国家数据战略》着眼于如何利用英国现有的优势，促进企业、政府、公民、社会和个人更好地利用数据。英国"脱欧"后，将在国内发挥英国作为一个独立主权国家的最大化优势，并在国际上积极影响全球数据共享和使用方式。英国将在国内和国际舞台上大力行动。

英国在新冠肺炎疫情中的应对举措有力地说明了数据可挖掘的潜在。政府对病毒的认识、对民众的帮扶以及跨境合作都依赖于负责任和有效地利用和共享数据。

但是政府能做的、应该做的还有更多，尤其是在政府自由数据方面，可以通过使用和共享这些数据，造福社会。在个人数据方面，如果个人数据能以更令人可信的方式进行共享（例如，以数字身份的形式），个人交易（从申请社会保障福利到购买住房）将得到更大的发展。

从理论上讲，数据是可再生资源，但数据访问权限的问题使数据使用受到限制，如访问权限不明确，或者组织未能较好地利用数据等问题。这些访问限制阻碍了公共服务的发展，损害了社会经济，给公民带来了不利的影响。政府将确保可以利用数据提供新的创新服务，促进竞争，为消费者和小企业提供更廉价的商品和服务。政府将推动开发一种数据处理方法，当数据被负责任地使用时，所有人都能受益，而阻碍数据流动将对社会产生负面影响。

（二）战略

作为文件的一部分，政府公开征求意见。在今后《国家数据战略》的更新中，政府会列出实施战略的具体步骤，将公众意见建议融合在内，如图4-1所示。

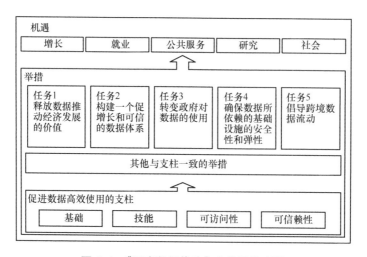

图4-1 《国家数据战略》实施具体步骤

（三）支柱

一些相互关联的因素阻碍了英国在数据利用上发挥潜能。这些均体现在《国家数据战略》的核心支柱中。

- 数据基础：数据只有保持适用性，并以标准化格式记录在现代化的系统上，满足可查找性、可访问性、可互操作性和可重复性的条件，才能充分实现其真正价值。通过提高数据质量，可以更有效地使用数据，从使用数据中挖掘价值。
- 数据技能：为了充分利用数据，人们必须掌握丰富的数据技能。这意味着英国在教育方面应进行相应的教学改革，确保人们可以持续掌握所需的数据技能。
- 数据可用性：要使数据发挥最大的效能，必须使数据具备适当的可访问性、可移动性和可重用性。这意味着政府应鼓励公共、私营和第三部门更好地协调、获取和共享优质数据，并确保跨境数据流动在一定程度上受到保护。
- 负责任的数据：在推动数据使用的同时，政府必须确保以合法、安全、公平、道德、可持续和负责任的方式使用数据，同时支持数据创新和研究。

（四）任务

根据这些支柱，《国家数据战略》确定了五大优先行动领域。五大优先行动可以帮助政府解决阻碍数据使用的关键挑战。

（1）释放数据推动经济发展的价值

对于企业和其他组织来说，数据是一种极其宝贵的资源。然而，越来越多的证据表明，因为数据的可获取性不足，数据的价值没有得到充分释放。为了确保英国在数据方面处于世界领先地位，首要任务是创造一个环境，使数据在整个经济中可用、可访问和可获得，同时保护人们的数据权利和私营企业的知识产权。英国将制定一个清晰的政策框架，确认政府在数据管理中的角色。

（2）构建一个促增长和可信的数据体系

政府希望数据改革能让所有企业均受益。这意味着该数据体系不能对普通企业造成过重负担，不会因为过度监管而带来不确定性或风险，创业者和企业家可以负责任地、安全地使用数据，从而推动整个经济的增长。政府也希望公众在蓬勃发展的数字经济中发挥积极作用，并对数据（包括个人数据）使用抱以信心。英国的数据制度将支持大范围的竞争和创新，帮助建立信任体系，维持高标准的数据保护，而不会对数据的使用造成不必要的障碍。

（3）转变政府对数据的使用方式，以提高效率和改善公共服务

新冠肺炎大流行表明，政府和公共服务机构在使用和共享数据方面存在巨大潜力。疫情期间，英国在数据使用上的力度前所未有，为了维持这种数据使用力度，政府将大力改进数据使用方法，推动政府间有效管理、使用和共享信息的方式做出重大改进。为了实现这一目标，需要在整个政府机构内实施一套方案，以确保与最佳实践和标准保持一致，从而实现数据价值；还需配套建设安全的、联通的和可互操作的数据基础设施。公共部门需要掌握相关技能，并进行正确领导，以释放数据的潜力。

（4）确保数据所依赖的基础设施的安全性和弹性

当前，数据使用是现代生活的核心部分，因此需要确保支撑数据的基础设施是安全可靠的。数据基础设施是一项重要的国家资产，需要保护这些基础设施免受安全风险和其他问题的影响。数据驱动服务和活动中断会导致企业、组织和公共服务的中断。在面对各类风险时，政府有责任确保数据和数据相关基础设施具有弹性，保障经济增长与实现安全并驾齐驱。

（5）倡导跨境数据流动

跨境数据流动促进了全球商业运作、供应链和贸易发展，推动了全球经济增长。它还发挥着更广泛的社会作用。在个人层面，人们依靠个人数据流动来确保支付报酬，并与远方的亲人保持联系。另外，新冠肺炎疫情期间的事例表明，共享卫生数据有助于进行疾病研究，并团结各国应对全球卫生紧急状况。脱离欧盟后，英国将重视数据带来的益处。政府将促进国内最佳实践的推广，并与国际伙伴合作，确保数据发展不会因各国在数据保护方面实施不同的监管制度而受到限制，以充分发挥其潜力。

总之，《国家数据战略》提出的措施参考了英国具备的优势，旨在更好地使用数据。更好地使用数据将推动经济增长、社会生产力提高、改善社会和公共服务，并使英国成为下一轮数据驱动创新的领导者。

三、关于《国家数据战略》

《国家数据战略》阐明了如何最好地释放英国数据发展的潜力。《国家数据战略》建立在产业战略、人工智能审查、人工智能行业交易和研发路线图等举措的基础上，为英国如何通过处理和投资数据来促进经济发展构建了框架。

英国政府认为，释放数据的价值是推动数字行业及整个英国经济增长的关键。《国家数据战略》是英国数据战略的一部分，它阐述了英国如何借助数据驱动经济社会繁荣。

《国家数据战略》说明了英国本届政府将采取的数据政策框架、英国政府致力的改善方向以及实现数据变革的优先任务。随着数据日益重要，一系列复杂的政策问题随之而来。在确保数据发展的大方向前，英国政府需要进一步考虑一些问题。

《国家数据战略》还要求政府之外的组织机构要有所作为。在这个政策框架中，我们关注的是政府在利用数据方面的作用。随着后续进入实施阶段，英国政府将与利益攸关方合作，确定政府如何与更广泛数据领域的企业和参与者合作。

（一）关于数据的定义

众所周知，很难对数据进行定义，不同的人对它有不同的理解。对于程序开发员而言，数据是创造丰富而复杂的数字服务的关键；对于科学家而言，做实验或调查前需要收集数据；对于数据保护从业者而言，数据是记录在电子表格中的姓名和地址；对于私人健身教练而言，数据是应用程序记录下的人们锻炼时的心率；对于每个人而言，数据是一种工具，勾勒出人们的上网动态，帮助人们设置超市送货时段，并获取天气信息。

当提到数据时，我们指的是关于人、事物和系统的信息。虽然在法律上数据包含了纸质数据和电子数据，但《国家数据战略》中的数据更多指的是电子数据。涉及人的数据包括个人数据（如基本联系方式、通过与服务或网络交互产生的记录）、关于人的物理特征的信息（生物特征），这类数据还可以扩展到人口层面的数据，如人口统计数据等。另外数据还包括系统和基础设施数据，如关于企业和公共服务的管理记录。数据越来越多地被用于描述位置（如地理参照数据）以及生存环境（如生物多样性或天气数据）。物联网等新兴传感器网络也会产生数据。

政府数据涵盖管理、操作和事务数据，即在运行服务或业务的过程中收集的数据，以及分析和统计数据。

为了有效地控制数据风险，还应关注存储数据的基础设施，例如物理数据中心和虚拟数据中心/云设施等。

（二）证据和与利益攸关方合作

《国家数据战略》的制定及举措的提出依据包括案例研究和已出版的学术/

部门研究等案头调研。

2019 年 6 月，政府就拟议的《国家数据战略》框架征集社会意见，收到了 100 多份反馈。同时，政府邀请利益攸关方广泛参与调研，举办了 20 次圆桌会议和研讨会，来自企业、第三部门和地方政府的 250 多位代表参加了相关会议。2019 年，通过在全国多地举行的圆桌会议和研讨会，政府收集了有关《国家数据战略》广泛的意见。随后对收集来的意见建议进行讨论研究，以确保政府循证尽可能全面。有关利益攸关方参与的材料被刊发在附刊内。

在全球范围内，数据政策快速发展，《国家数据战略》中重点强调的一些问题仍然悬而未决，需要进一步研究和分析。随着《国家数据战略》的推进，政府将继续开门纳谏，从而指导行动。政府将针对《国家数据战略》制定一个监测和评估程序，以确保《国家数据战略》实施达到预期效果，并为政府制定和评估未来的政策决策提供依据。在实施阶段，政府将进一步与利益攸关方合作，确定发展更广泛范围内的数据经济的路径，共同谋划英国数据经济未来的发展战略。

（三）数据机会

英国目前处于第四次工业革命。技术创新改变了人们的生活、工作和娱乐的方式。同时，技术创新导致数据呈现指数级增长，世界发展越来越依赖于数据。英国可以通过拥抱数据从数据使用中获益，助力经济社会发展。如果方向正确，像人工智能这样的数据和数据驱动技术将极大地推进经济发展。数据可以用于提高生产率、改进工作效率，也可以用于改善公共服务，并显著改善全体公民的健康状况。它能保障人们的安全，帮助减少犯罪，加快脱碳进程，如果运用得当，还能推动建设一个更具包容性、更公平的社会。

更重要的是，数据还可以用于挖掘全国各地的发展潜力，确保整个英国的公民和组织都能从数字革命中受益。

但数据的使用也会招致风险，政府必须充分了解和考虑这些风险。如果使用不当，数据可能会危害到个人或社区，或导致公众对数据产生不信任感而妨碍数据发挥其巨大优势。同样，如果政府不愿安全地共享和使用数据，就会损害公共服务，并有可能因为未能帮助最需要帮助的人而造成损害。

数据给英国带来的五大机遇如下：

- 促进生产力和贸易发展；
- 支持新企业的发展和增加就业机会；

- 提高科学研究的速度和效率，扩大科学研究的范围；

- 更好地提供政策和公共服务；

- 为所有人创造更公平的社会。

但要完全抓住这些机遇并非易事。虽然在某些情况下，英国正在慢慢实现上述愿景，但在许多其他情况下却欠缺实现这些目标的手段。数据空间的国际竞争异常激烈，全球各国对数据及其使用并未达成共识。但作为数字领域的领导者，英国完全有能力克服这一挑战。

在向这些愿景奋斗的过程中，英国可以提升其在科学和技术方面的领先地位，并让全球进一步了解英国在解决难题方面务实且创新的态度。未来几年，英国还可以以这些优势作为跳板，跻身数据领域的全球领导者。

（1）促进生产力和贸易发展

数据是知识的载体。通过获取更多的信息，再结合运用现代技术分析信息的能力，人们可以更深入地了解什么是可行的，什么是不可行的——无论是在销售产品和服务方面，还是在提高流程和实践效率方面。因此，以数据为基础的业务模式以及企业采取数据驱动的流程可以显著提高整个英国的经济竞争力和生产力。

定义和衡量数据市场和数据经济的方法多种多样。一系列研究数据表明，数据经济在 2010 年至 2019 年的增长速度是其他经济模式的两倍。2020 年，数据经济占英国 GDP 的 4% 左右。除了数据驱动的产品和服务（即直接的"数据经济"）的影响之外，数据使用在支持数字交付的贸易方面具有更广泛的作用。英国国家统计局（ONS）估计，2018 年英国出口数字服务规模达 1900 亿英镑，占英国服务出口总额的 67%，进口数字服务规模达 900 亿英镑，占英国服务进口总额的 52%。促进和发展数据驱动的贸易是英国进行自由贸易谈判的一个优先谈判事项。当前，全球正在研究加大和改进数据使用将对商业发展产生何种影响，但这一研究仍处于起步阶段，也缺乏有效的研究方法。然而，现有证据表明，更好地运用数据将带来广泛的经济效益。

对于企业本身而言，提高数据访问量和加大数据共享力度同样将带来显著的经济优势。例如，伦敦交通局（TfL）向旅行者和第三方提供商开放其数据集，共享数据将帮助旅客节省时间，而这每年将为伦敦带来 1.3 亿英镑的经济价值。

近年来，英国政府采取了前所未有的重大举措，旨在使英国成为数据驱动创新领域的世界领先者。相关举措包括致力于到2027年将研发投资（通常是数据密集型）占比增加到英国GDP的2.4%，建立数据伦理和创新中心（CDEI）、阿兰·图灵研究所等机构，推出全新的数据科学和人工智能转换课程，以及开展"数据信托"这样开创性的工作。

继续开展和推进数据工作，对于确保英国从新冠肺炎疫情中恢复经济至关重要，对英国在未来几年取得经济繁荣也至关重要。

案例研究：共享数据推动开放式创新

开放式创新能使企业借助外部开发的数据、想法和技术应对挑战。企业运营方面的数据共享可以帮助企业提升洞察力，合作者可以借助对这些数据的分析来挖掘价值。

开放数据研究所（ODI）研究了一项名为"Data Pitch"的开放创新计划，生产硬质塑料包装的格雷纳包装国际有限公司将数据共享给物流情报公司Obuu，帮助Obuu监控其供应链的弹性和效率。Obuu公司使用数据绘制了运输、存储和制造流程，以便调查供应链中影响效率的3个关键性能指标：一是是否有备件可用；二是当一个部件不可用时，系统平均停机时间；三是存货投资额度。由此，Obuu公司能够确定固定资产投资的减少情况，从而显著节省了成本。

（2）支持新企业的发展和增加就业机会

数据技能在生活的方方面面发挥着重要作用，尤其是在工作环境中。越来越多的工作需要运用数据技术。有数据显示，2013至2020年间，英国数据专业人员的数量增加了50%以上，从110万人增加到170万人。但2020年仍有超过10万个数据专业职位空缺。

大部分工作需要员工掌握数据和数字技能，而且数据的重要性会越来越高。根据英国数字、文化、媒体和体育部委托英国国家统计局2020年2月进行的"意见和生活方式"调查数据显示，近一半（48%）的工作人员在工作中经常使用"基本"的数据技能，将近四分之一（24%）的人会使用更高级的数据技能，如数据分析和绘制图表。

数据是创造就业机会的基础，这些新增就业既需要员工掌握基本的数据技能，也需要员工掌握更技术性的数据技能。据估算，伦敦交通局在开放数据方面的工作直接创造了500个工作岗位，间接创造了230个工作岗位。欧洲数据门户网站European Data Portal预测，到2025年，欧盟开放数据从业人员将达到112万人，甚至可能达到197万人。2019年，英国超过6%的新注册企业为科技初创企业。对数据的需求催生了科技初创企业的不断发展。

鼓励和支持在英国使用数据业务可以确保即将到来的技术创新浪潮不仅会推动新的服务发展，还会为英国不断创造商业机会和就业机会。

案例研究：在运输部门使用数据

"智能移动"可以以更便利、更高效的方式输送人员和货物，它融合了传统交通运输和与新兴的移动设备、开放数据、无线通信或物联网相关的新产品和服务。据英国交通运输创新中心——英国弹射中心委托进行的研究估计，到2025年，国际"智能移动"市场的年增长额将超过9000亿英镑，其中，数据产生的价值规模将达到320亿英镑。

伦敦交通局已经开发了相关的数据技术，方便旅客更便捷地出行。通过实时提供的旅客相关信息，开发人员可以通过开发软件和服务（如在线地图和旅行计划服务）提升服务水平。相关数据是通过应用程序接口（API）提供的，该API将不同传输模式的数据统一为一种通用的格式和结构，此前难以实现这一技术。

该数据已用于开发公共计划行程和检查中断的应用程序，并创造了数百个工作机会。科技城的最新研究指出，伦敦的数字经济价值达到了300亿英镑，支持了30万个就业岗位。英国政府制定的"移动未来战略"描述了为了最大限度地利用英国运输部门的数据而采取的一些行动。

（3）提高科学研究的速度和效率，扩大科学研究的范围

英国是科学和研究的领军者，数据是科学和研究的核心。由数据驱动的科学发展将开发出能产生变革性影响的应用，例如跟踪公共健康风险；通过更智能的能源网络、基础设施的预测性维护，更好地管理交通，加速脱碳进程。

尽管数据在所有研究中均至关重要，但在生命科学领域数据将产生更显著的社会效益。例如，数据对于识别和了解药物的副作用、确定手术对炎症性肠病患者的积极作用以及论证《反吸烟法》对苏格兰早产婴儿的影响至关重要。英国还公布了5项原则，这些原则将支撑政府的政策框架，以监管健康数据，同时支持创新。数据驱动技术的更高级应用还提供了针对新冠肺炎疫情的应对措施，其中AI驱动的系统被用于预测病毒的蛋白质结构，并确定哪些药物可能对治疗有效，从而帮助确定实际实验中可用的候选药物。

然而，数据获取方面的障碍严重限制了数据使用，这些障碍包括法律、文

化和风险规避等方面的障碍。如果英国要保持走在科学和研究的最前沿，就必须破除这些障碍。例如，关于制药和生命科学行业在数据使用方面的最新研究发现了许多限制数据访问的系统性障碍。大多数受访企业表示，他们曾经历数据延迟和不确定性问题，包括访问数据费时过久、商业用户访问受限、识别和评估数据集质量带来负担，更重要的是，购买数据本身的成本颇高。

英国还需推进对敏感数据的管理和使用。例如，英国国民医疗服务体系（NHS）的数字部门NHSX正在制定一项2020年秋季《健康与社会护理数据战略》，它一方面适度推进了个人健康数据的共享，另一方面注重保护个人隐私。数据使用需要在使用和管控风险之间进行平衡，同时从科学、研究和技术开发的最前沿释放数据使用带来的大量机会。

案例研究：应对新冠肺炎疫情的数据驱动型临床试验

进行更好、更快和更有效的临床试验是英国的工作重点。

电子健康记录（EHR）在帮助英国公民参加临床试验中发挥着关键作用。英国4个地区的国民医疗服务体系一致，并且大部分NHS记录为电子记录，因此英国在利用电子健康记录方面具有优势。借助这类电子数据，可以挖掘全国范围内适合进行临床试验的患者。患者数据也将得到保护。来自176个NHS医院的12000名患者参加了这个"RECOVERY临床试验项目"，政府对数据进行了跟踪和分析。

经过100天的试验期，英国研发了被证明可挽救生命的新冠肺炎治疗方案——地塞米松。试验结果于2020年6月16日公布，当日晚些时候被英国纳入临床实践，并在两周内被美国纳入新冠肺炎疫情防控指南。

RECOVERY项目得到了英国国家卫生数据研究中心临床试验中心NHS DigiTrials的支持，该中心每周向项目组提供集中收集和整理来的数据，以保证项目顺利实施。这些数据是从常规电子健康记录数据中提取的，并可以快速获取与疾病相关的最新数据，如检测数据、重症监护数据和全科医生数据。这种方法不仅减轻了NHS需发送数据请求的负担，而且使项目小组能够快速做出决策。

（4）更好地提供政策和公共服务

数据可以彻底改变公共部门的运作方式，创造更好、更实惠、更快捷的服务。英国社会公共服务系统复杂，养老金体系、福利体系、英国国民医疗服务体系、税收和法院等服务每项涉及人数均有数百万。必须要获取正确的数据才能确保公民的健康和安全。这些服务和功能严重依赖于数据，但是随着相关处理系统不断升级，数据复杂性不断增加。许多遗留系统已经过时，运行成本高昂，无法进行数据交换。这给需要互联互通的现实带来挑战，因为卫生和社保、税收和福利，警务、法院和监狱这样的司法体系等系统均需要互联互通。

英国应对新冠肺炎疫情的经验表明，如果将数据视为一种战略资产，加强组织协调，政府就可以提供更灵活、更创新、更有效、成本效益更高的服务。事实上，数据的发展凸显了公共部门需要联动。这种联动的前提是，在适当的保障措施下共享数据。新冠肺炎患者"打码名单"公布后，通过联邦和地方政府以及私营部门之间适当共享数据，政府向弱势群体分发了400多万套援助包，彰显了数据共享带来的红利。

对于政府来说，更好的数据意味着能够更有效地制定和实施政策，并节省大量公共资金。能够实时测评政策效果意味着可以更有效地对政策进行纠偏。在日益数字化的环境下，这符合公众的新期望。

数据带来的机遇和挑战不仅限于联邦层面。教育、司法系统、卫生和地方政府等覆盖面更广的公共部门如果能够更好、更协调地使用数据，将大有裨益。在实施过程中，英国将更好地了解地方政府在充分利用数据方面的需求和面临的障碍，致力于减轻地方政府的负担，解决风险规避问题，并强化公共部门共享数据的激励机制。数据若不统一、缺乏协调性，那么一个组织收集的数据就不能轻易被另一个组织使用，这样就会造成工作重复和资源浪费。将公共部门的数据视为一项战略资产，进行适当的治理，将节省时间和金钱，并将造福于全体公民。

案例研究：数据先行

数据先行是一个开创性的数据连接项目，由英国司法部（MOJ）负责，并由英国研究与创新机构通过"英国行政数据研究"进行资助。该项目将使政府、大学和其他机构的研究人员能够安全地访问MOJ及其执行机构所有的行政数据的匿名摘要。这类数据可以与其他政府部门（如教育部）的数据联通。

项目研究人们在一定时间段内与法院的互动，并分析哪些特征会频繁地影响互动模式，所有这些都有助于更好地理解司法部的政策和服务。研究人员能够通过项目研究司法系统用户如何与其他政务服务进行互动。这将有助于更深入地了解司法系统用户的经济、社会和教育背景如何影响他们的需求，他们在司法系统中遵循的途径（例如，在民事法庭和刑事法庭之间），等等。这样的数据收集和分析将带给英国更实惠、质量更高的公共服务。

（5）为所有人创造更公平的社会

政府可以将数据赋权给公民与社会，这带来的红利将超出经济范畴。如民间社会组织可以更好、更精准地服务于社会；慈善机构可以显著地降低运营成本，并集中资源保护社会弱势群体。但慈善机构和其他非营利组织，特别是规模较小的组织，能够获取的数据资源有限。民间社会组织之间更好地协调、再利用和共享数据，可以更好地破解社会问题。数据可以推动应用程序发展，使人们的数字生活日臻美好。例如，利用人工智能进行在线内容审查，尤其是在社交媒体环境中，可以帮助处理错误信息及不当内容。数据驱动的网络分析技术可以帮助识别潜在的缺乏自制力的用户（如赌博成瘾的人），防止他们浏览会对他们产生损害的内容。

利用数据可以解决偏见和不公的问题。数据可以反映社会状况，帮助人们了解不同群体的生活状况，确保政府和私营部门公平对待各类群体。必须进一步确保数据驱动技术和人工智能为人类造福。需要解决数据或算法使用产生的偏见问题，确保数据利用的潜力，推动建设一个更好、更具包容性和更少偏见的社会。

案例研究：家庭虐待统计工具

英国国家统计局公布了家庭暴力数据的来源渠道，包括英格兰和威尔士犯罪调查、警方犯罪记录、其他政府组织及家庭暴力服务机构。孤立地使用这些数据可能不会发挥太大作用。然而，将这些数据综合在一起，就可以通过采取适当措施，改善受害者现状，并有助于人们更清楚地了解刑事司法系统对施暴者的惩治制度。

此外，还有一个关于家暴相关数据统计的交互式数据工具。它使得用户可以更详细地研究所属地的家暴数据，并将其与其他地区的数据进行比较。该工具的目的是帮助确定需要由公安部门和其他机构回应的问题，它们将与受害者合作，对施暴者采取一定行动。

这些数据被用来了解英国在联合国 2015 年设定的 17 项可持续发展目标方面的进展情况，这些目标将是 2030 年可持续发展议程的一部分。

（6）实现数据机遇的路径

虽然数据市场前景广阔，可以为社会带来巨大红利，但发展数据经济与服务也存在着巨大的挑战。如若无法应对相关挑战，英国将无法实现数据愿景。

当前，由于技术的缺乏，或领导力的缺乏，或资源的缺乏，数据并未得到充分应用，特别是政府和公共部门，数据访问经常受到诸多限制。虽然科学技术等专业领域数据人才丰富，但其他人普遍缺乏数据技能。

为了实现数据机遇，需要改善整个数据环境。《国家数据战略》提出了实现数据机遇的"四大支柱"，它们相互关联。

- 构建数据基础：只有保持适用性，并以标准化格式记录在现代化的系统上，满足可查找性、可访问性、可互操作性和可重复性的条件的数据，才能充分实现其真正价值。通过提高数据质量，可以更有效地使用数据，从使用数据中挖掘价值。
- 创建数据技能：为了充分利用数据，必须掌握丰富的数据技能。这意味着国家应进行相应的培训教育，确保人们可以持续掌握所需的数据技能。
- 保持数据可用性：要使数据发挥最大效能，必须使数据具备适当的可访问性、可移动性和可重用性。这意味着应鼓励公共、私营和第三部门更好地协调、获取和共享优质数据，并确保跨境数据流动在一定程度上受到保护。
- 创建负责任的数据：在推动数据使用的同时，必须确保以合法、安全、公平、道德、可持续和负责任的方式，负责任地使用数据，同时支持创新和研究。

四、任务

《国家数据战略》为政府确定了五大优先行动领域。通过执行这些任务，为数据发展创造最佳环境，以推动英国的生产力增长，并造福所有公民，同时帮助解决一些社会和全球性问题。

（一）任务一：释放数据推动经济发展的价值

对于企业和其他组织来说，数据是一种极其宝贵的资源，有助于它们更好地提供服务和提升运营水平。然而，越来越多的证据表明，因为数据的可获取性不足，数据的价值没有得到充分释放。

例如，数字竞争专家小组对数字市场竞争的审查以及英国竞争与市场管理局（CMA）对在线平台和数字广告的报告均强调，中小企业通常无法获得与科技巨头相同的数据访问权限，这可能妨碍了它们参与数字市场发展和创新。公共部门在获取更多数据的条件下，可以做出更好的决策。例如，如果政府掌握了基础设施相关数据，就可以减少地下管道和电缆因不当施工而造成的破坏，或做好房屋选址规划。

第一个任务是创建一个环境，使得在整个经济体中，数据都是可访问且可用的，以此推动各类组织不断发展。

数据的变革潜力很大程度上在于跨组织、跨领域和跨部门的数据集互联和重用。英国必须实施一定的激励措施，以鼓励各组织适当、及时地访问高质量的数据。这将有助于创新和科学研究，确保在更大范围内实现数据价值。

首先，必须建立一个更清晰的政策框架，以确定在哪些方面提供数据，以及政府应该扮演什么样的角色。在未来几个月，英国将通过以下方式快速建立该框架：

- 开展研究，以进一步发展获取高质量数据的政策，提出相关案例以及进行政策干预的理由；
- 挖掘政府在短期项目和长期项目方面的潜在作用；
- 与行业和专家组密切合作，探索可促进数据发展的最佳政策；
- 与数据伦理和创新中心、开放数据研究所和其他机构密切合作，借助其专业知识和能力支持政府措施。

（二）任务二：构建一个促增长和可信的数据体系

随着数字化程度越来越深，数据已成为现代经济的主要推动力。因此，至关重要的是，英国必须拥有一个数据体系，在建立公众信任体系的同时，促进所有企业规模增长和创新。

英国在技术创新和数据保护标准方面已经处于世界领先地位，需要在这两个领域建立隐私保护机制、安全保障体系和公众信任体系。政府将在这些机制和体系的基础上，实现英国的数据经济愿景。

与所有其他政策一样，过渡期结束后，英国将根据自身利益制定数据保护法律法规。政府希望数据保护法在技术迅速变化的情况下仍然适用。监管的确定性和数据保护的高标准非但不会成为创新或贸易的障碍，反而会促进企业的发展和实现消费者权益。英国将寻求欧盟的"数据充分性"认定，以保持欧洲经济区个人数据的自由流动，英国将与全球合作伙伴一道追求英国的"数据充分性"，以促进数据在英国境内外自由传输，并确保数据受到适当保护。

现如今，数据对经济的影响比以往任何时候都大，有可能影响整个市场的结构和竞争力。这将对创新者产生严重的影响，尤其是处理数据的方式会影响到新技术和服务开发的难度、成本和风险。政府需要创造激励竞争和创新的条件，这反过来又将推动经济增长。

为了建立世界领先的数据经济，英国必须维持和强化数据体系，帮助创新者和企业家合法使用数据开发和拓展业务，同时又不会造成监管的不确定性和风险。

鉴于数据密集型技术更替速度极快，英国还需要一套明晰的数据体系。企业发展需要营造一个确定的环境，政府将与监管机构合作，优先提供及时、简单和实用的指南，尤其是针对新兴技术的指南，并创造更多安全试验的机会。

英国希望鼓励更广泛地采用数字技术，以造福经济和社会。政府将与监管机构合作，为中小企业提供更多支持和建议，以帮助他们在线上扩展业务，尽可能减轻合规负担。英国还将优先制定针对特定行业的指南和联合监管工具，以加快整个英国经济的数字化进程。

在所有这些技术变革中，政府希望公民成为数字革命的积极推动者。这是企业和个人的共同责任。

- 企业和其他使用数据的组织应该清楚如何负责任地收集和使用数据。政府将与数据伦理和创新中心及产业界合作，以确定并鼓励最佳实践；
- 人们应有权选择是否以及如何在公共部门和私营部门共享数据，包括在何处使用其数据可以帮助他人。反过来，政府将继续致力于高标准的数据保护，以使数据处理过程公平且不会导致歧视性结果。

个人、企业和其他使用数据的组织需要掌握正确的数据技能才能积极参与数据经济。个人应该具备基本的数据技能，以便了解个人数据的动态。英国的机构需要引进数据科学、数据工程和相关领域的顶尖人才以及拥有一支具备数据知识的员工队伍。

（三）任务三：转变政府对数据的使用方式，以提高效率和改善公共服务

政府在使用数据方面尚有巨大的潜力待挖掘。政府部门和更广泛的公共部门共享重要信息可以快速解决问题。疫情期间，英国在数据使用上的力度前所未有，在疫情之后，英国需要维持这种数据使用力度，并将对政府使用数据的方式进行重大而彻底的改变，以推动整个英国的创新和生产力。在此过程中，政府将改善公共服务，以及衡量政策和方案效果的能力，并确保资源得到有效利用。

政府内部和外部的专家（包括学者、公民社会和议员）已经就应对这一挑战和利用机遇的必要性达成共识。

然而，实现这一目标面临着许多障碍，其中许多障碍具有长期性和系统性。这些风险包括：共享数据的法律和安全风险；缺乏激励机制，缺少相关技能或投资来推动有效的治理和彻底改革数据基础架构；政府部门使用的标准和系统缺乏一致性，导致数据难以有效共享。

这些障碍并非不可逾越，英国有决心克服这些障碍。

为此，英国需要一个"全政府"的方式，由政府首席数据官领导，并与各组织建立紧密的伙伴关系。英国需要改变整个政府（包括更广泛的公共部门）收集、管理、使用和共享数据的方式，并创建联合和可互操作的数据基础架构。英国需要掌握正确的技能，发挥领导力来理解和发掘数据的潜力，既要激励组织做正确的事情，又要建立正确的控制机制，推动数据使用的标准化、一致性和适当性。

为了实现这一目标，英国需要在以下 5 个关键领域推动变革。

- 质量、可用性和可访问性：努力提高数据质量，保持数据的一致性，充分了解是数据类型以及数据保存在哪里，更好地收集数据，并在组织之间进行有效的数据共享。所有这些都应该成为常态，而不是例外。
- 标准和保证：制定和推动数据标准，提高数据的一致性、完整性和互操作性，并使数据能够在整个政府中广泛有效地使用。
- 能力、领导力和文化：在联邦政府和地方政府中发展数据和数据科学领域的世界领先能力，使领导者了解其作用，通过广泛提供专家资源，使各级员工具备所需的技能以及政府内部采用"默认数据共享"的方式等形式，应对数据使用和共享的风险问题。
- 问责制和生产力：赋予政府更严格的审查权和更大的问责权，确保提高生产力，优化政策和更好地服务公民，同时保障数据安全，并利用采购推动创新和取得更好的成果。
- 道德与公众信任：只有在透明、安全和有保障的道德框架内，发展、建立并维护公众对政府使用数据的信任，这种转变才是可能且可持续的。

（四）任务四：确保数据所依赖的基础设施的安全性和弹性

当前，数据使用是现代生活的核心部分，因此需要确保支撑数据的基础设施是安全可靠的。数据基础设施是一项重要的国家资产，它帮助提供公共服务，并推动经济增长，政府需要保护这些基础设施免遭安全风险和其他问题的影响。数据驱动服务和活动中断会导致企业、组织和公共服务的中断。

在英国，政府已经实施了保障措施和强制执行制度，以确保负责任地处理数据。但是，政府也要承担确保数据安全的更大责任，特别是传输数据及在外部数据中心存储数据时。

英国政府将根据形势确定风险的规模和性质，并研究适当的应对措施。

对于那些想要损害英国公民利益的网络威胁，英国将坚决予以打击。英国将塑造更安全的技术环境，并改善网络风险管理，使英国能够更好地抵御网络威胁。数据收集、存储和跨境数据传输均可能带来数据安全风险。英国将确定当前数据安全防护措施是否足以保护英国免受威胁。

数据使用还会带来其他风险。更好地利用数据可能有助于解决更广泛的气候变化问题，并帮助英国实现 2050 年净零排放目标，但还需要注意到，政府和企业在发展大数据经济时将同时对环境造成影响。英国将探索低能耗存储和处理数据的方式。

数据依托的基础架构是存储、处理和传输数据的虚拟或物理数据基础架构、系统和服务，包括数据中心（提供存储数据的物理空间）、对等和传输基础结构（允许交换数据）以及提供可远程访问的虚拟计算资源（例如服务器、软件、数据库和数据分析）的云计算。

（五）任务五：倡导跨境数据流动

在高度互联的世界，跨境安全地进行数据交换的能力至关重要。从经济角度来看，它能推动全球商业、供应链和贸易发展。它也将是全球复苏的关键。在个人层面上，人们依靠个人数据流动支付报酬，并与远方的亲人保持联系；这些数据尤其需要得到保护。最后，跨境数据流动对国际合作具有重大影响。

作为数字领域的先行者、自由贸易和基于规则的国际体系的倡导者，英国面临一个难得的机遇，可以主导塑造全球数据思维，并释放数据红利，同时管控负面影响。

借助参与国际事务的机会及英国的国际影响力，英国将采取以下措施。

（1）建立对数据使用的信任

英国将创建制度、方法和工具，确保个人数据在跨境流动时得到保护。包括寻求欧盟做出积极的决策，以允许个人数据继续从欧盟/欧洲经济区自由流向英国。对于从英国传输的个人数据，对其进行数据充分性评估，并与信息专员办公室（ICO）合作，建立国家间数据主管部门的合作关系。数据在人们的日常生活中起着重要作用，已成为一种地缘战略工具。在处理数据时，英国将建立明确的问责机制，保护个人数据在全球范围内安全流动。这些标准将与英国在促进其更广泛的价值观、伦理和国家利益方面的立场相一致。

（2）促进跨境数据流动

英国将在全球范围内努力消除不必要的国际数据流动障碍。英国将在贸易谈判中商定数据条款，并利用英国在世界贸易组织中新获得的独立的席位，影响数据贸易规则。英国将消除国际数据流动的障碍，包括为国际数据传输提供建立新机制的建议，还将与20国集团（G20）合作，在国家数据体系之间建立互操作性，以最大限度地减少在不同国家之间传输数据时的摩擦。

（3）推动建立国际数据标准和互操作性

英国将与各国合作，制定符合英国国家利益和目标的共享标准。在全球范围内，技术标准越来越多地彰显人类伦理、社会价值以及行业最佳实践。认识到这一点，英国将在全球范围内支持实现数据的互操作性，这将促进数据融合。如，英国支持联合国世界数据论坛于2017年1月通过的"互操作性协作"倡议。英国政府还将与志同道合的国家合作，努力确保数据发展符合社会价值观，并将其纳入新技术标准的参考因素中，这些新技术将对数据及其数据轨迹产生重大影响。

（4）在全球范围内推广英国的价值观

英国将全力发展优质、可用的数据。英国希望全球认可英国开放、透明和创新的价值观。现在英国已"脱欧"，可以以更独立的姿态参与国际事务。获取国际竞争优势和平衡国际力量越来越依赖于技术和驱动技术的数据。英国希望，英国培育的开放、透明和创新的价值观，以及对安全保护的注重和对道德秩序的维护，能在全球范围内得到推广。英国将继续发挥领导作用，以满足对公开、包容性数据的迫切需求，并实现英国在国际援助透明倡议下的承诺。英国将继续支持"开放政府伙伴关系"，推动在全球范围内建设开放型政府。

随着英国"脱欧"，英国有机会拓展新能力，为国际数据传输提供新的创新机制。

五、数据基础：确保数据适用于特定目的

如果英国要充分释放技术变革红利，首先必须保证数据发展方向正确。这意味着收集、组织、存储、管理和删除数据的方式要更加高效。数据是不会自

动筛选排序的。要使数据成为改变组织和社会的强大工具，需要对数据进行有效的管理，还需要现代化的基础设施，保证数据可以在相互交互的系统之间实现共享。

在《战略》中，"数据基础"一词表示符合目的的数据，其以标准化格式记录在现代化的系统上，并满足可查找性、可访问性、可互操作性和可重复性的条件。

有充足理由改变公共部门的数据使用状况。

数据的管理、使用和共享方式的不统一无法促进政府和更广泛的公共部门之间联合决策或合作。数据价值仍然被低估，且数据的利用率低。

提升政府间数据管理和共享的现代化水平将大大提高效率，并改善服务。为此，英国必须推动更大范围内的数据使用，将数据视为一种战略资产，并创建一种政府集体负责的方式来促进数据基础发展，以便每个人都能从数据中受益。

私营部门和第三部门的情况更加不同。尽管英国有一些世界领先的数据公司，它们在推动创新，为消费者提供更好的服务方面做得非常好，但这类企业数量相对较少。当前，在经济领域，特别是中小企业和第三部门，对于如何使用数据以及如何更好地使用数据都存在认识不足的问题。

组织内部和组织之间缺乏基本的协调和互操作性导致效率低下、问责不足，以及缺乏规划性。数据"孤岛"意味着丧失了借助数据创造经济价值的机遇，也丧失了挽救生命的机会。

事实上，不良的数据基础可能成为推动数据变革的真正障碍。例如，如果驱动人工智能或机器学习所需的源数据不符合目标，将导致结果不佳或不准确。

更优质的数据可以为企业增长和创新带来新机遇。英国可以大幅改善和优化公共服务，让消费者在市场中能够获取更大的权利和更多选择。

（一）更广泛的经济和社会中的数据基础

不论是基本的记录保存，还是数据驱动技术的尖端应用，数据质量过低以及缺乏公认的标准将阻碍数据被有效使用。常见的问题如下：

- 缺乏（中央）数据标准/元数据/API 的所有权；
- 缺乏数据管理技能；
- 随着与建立和维护成本相关的资源问题不断持续，外部环境的快速变化将导致用于管理数据的系统呈现碎片化。

一些受访者表示，这些成本对于小型组织或者那些将数据产品作为附属产品而不是离散业务产品的组织来说，负担较大。事实证明，一般来说，与大型企业相比，中小企业在投资和维护高质量的数据方面面临更大的困难。对于特定类型的业务来说，更是如此。例如，建造业已经就建筑信息管理（BIM）标准达成共识。然而，一系列的学术研究发现，中小型建筑企业通常不使用BIM。中小企业存在的问题包括：

- 认为BIM只对较大的建筑项目有益；
- 软件安装成本高；
- 软件需要授权许可；
- 缺乏内部技能或培训资金；
- 数据不具备互操作性——尽管产业策略支持BIM；
- 缺乏来自客户端的需求（因此缺乏使用更强大功能的推动力）。

从现有的有限的研究来看，私营和第三部门的数据基础问题引起了广泛关注，小企业、慈善机构和中小企业尤其突出。这些问题将推高企业的时间成本，并有可能导致企业决策失误，并带来运营风险。

需要慎重推进变革，"一刀切"政策不可行。不是所有数据使用障碍都需要政府介入进行破除的。例如，组织内部的数据质量差，不需要政府干预，除非影响政府执法或有违法规要求。即便如此，对于执法者或监管机构来说，这也是一个问题（例如，组织数据管理程序不当导致数据泄露，则需要英国信息专员办公室介入）。政府有必要介入，促进数据质量更优、更标准、更具互操作性，以推动经济增长或实现公共利益。

政府已经采取果断行动，释放位置数据和建筑环境数据的潜力，英国地理空间委员会和国家"数字孪生计划"都是很好的例证。政府已经采取行动，进一步推动英国行政数据研究中心（ADR-UK）工作，如根据2017年《数字经济法案》赋予的研究权利，变革研究人员获取公共部门行政数据的方式。或许可以将这种方式推广到经济的其他领域。首先，英国将采取后文所述的行动，并征求公众的意见，以便利益攸关方参与，推动议程发展。

政府在更广泛的经济领域内推广清晰的监管框架

政府致力于解决市场失灵问题，市场失灵意味着在更广泛的经济中数据使用基础的缺失或错位。可互操作和相互融合的数据可以带来广泛的经济效益。然而，优质数据是有成本的，企业可能会缺乏做出资源选择所需的信息。组织与遗留系统捆绑使得以互操作格式收集和维护数据更加困难。众所周知，缺乏协调会阻碍互操作性。当企业需要特定格式的数据用于业务实践时,当前市场可能无法提供这类数据。

随着数据成为更重要的现代经济资产,数据问题也成为一个新的复杂问题。正如任务一(释放数据推动经济发展的价值)所强调的,英国正致力于解决这些问题。要解决这些问题并非易事,它们涉及的参与者众多,且结果具有不确定性。因此,在政府推广这一框架之前,期待首先与利益攸关方建立伙伴关系。通过委托研究,将进一步深入了解政府在推动经济数据可用性方面可以发挥的作用。

政府将在适当的时候与监管机构和优化管理局合作,采取措施协调和调整现有工作,以在整个经济中构建数据基础。具体如下。

- 跨物理环境工作,包括有关位置、建筑和自然环境、运输和其他基础设施的数据标准化。这将包括进一步开发信息管理框架,寻求建立一种共同数据处理语言,借助这种语言,数字孪生可以安全有效地进行交流,这也是英国数字创新推进中心致力于发展国家数字孪生工作的一部分;
- 通过支持新的英国研发路线图,在国家和地方层面最大限度地利用可信数据进行创新。这将包括采取果断行动,推动研究、科学和创新数据的标准化和互操作性,改善地方和区域层面可信数据资源的访问;
- 致力于确保消费者数据能够为其所用。

案例分析:食品卫生评级计划

食品卫生评级计划(FHRS)是一个由政府主导的已开展的公开数据服务计划。该计划于 2010 年建立,并于 2012 年启动了 Web 服务和相关的 API。通过该计划,每年有 1200 万次 API 调用,覆盖超过 400 个英国地方部门。

英国食品标准局将相关评分作为公开数据提供给 Just Eat、Uber Eats 和 Deliveroo 等平台。将这些数据与其他数据源相结合,为消费者选择就餐地点及平台开展业务提供决策依据。

FHRS 建立的基础是一套基于多年经验的完整严格的食品安全和卫生保证方法。由于数据开放可用,该计划也被拓展到其他领域使用。例如,北爱尔兰经济发展署借助该计划来缩小商业利率差距。这一有针对性的方法在两周内提高了执法效率,并查出了 35 万英镑未收取的商业费率。作为面向消费者的工具,FHRS 的优势在于使用便捷。

(二)政府和公共部门的数据基础

政府和公共部门与数据基础相关的关键问题包括:

- 数据质量问题，从收集数据到公开数据集的数据生命全周期使用的数据标准的差异，以及元数据使用一致/不一致；
- 在数据处理各阶段，通常存在系统不兼容导致输入和记录数据存在问题或存在遗留系统的问题；
- 地方政府缺乏处理数据问题的资源；
- 领导层面不支持数据使用或者缺乏数据管理能力；
- 政府内部未达成一致。

政府和更广泛的公共部门在数据使用上需要革新。在加强问责的同时，需要更有效地使用数据来衡量政策的影响，并以此做出最佳决策，获取最大的效率。正如英国国家审计署（NAO）发布的《跨政府部门使用数据的挑战》报告强调，政府部门没有将数据使用作为关键优先事项，未重视数据质量问题。低效率和成本不仅源于低质量的数据，还源于数据系统之间不兼容的问题。

NAO报告还发现，政府部门之间缺乏统一标准，导致各部门记录数据的方式不一致，包括识别、获取和存储方式的不一致。这使得政府很难把握整体情况，也限制了部门从新技术和工具中获益的能力。

这些问题还蔓延至更广泛的公共部门。例如，电子健康记录系统在医疗护理、医疗服务和研究方面发挥了重要作用。虽然这类系统可能使用的数据标准是一致的，但最近的一项研究表明，在使用电子健康记录系统的117个NHS信托机构中，有92个信托机构使用了至少21种不同的医疗记录系统，这使得协调和有效共享信息变得困难。要想继续发挥这类系统的作用，确保这些系统功能齐全和具备互操作性至关重要。政府在2020年3月的预算中采取了决定性的举措，宣布组建数据标准管理局、政府数据质量中心，并开发跨政府的数据集成平台。2020年7月，内阁办公室还承担了针对政府使用数据的监管责任，以促进充分发挥数据使用在政府政策制定和服务提供方面的作用。

（1）跨政府部门使用数据和重用数据在数据质量和技术方面的障碍

英国将提高公共部门的数据质量，确保破除数据"孤岛"。即使是极其优质的数据，如果存储在不具备互操作性的系统上，也发挥不了作用。英国政府致力于消除跨政府部门的硬件和软件变化带来的数据互操作性障碍，通过技术手段使数据"独立于"数据基础设施架构之外。

英国将采取以下措施。

① 启动一项工作计划，以解决妨碍获得高质量数据的环境和工作阻力，

包括：

- 建立一个中央专家团队，确保有关数据共享的法律制度保持统一；
- 启动构建数据质量框架工作；
- 为政府创建数据成熟度模型；
- 建立优质的数据管理社区；
- 通过一系列旗舰示范项目或"灯塔"项目，学习并制定最佳实践和指导。

② 实施《政府内的联合数据：数据连接方法的未来》报告中的建议，改进政府间的数据连接方法、应用和技能。

③ 致力于解决遗留IT和更广泛的数据基础设施的长期问题。

④ 通过以下方式，推动整个政府的数据发现能力：

- 开发一个综合数据平台，为政府自身数据提供安全、可靠和可信赖的基础设施，平台将成为一个数字协作环境，帮助政府释放关联数据的潜力，建立数据标准，并开发工具和方法，使决策者能够利用最新的证据和分析来支持政策制定，改善公共服务和改善人们的生活；
- 创建数据清单审计。

⑤ 极力支持地方政府将数据效益最大化。

（2）标准与保证

为了确保数据在整个政府范围内可重用和具备互操作性，政府成立了一个数据标准管理局，其职责是确定和商定各政府部门可采用的数据标准的优先次序。以往，在标准使用方面，各政府部门遵循自主原则，这导致政府内部标准不一，未能实现效益最大化。英国将通过优先方式来强制执行某些标准，并通过控制财政支出来推动标准实施。

英国将采取以下措施。

① 制定并验证一套适用于所有政府机构的数据原则；

② 制定数据标准策略，包括：

- 明确说明数据标准管理局标准实施细则；
- 使用数字、数据和技术（DDaT）支出控制流程；
- 实施API和技术操作规范的并行控制流程，确保政府间数据标准采用的一致性。

（3）生产力和问责制

英国将解决政府间的数据治理问题，应对风险规避和数据累积问题，推动数据成熟度保持一致水平，并确保建立适当的保障措施。

英国将采取以下措施。

① 招聘高级跨政府数据领导者，包括政府首席数据官；

② 建立跨部门的治理机制，在整个政府范围内强制标准执行；

③ 通过以下方式推动政府协调一致的治理结构：

• 对部门内部数据的治理结构进行审查；

• 确保中央政府各部门将数据管理计划纳入各自的部门计划。

案例分析：利用行政数据的力量改变统计系统，造福公众

及时反映区域差异的人口、移徙、社会和经济统计数据，使政府能够积极应对，更有效地管控危机。

英国国家统计局正在利用行政数据来改造其统计系统，有效地为决策者提供更及时、更灵活的统计和分析。改造后的系统反过来将为社会和经济的关键方面提供更深刻的见解，造福公众。

（三）国际层面的数据基础

国际层面仍然缺乏基本的数据成熟度、标准化和互操作性。自新冠肺炎疫情以来，这一问题更加凸显。在全球范围内，技术标准越来越多地融入了伦理和社会价值观以及行业最佳实践。英国制定《国家数据战略》时考虑的一个因素是，英国必须让全球伙伴参与进来，取长补短，让他们能够充分拥抱和利用数据带来的创新。英国将与志同道合的国家合作，确保英国的价值观被考虑并纳入新技术的标准，而这些标准会对数据及其数据轨迹产生重大影响。

英国将采取以下措施。

① 支持数据互操作性方面的全球性工作，促进不同数据源的融合和交叉引用；

② 与国际伙伴合作，建立强大的国家统计系统，以推动经济增长，并帮助提供包容、高效的服务。

案例分析：英国地形测量局（OS）与新加坡三维地理空间数据模型的探索

继之前的联合研究项目之后，新加坡于2016—2019年向英国地形测量局寻求地理空间数据标准和互操作性方面的专业知识，以增强新加坡的3D"数字孪生"技术。

OS开展了两个项目，涉及多个利益攸关方，并发现了数据需求。确定并建立了针对各类城市"主题"（如建筑物、植被、公共设施和运输工具）的有效数据采集过程。项目关键是在建筑信息管理模型中选取相关信息，并通过开放标准数据模型将其与更广泛的利益攸关方（例如城市规划者或监管机构）进行共享，这些利益攸关方将从数据中受益，并评估新的发展或城市规划倡议效果。

基于项目成果，OS和新加坡国立大学共同合作开发了IFC2CityGML转换引擎。IFC2CityGML转换引擎是一个软件工具，能够自动传输不同地理空间用例的详细建筑模型信息。该项目还有助于促进新加坡BIM和地理信息系统社区之间的沟通协作。OS正在继续研发空间可视化和数据集成技术，将它们与人工智能和机器学习等技术相结合。通过将通用标准应用到实际的解决方案中，OS确保了正确的信息能够在正确的时间以正确的格式传递给正确的人。

六、数据技能：数据驱动型经济和用数据丰富生活的数据技能

数据技能可带来全面收益。如果企业可以有效地使用数据，那它们更有可能在数字驱动型经济中赢得竞争力。同样，精通数据的个人更有可能从他们生活和工作的日益丰富的数据环境中获益，数据驱动型企业可以为自身业务和更广泛的经济带来显著的生产力效益。

经济社会对数据技能的需求持续增长。英国皇家学会报告称，自2013年以来，社会对专业数据技能的需求增长了两倍多，英国文化、媒体和体育部委托公司对940万份在线招聘广告进行了分析，结果显示，数据分析技能将成为未来5年增长最快的数字技能。这表明，无论是互联网还是建筑行业，社会各个经济领域对数据科学和机器学习先进应用的需求均呈指数级增长。人工智能和网络相关专业的增长也推动了对基础级别更广泛的数据技能供应的需求。值得注意的是，这些稀缺的技能对于研究新冠肺炎防控措施至关重要。

学术界尚未就如何定义数据技能达成共识。《国家数据战略》将从广义层面定义数据技能，指导从业人员最大限度地利用数据所需的基础、技术和治理等技能，包括项目管理、治理和问题解决。

所需的技术技能包括编程、数据可视化、分析和数据库管理，以及解决问题、项目管理和沟通等核心技能。

基本数据素养要求对数据的使用有一定的了解，对数据质量及其应用有一定的评估能力，具备进行基础分析的技能。

通过调研发现，个人和企业发展所需的数据技能面临的挑战主要包括以下

几个方面。

- 未重视进行跨行业利益协调，也缺乏相关管理能力。数据技能的许多问题与人工智能和网络技能需求方面的问题类似。例如，近一半的英国企业网络技能方面存在缺口。需要在所有技能攸关方和环境之间采取协调一致的方法，同时需要加大力度丰富数据技能市场。
- 需要更加清晰地描述行业所需的数据技能，这将有助于评估个人技能，并确保新员工更好地满足公司的要求。
- 需要发挥正规教育和职业教育的作用，为那些离开学校、继续深造或在读的大学生提供知识储备的机会。所有人都需要具备基本的数据素养。要使数据技能市场与企业需求匹配，行业合作必不可少。
- 行业需要正确认识他们需要的数据技能，包括如何定义和提出这些要求，以及如何利用部门和专业知识培养或聘用员工。能够应对这些挑战的企业，特别是领导层面支持数据发展的企业，或能在数据驱动的经济中蓬勃发展。
- 英国国内数据技能人才有限，相关人才流失导致政府无法获得所需的数据技能。英国国家审计署的《跨政府部门使用数据的挑战》报告还强调了在"几个层面"的数据技能需要提升，包括：法律和伦理数据的使用；数据存储、管理和体系结构；规划和数据治理。

政府致力于与下层机构合作，协调先进的数据、数字和研发技能活动，以支持充满活力的职业道路，并吸引人才。进一步的行动将通过政府即将到来的数字战略和研发路线图的来制定。

（一）提高清晰度和协调性

（1）数据技能和角色定义

由英国数字、文化、媒体和体育部和皇家学会委托进行的研究以及政府的调查都表明，当前对与数据相关的定义各不相同。数据技能、数字技能、人工智能技能及其他类似术语之间往往概念不清。这种概念的模糊导致对相关技能进行评估变得复杂，也导致人员聘任工作变得困难。

正如政府的调查所强调的那样，有必要为想要从事数据工作的个人进行更清晰的职业规划指导。人工智能和网络安全中的相关角色也是如此。重要的是，许多角色是以共同技能为基础的，无论是特定的技术技能还是更普遍的能力。

英国将采取以下措施：发布适用于更广泛经济领域内关于数据技能的定义，明确区分数据技能、数字技能和人工智能技能，并考虑为期望从事数据相关工作的从业人员提供咨询服务。

这将建立在行业倡议的基础上，例如由皇家统计学会牵头的旨在建立行业范围内数据科学专业标准的项目，以及旨在在现有DDaT框架内全面描述数据技能的现有政府计划。

（2）在数据技能方面的国家领导力

许多国家机构参与了与数据技能相关的工作，包括阿兰·图灵研究所（国家数据科学和人工智能研究所）、国家数据创新中心和ODI。然而，人们对这些机构在应对英国数据技能挑战中所扮演的角色还不了解，这可能导致衔接不畅、行业混乱等问题，需要对此进行统一说明。

英国成立数据技能工作组，将其作为行业和高等教育的主要参与者之间进行知识和最佳实践共享的论坛，并促进数据技能和分析。它的成员来自行业领域、学术界、皇家学会和政府。

在相关领域，政府建立了人工智能委员会和英国网络安全委员会。作为能够提供权威建议并代表各自社区的独立机构，这些机构旨在分别在AI和网络安全领域发挥国家领导作用。数据实验室部分由苏格兰政府资助，旨在帮助苏格兰从数据中获得最大价值，并帮助苏格兰发展数据技能。

英国将采取以下措施：考虑阿兰·图灵研究所、国家数据创新中心、ODI、数据技能工作组、人工智能委员会、英国网络安全委员会等在数据技能生态系统中的作用，提高新技术的领导地位，促进行业、公共部门、大学和研究所之间更好地合作。

（二）确保正规和职业教育能够迎接挑战

（1）学校

数据革命不仅对具有高级分析技能的专家有影响，对整个英国劳动力市场也有影响。尽管不是人人都需要成为数据科学家，但每个人都需要具备一定的数据素养，才能在数据日益丰富的环境中工作和生活。

对于所有毕业生来说，储备好数据知识至关重要。英国皇家学会和英国国家科学技术协会的出版物强调了这一点，它们呼吁将数据科学整合到更广泛的学科中。同样重要的是，将数据科学作为一种教育学科，并确保人人可以轻松获取与数据有关的资格、技能及就业机会的信息。

正在开发的 16 T 级课程旨在帮助年轻人学习能够满足雇主需求的高质量技术。除正规课程外，借助学生对技术领域的兴趣，教育系统帮助这类学生拓展技术技能，并帮助他们对未来进行规划。

进一步的措施将囊括在英国数字战略中，并由国家技能基金宣布。

（2）大学和职业教育

从 2022 年 9 月开始，政府将进行高等技术教育改革，构建可满足雇主需求的高质量课程体系。教育部门还将推动政府部门、创新型组织、供应商和行业采用新兴技能，并考虑如何更有效地协调大学和区域企业。

2020 年 6 月，DCMS 和人工智能委员会宣布向学生办公室助资 1300 万英镑，以支持数据科学和人工智能学位转换课程，其中 1000 万英镑用于设立 1000 个奖学金，此外还有 1100 万英镑用于扶持大学和行业合作伙伴。该项目将至少创造 2500 个研究生名额，首批课程于 2020 年秋季开始。

英国皇家统计学会强调英国研究与创新（UKRI）部门需要抓住机遇，进一步发展和强化数据技能。英国研究与创新部所属的英国研究部、经济和社会研究理事会（ESRC）和其他机构都希望通过成立数据和公共政策博士培训中心（CDT）来解决这些问题。

英国将采取以下措施：

- 与机构合作，了解如何将数据科学整合到相关技术资格中，确保提供高质量的数据科学课程，并传授符合实际需求的数据技能，以支持新兴技术；
- 通过两种方式测试向本科生教授基础数据技能最有效方式——通过提供更广泛学科的模块，如人工智能、网络和数字技能，以及将数据技能整合到其他学科领域中。高等院校将在自愿的基础上参与试点；
- 研究如何提高研究工程师和专业人员的数据技能，以帮助最大限度地提高研发投资，增加企业和学术界之间的流动性，并在区域层面促进产业界和大学之间的联系；这项工作将基于 UKRI AI Review 的临时观察结果，该观察结果突显了各学科研究专业人员的数据能力严重不足。

（3）劳动力市场和行业

对于英国来说，企业拥有从基本数据素养到高级技术技能的数据技能非常重要。英国乃至全球急需具有高级数据技能和行业知识的人才，这意味着企业，尤其是中小企业都需要获得培训机会。英国还需要加强工作场所的多样性和流动性，并将数据技能的提供与各级业务技能的发展结合起来，以帮助发展数据驱动型企业。英国政府最近宣布将设立一个新的人才办公室，这将吸引顶尖科学、研究、数字和技术人才来英国。

过去5年，数据实验室与行业的互动表明，有必要改进对以下方面的认识：

- 数据角色和技能如何才能适合企业的要求，这将有助于确保首次招聘更成功；
- 利用数据推动管理层和董事会提高生产力和创新能力；
- 所有董事会级别的员工都必须具备基本的数据技能。

作为数字战略的一部分，政府将通过国家技能基金宣布进一步的措施，将采取以下措施：启动在线门户，支持企业获取数据技能培训，帮助中小企业获得符合其技术数据科学能力和目标的高质量在线培训材料。

案例研究：空中客车内部培训计划——数据文化作为所有人的数据能力

空中客车公司制定了内部培训计划，旨在提升自身的数据技能。员工在通过入学考试确定了完成课程所需的基本技能后，就可以参与该计划。这个为期9个月的课程是空客数字化转型的一部分。

（三）提升公共部门的数据技能：能力、领导力和文化

尽管数据红利惠及全民，但政府和公共部门多数仍缺乏制度化的数据文化。目前还没有一种一致而成熟的方法来处理基于知识、经验和最佳实践的数据。英国必须改变这一现状。未来工作中，数据使用必须成为一种范式，而不是数据专家特有的技能。

这种文化的缺失，其根源在于管理不力及数据技能人才的缺乏。过度强调滥用数据将带来的风险挑战，导致数据长期得不到充分利用，无法重视数据的价值，这是值得重视的问题。

高层有力管理和有效的治理将是在整个政府中创建数据文化的关键，但每个人都应该将数据使用作为工作重点。

作为数字战略的一部分，英国将通过国家技能基金宣布进一步措施：

- 优先考虑在整个政府范围内推广和培训数据技能；
- 招募具有数据和数字技能的政府领导人员，在政府中建立一支强大的技术、政策、法律和分析数据专家队伍；
- 到2021年，通过国家统计局的数据科学校园、政府分析职能部门和政府数字服务中心，在公共部门培训500名数据分析师。这项任务将在2021年进行审查，并制定新的能力建设战略，以满足2025年前政府的

新兴需求；

- 实施公共部门数据科学能力审计中概述的行动；
- 审查所有公务员可用的数据培训，并提出建议，以增强和扩展此服务；
- 畅通政府数据专家职业发展通道；
- 联邦政府对数据专业知识进行统一定义；
- 审查地方政府在管理、使用和传播数据方面的需求。

案例研究：国家统计局数据科学校园

2017 年，英国国家统计局成立了数据科学学校，拥有了一批合格的数据专业人才。建立数据科学学校是为了提供数据技能培训。它通过提升公共部门能力、研究新的数据来源和加强数据政策分析的方法来实现这一目标。

学校开设了一系列数据课题，具体如下。

- 数据科学加速器项目：英国国家统计局和政府数字服务代表政府数据科学合作伙伴组织，为公共部门分析师提供为期 12 周的指导项目，每年最多提供 3 次。
- 直接培训项目：数据科学校园和政府统计局为公职人员和组织提供一系列数据科学和高级分析技术的培训课程。
- 政府数据分析理学硕士：该在职理学硕士课程旨在提高现有公共部门分析师在数据科学方面的技能，该项目与卡迪夫大学、格拉斯哥大学、牛津布鲁克斯大学、南安普顿大学和伦敦大学学院合作开展。

七、可用性：确保数据可适当获取

随着数据量日益增长，政府有必要破除数据访问方面的障碍。

数据共享、数据可发现性、数据访问、数据可用性、数据可移植性和数据移动性等术语通常可以交叉使用或互相替换。

这里，使用"数据可用性"表示一种环境，该环境可促进私营部门、第三部门和公共部门之间进行适当的数据访问、流动和重用，从而为英国带来最大的经济或社会效益。

新技术模型（如云、边缘等）的出现使得多方以安全和增强隐私的方式访问数据变得越来越可行，例如通过安全的研究环境或属性交换模型访问数据。在实施过程中，英国将考虑政府在支持允许访问的技术以及用于数据共享或管理的治理和组织模型中的作用。

在新冠肺炎疫情的最初几个月，政府部门、地方当局、慈善机构和私营部门联合起来提供基本服务，这表明了数据共享的重要性。值得提及的例子是针对弱势群体的服务，该服务在很短的时间内使公共和私营部门可以安全共享数据，保障了临床上易感染人群的食品供应。

对不同来源的数据进行汇总也可以带来新的发现。例如，"互健康城市项目"对来自不同医疗和社会护理服务机构的数据进行匿名处理和汇总，从而激发了有关服务使用方式的新见解。实际上，数据共享还可以促进增长和创新。对于新兴创新组织而言，增强数据可用性意味着它们能够从工作中获得更好的见解，并进入新市场。当明显有利于消费者利益时，政府也会进行干预，例如与开放银行和智能数据有关的领域。政府还投资研究和开发了更好的数据共享机制，例如人工智能委员会和创新英国与开放数据研究所合作探索建立数据信任。

然而，在数据可用性方面仍存在一系列障碍，包括：

- 避险文化；
- 现行许可证条例的问题；
- 市场重用的障碍，包括数据积聚和市场力量差异；
- 公共部门数据格式不一致；
- 与数据可发现性问题；
- 隐私和安全问题；
- 组织机构不能更多地获得数据共享增加带来的红利，从而推高收集和维护成本。

这是一个复杂的问题，过度干预可能会产生不良影响，会降低社会收集、维护和共享数据的积极性，需要在基于商业目的进行数据收集与服务于英国整体利益之间进行平衡。对于个人数据，还必须考虑个人权利与公共利益之间的平衡。

数据已经成为一种重要的现代经济资产，这对于所有数字经济来说都是一个新问题。政府将考虑到这些激励因素，并考虑如何打通数据使用，以实现创新。例如，可以通过许可证或监管机构认证将其限制为具有特定特征的用户；可以在组织的协作组中共享等。

（一）经济和社会的数据可用性

越来越多的证据表明，数据潜力还有待挖掘，政府干预是解决这一领域市场失灵的必要手段。数字竞争专家小组的报告以及竞争和市场管理局对在线平台和数字广告的市场研究突显了数据集中和缺乏互操作性的问题，这是导致数字市场竞争和创新不佳的关键因素。此外，贝内特研究所和ODI的研究认为，政府有必要对数据市场进行干预，如此才能激发数据市场的全部潜力。将开放银行引入金融行业，金融市场效应明显提高。这项分析表明，英国国内生产总值平均增长1.4%，2017年就能增长278亿英镑。考虑到乘数效应，数字创新对经济的贡献可能更大。

有鉴于此，预计在更广泛的经济和社会中增加数据可用性有可能支持更大范围的创新，推动经济增长。这将为更多的人谋取福利，并有助于进一步的科学研究。

这些问题在任务一（释放数据推动经济发展的价值）中得到了解决。除此之外，政府将继续在以下更具体的领域采取行动。

（1）确保消费者的数据对他们有用：智能数据

智能数据使消费者和中小企业能够安全便捷地与授权的第三方共享数据。开放银行是最早推出的也是最先进的智能数据案例。开放银行拥有超过100万个用户，每年为消费者带来约120亿英镑的总收益，为中小企业带来60亿英镑的总收益。继竞争和市场管理局发布《2017年零售银行业市场调查令》之后，可互用格式和新数据流的出现促进了创新服务，不同的服务商能够基于这些新的可用数据提供服务，银行等市场领域的竞争日益激烈。

长期以来，消费者获取和使用供应商掌握的数据，或访问使用这些数据的创新服务，往往存在不必要的困难和耗时过多的问题。政府致力于建立一种经济，在这种经济中，消费者的数据可以为他们服务，并能促进创新企业蓬勃发展。预计随着时间的推移，在智能数据的不断发展下，新的服务将逐渐被推出，市场竞争将更为激烈，行政流程将缩短，消费者和小型企业将有更多的选择。竞争激烈的数据驱动市场可以减少业务摩擦，并推动创业、投资和创造就业机会。

英国将采取以下措施：

- 建立一个跨部门智能数据工作组，该工作组将协调和加速通信、金融、能源和养老金领域的现有智能数据计划，同时支持跨部门制定高质量的标准和系统；
- 在允许的情况下，引入基本立法，以提高强制参与智能数据倡议的能力，并为所有倡议提供立法基础。

（2）确保数字市场有效运作

数据是动态和竞争性数字市场的核心，它对英国未来经济的发展至关重要。政府需要正确的激励机制和架构安全地创建、共享和使用数据，保证消费者信心，并推动发展创新先进的数字产品和服务。

然而，数据的经济特性可能意味着数据并不总能安全有效地被使用。大型聚合数据集的价值与构建这些数据集所需的高成本相对应，它们可以带来规模经济，但也有可能抑制市场准入，破坏有效竞争，妨碍数据共享，并导致对消费者数据的不平等访问。设计不当的监管制度也会妨碍数据访问的实现。

政府原则上接受数字竞争专家小组提出的6项建议。政府还成立了一个跨监管机构的数字市场工作组，考虑促进竞争所需的职能、流程和权力。该工作组设在竞争和市场管理局内，并充分利用信息专员办公室和英国通信办公室的专业知识。政府致力于确保对数字监管的整体方法是相称的，并支持创新。

英国将采取以下措施：依照竞争和市场管理局对在线平台和数字广告的调查报告，制定清晰的政策框架，该框架将确定发展数据可用性的领域、形式以及政府应扮演的角色，以促进发展和创新。

（3）开放数据

自2012年白皮书《释放潜力》出台以来，政府要求所有公共部门采取"默认开放"政策。这一政策帮助推广了开放数据的概念，并期望取得以下效果。

- 问责：通过公开发布数据和政策背后的证据基础，政府将推动对决策的信任。
- 效率：公布数据以确定重复、浪费和其他可以审查和补救的系统性问题。
- 经济成果：利用数据作为新产品和服务的基础，促进创新型公司的增长。

通过改善对政府拥有的数据集的访问（例如，通过开放这些数据集），可以释放巨大的价值，开发并改善市场，更好地满足人们的需求。通过从基于文档的流程和系统转移到基于标准化数据的流程和系统，可以更好地支持物业技术等（PropTech）新兴行业的发展。

为了使开放数据蓬勃发展，英国已经制定了一些基本的政策和机制。其中包括数据使用的技术框架、治理论坛以及对国际社会承诺的透明度。随着时间的推移，数据格局发生了变化，有效治理和公职人员意识等方面出现了一些问题。政府寻求解决这些问题的方法，以确保公共部门的开放数据能够推动创新、效率和经济增长。

英国将采取以下措施：

- 审查开放数据的发布和决策过程，以确保一致性；
- 支持开发可互操作的指标，以衡量发布数据的影响；
- 继续采纳并实施能源数据工作组的建议，推动现代化的能源数据访问计划。

案例研究：能源部门和监管框架现代化

由英国政府、英国天然气和电力市场办公室、英国创新署委托成立的能源数据工作组概述了一系列旨在实现能源行业数字化的建议。大体上，这些建议提倡一种"假定开放"的数据分类模型，以该部门为中心，通过更好的数据管理和编目，使其数据更加可见和可访问。这项任务本身就很重要，当能源系统涉及大量低碳能源需求（如电动汽车和热泵）和分布式发电（如太阳能电池板）时，这项任务将变得更加关键。系统规划者和操作员需要这些数据辅助做出最佳决策。英国政府正与英国天然气和电力市场办公室、英国创新署和其他行业利益攸关方密切合作，通过现代化的能源数据工作来实现这一愿景。

英国天然气和电力市场办公室等监管机构需要跟上技术变革的步伐，这样才能改善社会和环境。当监管者采用灵活的监管方法时，结果将更佳。优化管理局正在探索如何让其他监管机构和部门采纳工作组的建议，以确保数据在支持经济、促进创新和提高透明度方面得到最佳利用。

（4）从公共和私有数据资产中获取价值的共享模型

除了对开放数据的承诺外，政府早就认识到，需要创新模式和方法，以从跨越私营和公共部门的数据和数据系统中获取价值——在数据本身不适合作为开放数据共享的情况下，出于隐私的考虑，国家安全或商业原因而共享为开放数据。

国家基础设施委员会和地理空间委员会的工作很好地说明了这一点，后文的案例研究进一步探讨了这一点。为了确保数据可用性既能助推经济增长，又能维护公共利益，政府将确保采取协调一致的方法从数据中获取价值，支持无人驾驶汽车和智能城市等新兴技术所需的未来基础设施。

整个经济和社会越来越需要协同工作。例如，为了改进检测和处理在线危害的系统，政府启动了一项价值 260 万英镑的计划，帮助企业开发基于人工智能的解决方案，以更有效地解决这些问题。

英国将采取以下措施：审查和升级支持监测和报告在线危害行为的数据基

础设施，如儿童性虐待、仇恨言论、自我伤害和自杀观念等。

案例研究：构建环境的数据

英国国家基础设施委员会（NIC）的《公益数据报告》提出了一个令人信服的案例，即使用数字孪生技术生产的数据将显著提升运营效率，改善公共服务，并为英国的零碳承诺做出重大贡献。仅在基础设施方面，NIC估计，更好地使用数据将节省70亿英镑的花费。报告还强调，如果这些数据能在企业和公共利益的组织之间有效地聚合和共享，那么这些数据的价值和有用性将大大提高。

根据报告提出的建议，英国数字化建设中心（英国政府与剑桥大学的合作项目）设立了"国家数字孪生计划"，从国家层面推动实现这一愿景。

"国家数字孪生计划"还建立了一个由政府、工业和学术机构组成的专家技术小组，该技术小组正在起草"信息管理框架"。信息管理框架将创建并支持采用通用信息管理组件，以便以一致、灵活和安全的方式跨组织和部门集成数据。"信息管理框架"出台后，其部分内容还将在全国范围内进行推广，以逐步帮助英国建立可信、分散和可互操作的信息交换系统。这将为国家数字孪生体铺平道路。

案例研究：国家地下资产登记

2019—2020年，地理空间委员会在伦敦和英格兰东北部启动了两个试点项目，以测试创建国家地下资产登记册（NUAR）的可行性，评估此类登记册的价值。试点结果表明，建立国家登记册，并确保外勤人员在安全有效地开展工作时有可获得的数据，将释放巨大的经济和社会价值。

考虑到国家登记册对英国经济的重要经济价值（估计每年至少2.45亿英镑）以及改善工人安全的迫切需要，地理空间委员会正准备在全国范围内推广NUAR，资产所有者都将通过它来共享数据，以保证开采过程安全。为了实现这一点，他们正解决与基础架构数据共享相关的障碍。

为了使国家平台对所有最终用户的利益最大化，资产所有者和其他利益攸关方要求地理空间委员会授权通过平台共享数据，并正在考虑推出相关立法。

（二）政府和公共部门内部的数据可用性

促进公共部门数据共享的框架

政府和公共部门之间共享、连接和重用数据存在障碍。正如任务三（转变政府对数据的使用方式，以提高效率和改善公共服务）中概述的那样，英国正在开展工作，以确保数据在整个政府范围内可重复使用，并且建立支持这种重用的系统。

法律障碍阻止了公共部门在更大范围内进行数据共享。从历史上看，为特定目的共享数据的需求增加，使得公共部门很难理解什么样的数据可以共享，而从立法上确立新的数据共享权力需要很长时间。

政府已采取措施解决这些问题，并简化公共部门的数据共享流程。2017年《数字经济法案》试图减少这些法律障碍，引入了为特定目的共享公共信息的法律权力。

另外，英国将采取以下措施：推动2017年《数字经济法案》权利的使用，以及更广泛地解决数据共享的障碍。

案例研究：更好地分享数据，以改善儿童和困难家庭的生活

住房、社区和地方政府部门管理的"陷入困境的家庭计划"旨在帮助地方服务机构改善面临健康状况差、家庭虐待、上学率低和失业等问题的家庭。

自2015年以来，第二轮方案已帮助了350105个家庭，包括支持30000名成年人持续就业。该方案鼓励各服务部门：及早发现家庭问题；共同努力了解相关家庭的整体需要，而不是单独应对个别问题；协调支持；跟踪所提供的帮助是否改善了情况；通过数字工具重新设计和改善服务，以获得更好的结果。没有有效的数据共享，这一切都不可能实现。

多塞特郡议会和布里斯托尔市议会均建立了需求分析系统，以便在早期阶段识别弱势儿童和家庭。这些系统利用2017年《数字经济法案》等法律，将当地公共服务合作伙伴的相关数据（如出勤率、就业率、反社会行为和犯罪率）汇集起来，确定哪些家庭正面临困境，对于这类家庭，家庭支持工作者、学校、卫生部门或其他当地服务机构将优先提供有针对性的支持，以防止问题进一步升级。

政府对这一计划成效进行了评估，评估工作汇集了来自地方政府和4个联邦政府部门100多万人和约35万个家庭的行政数据。住房、社区和地方政府部门与英国国家统计局合作，将地方当局和政府部门的数据进行匹配，创建个人和家庭层面的数据集进行分析。结果表明，计划取得了积极效果。该研究被称为"社会政策史上最复杂的尝试之一"，也是"就其方法复杂性而言具有里程碑意义的研究"。

（三）国际数据可用性

数据跨境流动对推动经济发展和全球合作至关重要。准确、可用、优质的数据可以提高透明度，加大问责力度，促进经济活动，对于全球稳定和繁荣至关重要。国际数据流推动全球商业运作、电子商务、供应链以及商品和服务贸易的发展，还能促进决策者、执法部门、监管机构和学术界之间的合作。新冠肺炎疫情清楚地表明了这种合作的必要性。

英国在国际合作方面奉行的主张是，在不损害安全和隐私的前提下，通过使用数据来推动创新、经济发展、政府合作和贸易。英国将采取综合性的方式，通过消除不合理的障碍，制定个人数据传输框架，并通过帮助国际合作伙伴提高其本国数据的可用性来获取全球数据。

（1）消除数据流障碍

目前跨境数据流动存在壁垒，例如要求使用本地计算机等设施作为在该国开展业务的条件，这可能阻碍创新、市场准入和贸易发展。英国将在鼓励消除此类壁垒上发挥带头作用，以释放全球数字贸易的增长潜力。

英国将采取以下措施：

- 寻求与贸易伙伴达成某些协议（包括与欧盟、美国、日本、澳大利亚和新西兰的谈判），以消除不必要的跨境数据流动障碍，并做出具体承诺，以防止使用不合理的数据本地化措施；
- WTO、G7、G20以及OECD中倡导全球数据流动的重要性；
- 利用全球人工智能合作伙伴关系下英国联合主席数据治理工作组的专业知识，与国际伙伴合作，探索国际数据访问和共享的方法。

（2）个人数据传输

近年来，数字交付贸易为企业和消费者创造了巨大机遇，并迅速发展，此类贸易依赖于数据流，并生产数据流。然而此类贸易也面临着严峻的挑战，如碎片化的传输机制以及针对跨境数据流日益严格的限制。

数据在人们的日常生活中起着重要作用，已成为一种地缘战略工具。英国政府支持国际数据流动，同时确保源自英国的个人数据传输遵循高标准的数据保护。英国必须对个人数据可能被合法传输到英国以外国家或地区负责。为此，需确保英国企业、慈善机构和公共部门组织建立有效且高效的机制，确保英国在传输个人数据的同时能够保护个人数据。英国将建立清晰可预测的问责制，以保护全球范围内流动的个人数据。这些标准将与英国更广泛地推广其价值观、伦理观和国家利益方面所持的立场保持一致。

英国将采取以下措施：

- 建立独立机制，对英国个人数据的传输进行数据充分性评估；
- 评估国际数据传输的过渡性安排；
- 评估可替代的传输机制，以确保英国境外的个人数据传输得到适当的保护；
- 在过渡期结束之前，根据《通用数据保护条例》（GDPR）和《数据保护法执法指令》寻求欧盟做出积极充分的决议。

（3）支持其他国家的数据可用性

可用数据对于理解与解决全球性问题至关重要。应对气候变化、国际犯罪以及新冠肺炎疫情的斗争需要各国共同努力。如果数据可用，解决这些问题将变得更加容易。

在这方面英国有经验可循。例如，2019 年，飓风"伊代"对莫桑比克造成了超过 17 天的灾难性破坏。为此，英国收集整理了一系列来自科学和数据提供者的言论。通过可用的标准化数据，开发了洪水预报和人口分布地图，从而帮助现场响应小组确定需要立即采取行动的区域。英国还帮助国际合作伙伴增强各自国家统计系统获取可用数据的能力，包括建立一个开放的可持续发展目标平台。

英国将采取以下措施：
- 支持各国采取更加开放的方式获取数据，并将继续在国际开放数据议程中发挥领导作用；
- 作为官方发展援助的一部分，开发利用大数据和建模分析的方法，帮助脆弱国家增强应对极端天气事件和疾病暴发的能力；
- 支持数据标准的实施，例如，国际援助透明度倡议开放数据标准、采掘业透明度倡议和基础设施透明度倡议；
- 与红十字会和联合国等国际机构合作，确保安全、合法和合乎道德地处理受危机影响的地区的数据。

八、数据责任：推动安全可靠地使用数据

英国已经成为主要的数据利用者。《国家数据战略》展示了英国致力于充分挖掘数据使用潜力的雄心，英国已经意识到数据利用将为全民谋取福利。

为了获取更多数据利用的益处，必须构建符合时代特征的法律和监管制度，提高数据在经济、社会和生活中的地位；必须构建能够反映人们真正关心的内容并维持社会信任体系的制度，同时抓住负责任地使用数据的机遇。

数据日益增长的重要性也将提升人们对于数据所依赖的基础设施的依赖，以及对确保数据安全性和可访问性的系统与服务的依赖。

《国家数据战略》使用"可靠的数据"这一表述来说明以合法、安全、公平、道德、可持续和可追责的方式处理的、支持创新与研究的数据。

安全可靠地使用数据要求社会各阶层采取行动。

- 政府层面：政府有责任确保建立清晰、可预测的数据使用法律框架，该法律框架既可以激励数据的创新利用，尤其是出于公共利益的创新利用，又能赢得人们的信任。一套能够促进社会发展的法律制度要求在更广泛的数字和技术领域考虑监管问题。这部分内容在《数字化战略》以及本战略探讨数据权利制度的章节中将加以阐述。政府还有责任确保数据所依赖的基础架构的安全、可持续和有弹性，以支撑社会经济数字化、经济增长以及人们生活和工作方式的变化。政府还必须保持透明度，并随时准备就其自身数据利用情况接受公开审查。

- 组织层面：组织有责任提高自身技能，既要有效地管理和使用数据，又要确保数据使用合法、安全、公正和可解释。政府希望企业和其他组织确保其自身具备收集、组织和管理数据的技能。这将造福于更广泛的经济和社会。与此同时，将数据安全性纳入产品和系统设计的一部分的需求越来越紧迫。在过去的 12 个月，有几乎近一半的英国企业发现了网络安全漏洞或遭遇了网络攻击。为了有效地发挥作用，组织还必须对因数据或算法利用而产生的偏差做出解释，正如数据伦理和创新中心中期报告所指出的那样。

- 个体层面：个人应有权掌控其数据的使用方式，并具备必要的技能和信心，以做出积极的数据使用决策，这些都将有助于实现数据所能带来的更广泛的社会效益。英国通信办公室关于消费者在线体验的研究发现，超过 80% 的受访者对互联网的使用表示担忧，其中 37% 的受访者特别关注数据或隐私问题。尽管如此，使用可能源自个人活动的数据仍能带来公共效益。例如，对于追踪新冠肺炎疫情以及就英国放开疫情管制的速度和区域做出集体决策的过程中，个人医疗数据具有至关重要的作用。相关个人数据对于理解人们所面临的共同安全威胁也至关重要。政府希望人们能意识到他们有责任思考如何负责任地、公平地使用其数据，并为所有人创造一个更美好的社会。特别是，希望强化既有的认识，即负责任地、公平地使用社会生产的数据可以为所有人带来公共利益。当人们理解了需要使用其个人数据的缘由时，他们往往愿意为了更广泛的利益而支持对相关数据进行利用。例如，一项政府调查显示：79%的英国成年人表示，如果他们的个人医疗数据有助于开发新药或新疗法，那么他们将愿意分享这些医学数据。加强个人对数据利用所具有公共利益的认识，还需要向人们公开公共利益，并承诺对数据利用提供充分的保护。

（一）促进数据权利制度不断演进

正如在"任务二：构建一个促增长和可信的数据体系"中所强调的那样，英国将致力于构建受公众信任的可促进增长的数据制度。英国将聚焦于以下所列的关键领域。

（1）帮助组织遵守法律

数据保护规则和法规在某些方面模糊不清，这会给中小企业带来困扰。在数据共享方面，不应因为监管的原因而让企业负担高昂的合规成本。这将妨碍数据共享产生社会效益。

英国将采取以下措施：

- 与信息专员办公室及其他机构合作，利用快速跟踪指南和使用联合监管工具，对英国现有数据制度中会引起混淆的内容予以明确；
- 与信息专员办公室合作，尽可能减轻企业（尤其是中小企业）的合规性负担；
- 利用信息专员办公室监管沙盒等世界领先的干预措施，为创新者积极提供建议和支持。

（2）公平、透明和信任

数据制度应使个人和组织能够理解和掌控其数据是如何被使用的。数据制度还应该帮助个体增强对数据使用的信心，提升在使用数据（包括其个人数据）时的舒适感，从而为社会带来效益。公平原则和透明度原则是英国数据制度的核心，保障个人能够访问其数据并获取数据收集、共享、分析和存储的信息。这些原则要求积极解读并应用于新兴技术，如大数据技术和机器学习。利用算法有可能提升决策的质量和速度，但是也存在着人为带入偏见、歧视性结果或不安全应用的风险。要挖掘算法的潜力，就必须降低这些风险。

只有建立了公众信任的健全的道德和法律框架，数据驱动型政府才有可能实现。人们需要确信政府按照最高的道德、隐私和安全标准，安全可靠地收集、存储和使用其数据。

一项广泛的研究表明，数据透明度是建立公众信任体系的关键，而这种信任体系有助于促进公共部门进行数据共享。公众在这方面的信任程度不一致。2020年2月，英国国家统计局进行的调研显示，有将近一半的成年人（49%）信任联邦政府使用其个人数据。而开放数据研究所（ODI）在2019年进行的一项研究中发现，只有30%的人相信中央政府会合乎道德地使用其个人数据。这些差异可能是由于采用不同的调查方法导致的。

信息专员办公室和阿兰·图灵研究所合作开展的ExplAIn项目等正在创建实用指南，以协助组织向受影响的个体解释人工智能的决策。信息专员办公室还发布了人工智能审计框架，重点针对的是数据保护合规性的最佳实践。尽管如此，包括阿兰·图灵研究所、艾达洛夫莱斯研究院、牛津互联网研究院和美国研究机构AI Now在内的许多专业机构强调需要进一步提高算法的透明度，特别是在公共部门内部。

政府已经认识到并致力于建立适当的机制，以提高算法系统所做出或支持的决策的透明度和问责制，并监测其产生的影响。因此，政府将与该领域的先进组织和学术机构合作，以审视及试验提高算法透明度的方法。

英国将采取以下措施：

- 在全国范围内开展利用政府数据带来社会效益的活动；
- 探索建立适当和有效的机制，以提高公共部门利用算法辅助决策的透明度；
- 年内与数据伦理和创新中心以及其他数据与人工智能伦理领域的领先组织合作，试用提升算法透明度的方法，并思考如何能将其在公共部门进行推广；
- 探索通过隐私增强技术增强消费者对数据的控制和信心；
- 探索进一步的措施，以确保私人部门和第三方在数据利用方面保持公平、透明和可信；
- 充分利用英国作为新成立的AI全球合作伙伴关系的创始成员的地位，与国际伙伴加强合作，借鉴其专业知识，尤其是负责任的人工智能和数据治理工作组所提供的相关专业建议。

最后，新技术可能有助于创建利于共享数据（包括个人数据）的安全可靠的环境。隐私增强技术通过改善隐私并建立信任的方式促进数据共享，而个人数据存储则有助于人们更好地掌控其数据。尽管如此，道德和法律问题仍然存在。

政府只有确保其数据处理方法基于透明、强大的保障措施和可信的基础，才能建立并维护公众的信任。为此，政府必须乐于接受公开审查，提高公众参与度，并改善可衡量进展情况数据的发布。更新的《数据伦理框架》对政府部门和更广泛的公共部门如何适当、负责任地利用数据进行指导。在研究和统计领域，英国统计局已经成立了数据伦理咨询委员会，并开发了一款自我评估工具，以帮助研究人员和统计学家考虑其数据利用的伦理性。

英国将采取以下措施：

- 在更广泛的公共部门内推动政府数据伦理框架的应用；支持数据科学家和数据政策制定者建立持久的数据伦理利用能力；通过数据伦理界传播知识、资源和案例研究；

- 与数据伦理和创新中心合作，通过探讨隐私增强技术等的创新潜力，以及研究公众态度，了解如何确保公共部门对数据的使用是可靠的。

案例研究：建立国家数据卫士

2014年，英国成立了国家卫生和社会护理数据卫士（NDG），旨在构建社会对整个行业数据利用的信任体系。考虑到此类数据的敏感性，其创建目的是确保人们信息的安全性和保密性，并且确保只有在患者能获得更好医疗结果的时候才可以共享这些信息。

从2019年以来，NDG有权就英格兰健康和成人社会护理数据处理发布官方指南。所有公共机构，包括医院、全科诊所、护理之家、规划人员和服务专员，都必须关注与其相关的指南内容。该指南还延伸至所有为国民医疗服务体系或接受公共资助的成人社会护理提供服务的公共或私人组织。

除了评估数据安全性、使用许可和退出机制，NDG的工作还包括审查数据共享是否符合人们的合理预期。与后项工作相关的则是推动出台了国家数据退出机制（这一机制为个人提供了将其涉密信息从研究与规划中退出的选择权），以及研发出新的数据安全和保护工具包。

数据伦理和创新中心成立于2018年，该机构旨在为数据驱动技术和人工智能的利用提供咨询，是全球同类机构中的首家。在数据伦理和创新中心成立的第一年，政府就委托其进行了有关在线定位和算法偏差的两项政策评估。此外，数据伦理和创新中心还开发了一项"分析和预测"功能，这项功能可提供专家级扫描，以识别伦理性创新的边界，并监控公众态度。它制作了《人工智能晴雨表报告》，以及一系列诸如人脸识别等炙热技术的主题"快照"报告，并对公共部门的数据共享情况进行评估。

数据伦理和创新中心建立了一套合作伙伴关系工作方法，与公共部门和私人部门的许多组织合作，以解决在实操层面可靠性创新所存在的特定障碍，并将这些工具和方法扩展适用至其他组织。此外，政府将要求数据伦理和创新中心保持现有的独立地位，以便为技术领域潜在干预措施的技术开发提供更多实际支持。政府将考虑一下问题，即赋予数据伦理和创新中心法定地位是否会强化这些职能。

（二）安全可持续的数据利用

（1）数据所依赖的英国基础设施的安全性和弹性

随着经济和公共服务越来越依赖数据，数据所依赖的基础设施的安全性和弹性也变得日益重要，对外部存储和处理数据的需求（如在数据中心）也变得越来越重要。经济合作与发展组织的数据显示，从 2014 年到 2018 年，购买云计算系统的英国企业数量几乎翻了一番。随着数据中心所支撑的商业和社会活动数量的增多，人们对数据所依赖的英国基础设施的安全性和弹性具有的信心成为个人权利保护、私人部门和公共部门组织所提供服务的保护以及国家利益保护的关键点。

随着英国国家网络安全中心（NCSC）的建立以及《通用数据保护条例》（GDPR）和《网络和信息系统条例》的推出，数据所依赖的基础设施面临的威胁和危害的风险管理工作已经取得了重大进展。但是，由于对基础设施的依赖程度不断加深，政府应在考虑数据存储和处理市场的全球性和动态性的前提下，提供持续的风险保证。正如"任务四：确保数据所依赖的基础设施的安全性和弹性"所述，政府将紧盯日益增加的数据依赖所带来的风险，并采取必要的措施建立对数据所依赖的基础设施的安全性和弹性的信心。政府还将确定当前用于管理数据安全风险的安排对于保护英国免受威胁是否合适。

（2）可持续的数据使用

政府间气候变化专门委员会（IPCC）的一份最新专题报告清楚地记录了全球变暖的轨迹，报告指出与气候相关的健康、生计、粮食安全、供水、人类安全和经济增长的风险预计将急剧增加。

作为全球气候危机解决方案及与之相关的目标的关键组成部分，数据及其配套基础设施日益受到重视。但是，数据和数字化对可持续性的真正影响尚未被完全了解。最新研究表明，2010 年至 2018 年间，数据中心服务需求增长了 500% 以上，但同期数据中心能源消耗量仅增长了 6%。这可能归因于能量效率的改善，但问题仍与供应商缺乏透明度有关。不良的数据管理和文化还可能导致大量的数据重复，以及不必要的数据保留、迁移和处理，从而产生碳排放问题。

英国将采取以下措施：发布《绿色政府：信息通信技术与数字服务战略（2020—2025）》，致力于解决数据透明度、问责制、可靠性和弹性等问题，以减少与政府采购相关的碳排放和成本。与此同时，政府将致力于制定《数据可持续性宪章》，阐明政府如何与其供应商合作，以期可持续性地管理和使用数据。

案例研究：遗留资产的潜在影响

英国国防部总会例行报告其所属 IT 系统及其相关大型数据中心的能源使用情况。为了更全面地了解国防系统的资产状况，2019 年，《国家数据战略》制定部门与国防部门的计划团队及部门机构进行接洽。由此，国防系统更庞大的资产被披露，而且资产中的能源密集型要素首次被纳入考虑。导致这一情况产生的原因可能是之前这些资产被认为是"赋能"组件而非"交付"组件，正如在过去几年里能耗激增的大量网络组件一样。这类"隐藏"的基础设施还未被完全记录在案，因此未来几年相关资产数量可能还会进一步增加。

这项工作具有十分积极的意义，它更清晰地展示了国防部真实资产和能耗数据的情况。国防部数据中心能耗约占国防系统信息通信技术能耗的 12%，终端用户设备占 40%，网络占 48%。为了更好地掌握资产的真实能耗数据，相关评估工作仍在进行中，这是指导如何衡量能耗并降低能耗的有力举措。

九、下一步举措

《国家数据战略》提出了 5 个可以采取的优先任务，还介绍了支持英国实施《国家数据战略》采取的进一步措施。其中一项重点工作是建立一个恰当的机制，监控和评估这些行动进展。

同样重要的是，要认识到政府无法单打独斗。考虑到数据的跨领域性质，跨部门和组织的合作至关重要。因此，政府正在寻求与利益攸关方开展进一步协商，并利用他们的专业知识来确保这些行动的顺利完成，确保《国家数据战略》达到释放数据潜能的总体目标。

（一）监测与评估

为了推动《国家数据战略》的有效实施，将制定一套监控和评估流程，对《国家数据战略》实施过程进行监控，以确保实现预期目标。

（二）公开征求意见建议

政府希望听取来自社会各界代表的意见，确保意见的多样性和包容性。意见征集时间截至 2020 年 12 月 2 日。意见征集对象包括：

- 初创企业，慈善机构和小型企业，特别是那些正在努力有效使用数据的人；
- 擅长使用数据资源的企业；
- 技术和数据公司的投资者；
- 关注弱势群体、消费者权利、数字权利、隐私和数据保护的民间社会组织；
- 地方当局和其他公共机构；
- 对数据在经济和社会中发挥作用特别感兴趣的学者、研究和政策组织；
- 国际数据标准、法规和治理机构；
- 律师事务所和其他专业服务。

4.4 《基于印度＜个人数据保护法案＞实现印美负责任的数据跨境传输报告》

第一章：引言

印度和美国之间的数据流动有助于促进印度构建现代数字经济社会。致力于推广可持续全球贸易的非营利机构韩礼士基金会（Hinrich Foundation）2019 年发布的《数字贸易报告》提到，2017 年，数字贸易对印度国内经济的实际贡献超过 325 亿美元，2030 年有望达到 4800 亿美元。当前，印度不断强化人工智能、信息科技和业务流程外包等举措，数字出口成为不断撬动印度经济增长的"支点"。印美互通贸易以来，印度已经成为美国第八大贸易伙伴，两国商品和服务贸易（包括数字贸易）从 1999 年的 160 亿美元增长到 2018 年的 1420 亿美元。

同时，印度互联网和移动协会（IAMAI）与印度国际经济关系研究理事会（ICRIER）联合开展了一项针对数据本地化对印度经济影响的研究，发现印度企业在落实数据本地化政策方面的成本不断攀高。

考虑到数据流动对印美经济的重要性，两国之间应启用跨境数据流动机制。鉴于印度已在 2019 年实施更新数据隐私制度的举措，并首次制定了全面的数据保护法规，2020 年，构建印美数据流动机制尤为重要。印度下议院于 2019 年 12 月 11 日推出《个人数据保护法案》（PDPB）（2019 年第 373 号法案）。

本联合报告是由美国信息政策领导力中心（CIPL）和印度数据安全委员会（DSCI）共同制定，以强调在印度《个人数据保护法案》通过之后印美之间数据流动的重要性。本报告旨在阐述联合议会委员会对《个人数据保护法案》的审查意见，以及印度政府官员正在考虑与美国签署的贸易协议。CIPL 先前已向印度电子和信息技术部（MeitY）以及印度联合议会委员会提供了关于《个人数据保护法案》的材料。

具体而言，本报告旨在：

- 概述印度《个人数据保护法案》第七章关于印度向境外传输个人数据的限制条件以及第 50 条关于印度向美国进行数据传输的行为守则；
- 根据全球其他数据保护制度中已建立的跨境数据流动机制评估此类规定；
- 管理印美数据跨境流动。

关于最后一点，本报告将：

- 探讨印度如何在遵守《个人数据保护法案》相关守则和规定的前提下，实现印美数据流动，同时确保印美跨境数据流动与包括亚太经合组织"跨境隐私保护规则"（CBPR）和欧盟《通用数据保护条例》（GDPR）在内的全球数据保护制度一致。
- 研究在《个人数据保护法案》数据传输充分性的条款下，如何促进印美数据流动。在遵守适用法律和国际协议的情况下，印度可以借鉴其他数据跨境流动和转移机制来实现上述目标，如可以参考 APEC "跨境隐私保护规则"的相关机制，印美之间专门就数据流动机制达成一项贸易协议；还可以参考印度数据保护局（DPA）和美国联邦贸易委员会（FTC）签署的合作协议或谅解备忘录。

上述所有跨境流动方案都需要制度保障，才能实现。FTC 是美国主要的隐私执法机构，并积极落实跨境数据流动方面的隐私规定，包括落实 APEC "跨境隐私保护规则"以及《欧美隐私盾牌》协定。其中，欧洲法院于 2020 年 7 月判决《欧美隐私盾牌》协定无效。

此外，本报告概述了实现印度向美国传输数据的多种途径，并审慎地提出了具体方案。但作者认为印度在与美国进行贸易谈判时，需要考虑相关协定内容的适当性。

第二章：印度《个人数据保护法案》中与数据传输有关的规定

《个人数据保护法案》第七章概述了印度拟议的规范境外敏感和重要个人数据传输的办法。《个人数据保护法案》限制个人敏感数据和关键个人数据的传输。

下面是《个人数据保护法案》第七章有关禁止向印度境外传输个人数据的相关规定：

第 33 条，禁止在印度境外处理个人敏感数据和关键个人隐私数据。

第 33 条规定，个人敏感数据可以传输到印度境外，但数据必须存储在印度境内。所有个人敏感数据的本地副本必须存储在印度境内。《个人数据保护法案》第 3 条（36）款对个人敏感数据做出了较为宽泛的定义，包含"与财务相关的个人数据；健康数据；公民识别码；性生活；性别取向；生物特征数据；遗传数据；宗教或政治信仰或从属关系等；或根据第 15 条被归类为个人敏感数据的任何其他数据。"《个人数据保护法案》第 15 条允许中央政府将更多的个人数据归类为"个人敏感数据"。

第 33 条进一步说明，关键个人数据只能在印度境内处理。只有在两种特殊情况下，关键个人数据才能转移至印度境外，这也成为数据本地化的基础。此外，一些数据甚至可能与印度数据主体无关，这无疑对数据的合规性带来了挑战。此外，《个人数据保护法案》未对"关键个人数据"进行定义。但定义不明会给印美数据传输带来挑战。

第 34 条规定概述了可向境外传输个人敏感数据和关键个人数据的条件。根据规定，将个人敏感数据传输至印度境外处理，必须获得数据主体的授权，且传输必须符合以下条件：①数据传输按照印度数据保护局批准的标准合同条款或集团内部方案进行；②印度中央政府已经允许数据可传输至该国家、该国国内某一实体或某类实体、该国际组织；③印度数据保护局已允许的基于特定目的的可传输的个人敏感数据或某类个人敏感数据。

要获得印度中央政府的充分性认定，某国家、某国国内某一实体或某类实体、某国际组织必须对个人敏感数据采取保护措施，并遵守适用的法律和国际协议。此外，数据转让不得损害印度当局对相关法律的执行权利。

第 34 条规定，只有在以下两种情况下，关键个人数据可向印度境外传输。

将关键个人数据向印度境外传输仅限于以下两种情况：①必须迅速将关键个人数据传输至从事医疗或急救服务的个人或者是实体（这种情况必须在法定期限内通知印度数据保护局）；②印度中央政府已经允许数据传输至该国家、该国国内某一实体或某类实体、该国际组织，且数据传输不会损害印度国家安全和战略利益。

第 50 条概述了数据传输需要遵守的行为守则。

第 50 条规定，印度数据保护局应立法制定行为守则，推进数据保护的良好实践，并促进《个人数据保护法案》的贯彻执行。根据公布的法案文本，印度数据保护局有权批准行业协会或贸易协会、代表数据主体利益的协会、监管部门或法定机构、印度中央或联邦政府的任何部门或部委提交的行为守则。《个人数据保护法案》列出了行为守则包含的具体事项，其中包括第 34 条有关个人数据跨境传输的内容。但是，《个人数据保护法案》并未根据第 34 条将行为守则批准为数据传输机制。

第三章：参照全球其他数据保护制度规定的跨境数据传输规范，评估印度《个人数据保护法案》中的数据传输条款

（一）向印度境外国家或地区传输个人数据的限制

尽管《个人数据保护法案》第七章的部分内容与他国数据保护法中的数据传输规则有相似之处，但在大多数情况下，第 33 条和第 34 条与其他跨境数据传输方式存在很大的区别。这种差异带来了后文中将描述的重大挑战。本节旨在根据已建立的全球其他数据保护机制中的数据传输方法，对印度《个人数据保护法案》中的跨境数据传输规则进行评估。

印度若想继续蓬勃发展，成为创新和贸易的全球中心，《个人数据保护法案》必须包含与数据传输相关的规则。

《个人数据保护法案》的第 33 条和第 34 条有关个人重要和敏感数据的规定带来了一些挑战：

（1）个人敏感数据

① 要求将敏感数据的副本存储在印度境内

向印度境外传输个人敏感数据，要求将数据存储在本地的规定，将严重干扰数据相关企业和数据系统的运作。这样的要求将产生以下影响。

一是将禁止使用依赖于数据的分配技术：要求将敏感数据存储在本地会削弱印度公司充分利用新兴技术的能力，因为这些技术严重依赖全球分布式网络，如云计算、数据分析、人工智能和机器学习应用程序。相比其他具有这类技术的国家来说，印度将丧失竞争力。

二是将强制创建冗余存储系统：新冠肺炎疫情期间，云服务使用量剧增，后续也将延续这一态势。云服务提供商可以为多个市场提供服务，而无须在每个管辖区域内建立单独的冗余存储系统。这种集中式服务不仅可以创造规模经济，而且还可以简化操作流程，并可以确保将相关类型的数据存储在一起。例如，确保将健康数据与为印度境外的医疗保险目的而存储的相应个人数据存储在一起。要求将敏感数据的副本存储在印度境内将不可避免地要求相关组织建立冗余的存储系统，这样将增加成本，扰乱业务流程，并造成信息安全风险。

三是将大幅提升本地和外国中小企业的经营成本：允许数据在国家之间自由流动有助于中小型企业在市场中保持竞争力。云计算的现代数据存储解决方案为中小企业提供了进入市场并与大型企业竞争的平台。但是，为敏感数据创建本地数据存储系统的要求可能成为中小企业和初创企业进入市场的障碍。根据Statista.com的数据显示，2017年金融科技和医疗保健初创企业约占全球初创企业的14%，这些企业毫无疑问每天都要处理大量敏感数据。因创建冗余存储系统的成本过高，它们将别无选择，只能放弃印度客户，尤其是对于那些刚创建并试图推出数字服务的企业来说。

四是将危害数据安全：为敏感数据额外创建存储系统可能使数据面临更大的网络安全风险以及自然灾害造成的损失风险。数据集中存储在印度境内，相关系统容易受到网络攻击，并发生数据丢失的情况。

五是外国法律适用问题：敏感数据本地存储的要求可能导致与全球其他数据保护法律冲突的情况发生。例如，保存数据的时间超过规定时间或保存的目的违背或超出原始收集目的和宗旨（包括出于本地存储目的对敏感数据进行分类），可能都会违反许多国家的数据保护法律，包括欧盟出台的《通用数据保护条例》。此外，随着美国考虑进一步出台各州隐私法律和联邦隐私保护立法，印度出台的《个人数据保护法案》对敏感数据本地存储的要求与美国隐私保护要求之间也可能存在类似冲突。

② 将敏感个人数据传输至印度境外的必要条件

合同条款和集团内部方案以及充分性调查结果是有序实现跨境数据传输的总原则，并且与其他现代隐私法（例如欧盟的《通用数据保护条例》或巴西的新隐私法《通用数据保护法》）相关规定一致。但《个人数据保护法案》要求存储数据须获得个人授权，此举将严重妨碍正当的跨境数据传输。

实际上，《通用数据保护条例》仅在无法进行充分性认定或获得保障（例如具有约束力的公司规则、标准合同条款、行为守则或证明）的情况下，才允许将个人授权作为数据转移的条件，并且需要告知个人数据转移的潜在风险。2019年，加拿大隐私专员办公室（OPC）就跨境数据转移是否需要获得个人授权进行了公众咨询，结果是无须进行个人授权。

《个人数据保护法案》中关于跨境传输敏感数据需要额外明确授权引发的主要关注事项如下。

一是不会对数据主体起到更大的保护作用：在满足合同条款和集团内部方案或充分性调查条件外，再要求个人授权，并不一定会对个人数据起到更大的保护作用。这是因为合同条款和集团内部方案已经明确了数据保护的相关义务。实际上，这种机制已经对数据接收者提出了更多要求，对个人的保护作用更大，因为授权意味着个人在数据传输之前已经知晓需要面临的风险。在这种情况下，授权更像是一种对企业的保护机制，因为用户在知晓风险的情况下依然授权，相当于给企业免责。根据消费者团结与信任竞争协会、投资与经济法规中心（CUTS C-CIER）的一项研究可知，仅11%的印度互联网用户会阅读隐私政策。随着数字和数据经济的发展，这一比例不会有所提高，因为各类"同意请求"数量不断增多，即使用户有意愿，也无法做出知情的选择。在当前以数据为中心的环境中，期望个人通过授权保护自己是不现实的。此外，在充分性调查的基础上，再要求个人授权，将削弱中央政府的决断力，无法裁定某个国家、某类实体或某个国际组织是否能为敏感数据提供充足的保护。除此以外，要求个人授权不会给个人带来额外的保护。实际上，数据传输不需要任何额外的保护措施，印度境内的敏感数据传输不需要经过个人授权这一事例就是很好的证明；但是，也有个别数据传输情况需要征得个人同意。

二是要求获得个人授权会向数据主体传达错误和混乱的信息：所有敏感数据跨境传输都需征得个人同意会让人感到困惑，并且可能误导人们以为这种传输存在固有风险。在当前全球数字经济中，数据跨境传输在为消费者提供广泛的产品和服务方面起着至关重要的作用。通过多种其他传输机制（如合同条款和集团内部方案或充分性调查）可以确保数据传输安全，但要求个人授权可能会阻碍个人获取相关产品和服务，即使他们会受益于使用这些产品和服务，如与健康相关的物联网设备。

三是给数据主体带来不必要的负担，每次敏感数据传输都要求个人授权会极大地增加授权请求的数量，造成负担过重的情况出现。

四是要求个人进行授权会给数据信托人和处理器带来不必要的负担：根据《个人数据保护法案》，在敏感数据传输方面，各组织必须执行寻求授权的机制和程序。这可能会给现有业务和新增业务造成较高的成本负担，并可能对已经构建了与全球通用一致的跨境数据传输机制的组织造成损害。

五是每次敏感个数据传输均需要获取个人授权不具备可行性：在某些情况下，由于组织与数据主体之间存在信息不对称的情况，组织不知道数据主体是谁，因此无法获得相关个人的授权。在提供与打击金融犯罪有关的服务时，这种情况较为普遍。在这种情况下，组织与所涉个人没有直接关联，而法律可能强制要求共享此类与金融信息相关的敏感数据。

除了上述要求免除在跨境敏感数据传输时的个人授权的理由外，联合议会委员会在审查《个人数据保护法案》中涉及向印度境外传输数据的内容时，还应考虑一项重要的政策因素，即需要拓展敏感数据的定义。如前所述，《个人数据保护法案》第15条允许中央政府在法案第3条（36）款明确规定的基础上，可以将其他类型的个人数据归类为"个人敏感数据"。这种政策空间将给印度和他国企业带来不确定性，因为它们可能随时会接到通知，其他类型的数据被确定为了敏感数据，而敏感数据传输需要获得个人授权。为了确保印度数字市场对全球企业具有吸引力，应确保相关规则的可预测性，明确可以被归类为敏感数据的"其他类型"。

（2）关键个人数据

一是尚未对关键个人数据进行定义。印度《个人数据保护法案》缺少对关键个人数据的定义，这将给组织带来很大的不确定性。在此情况下，中央政府可以自主定义关键个人数据，这将影响数据传输，因为倘若数据被列为关键数据，其传输将受到极大限制。

二是关键个人数据只有在极少数情况下才能跨境传输。如前所述，个人关键数据只能在发生了涉及医疗卫生的紧急特殊情况下才能向境外传输。事实上，关键个人数据在经过充分性认定后也可以向境外传输，而且这种传输原则上不会损害印度国家安全和战略利益。这可能是出于要确保在跨境犯罪调查中可以访问数据的目的。但是，还有其他可以通过限制贸易的方法实现这种访问，这样就可以避免数据本地存储要求对数字贸易造成负面的经济影响。例如，印度可以寻求通过双边协定，例如《司法互助条约》（MLAT）、新的司法互助机制、《澄清域外合法使用数据法案》或特定贸易协定下的协议，实现这一目的。

（二）第 50 条：行为守则

行为守则在确保合规性、组织问责和负责任的数据使用上起着重要作用。行为守则一词既可以说是"行为规范"（GDPR 中使用的术语），也可以描述为数据保护认证方案。但是，印度出台的《个人数据保护法案》尚未明确"行为守则"是否同时涵盖了行为规范和数据保护认证方案。要在具有不同的隐私制度以及跨境转移机制的国家或地区之间建立全球互操作性机制，数据保护认证方案发挥着越来越重要的作用。CIPL 和 DSCI 建议修改《个人数据保护法案》第 50 条。

此外，联合议会委员会应建议在第 34 条（1）款（a）项下，在可用于传输敏感数据的现有机制列表中增加与认证和行为守则相关的内容。越来越多的国家（包括美国在内）允许依照这类机制跨境传输个人数据。美国已经加入了 APEC "跨境隐私保护规则"。美国还签署了《欧美隐私盾牌》协定及《瑞士-美国隐私盾牌》协议。尽管如前所述，欧洲法院已判决《欧美隐私盾牌》数据转移协定无效。《瑞士-美国隐私盾牌》协议仍然有效，不过该协议有待瑞士联邦数据保护和信息专员进行进一步评估。美国商务部已表示将继续管理《欧美隐私盾牌》协定。美国商务部和 FTC 都明确表示，欧洲法院的裁定并不能免除组织根据隐私盾保护协议传输数据的现行义务。

第四章：印美数据传输的管理路径

从以上讨论可以清楚地看出，印度出台的《个人数据保护法案》草案对印度向境外国家或地区传输个人数据提出了重大挑战，这可能会严重损害包括科技领域在内的印度经济和中小企业的发展。CIPL 和 DSCI 认为，印度可以采取其他路径，促进负责任地向美国传输数据，同时确保符合《个人数据保护法案》的数据保护规则。

（一）促进印美数据传输：根据《个人数据保护法案》启用认证机制和行为守则等传输机制

促进数据从印度流向美国的一种方法是，在《个人数据保护法案》的指导下，启用认证机制和行为守则等传输机制。CIPL 之前已向印度电子和信息技术部、印度联合议会委员会提出了此项建议。此类认证机制和行为守则应符合第三国认证规划，可实现双方的可互操作性。因此构建印度自身的认证体系时，需要考虑 APEC "跨境隐私保护规则"、欧盟《通用数据保护条例》制定的认证体系和行为准则，以及已废止的《欧美隐私盾牌》协定。

构建隐私认证体系对于印度来说具有重要意义。美国思科公司（CISCO）最近发布的一项研究显示，隐私认证机制在消费阶段发挥着至关重要的作用。调查显示，95% 的印度公司认为隐私认证非常重要。实际上，在该研究调查的 13 个国家中，印度公司在对隐私认证的重视程度上排名最高。

印度可以通过以下多种方式引入跨境数据认证机制。

一是在第 34 条（1）款（a）项，在传输敏感数据的现有机制中新增有关认证和行为守则的内容。

二是在此基础上，扩展《个人数据保护法案》第 50 条行为守则的内容，明确认证事项，这可以将印度《个人数据保护法案》与根据第 50 条（6）款（q）项处理个人数转移至印度境外的认证相关联。

在第 50 条中没有明确包括与认证体系相关内容的情况下，印度可以将"行为守则"理解为隐含了认证机制。如上所述，守则内是否涵盖了认证要求是存在争议的。《个人数据保护法案》将行为守则定义为"第 50 条描述的行为守则"。第 50 条指出，应按法规中的行为守则，促进数据保护的良好实践，并敦促遵守义务。《个人数据保护法案》如果涵盖认证机制，从本质上来说，可以实现这些目标（即促进负责任的数据传输惯例，并遵守适用法律）。

通过这种方式制定认证机制和行为守则可以使印度数据保护局承认第三国的数据传输认证体系符合《个人数据保护法案》。如果国外认证机制与印度的要求不符，印度可以附加保护措施进行谈判，使双方要求达到契合。例如，可以批准将 APEC "跨境隐私保护规则"作为有效认证机制（加上必要的附加保护措施），从而允许数据在印度组织与加入 APEC "跨境隐私保护规则"的经济体之间流动。2020 年 6 月，新加坡个人数据保护委员会（PDPC）采取了类似的举措，修订了"个人数据转移至新加坡以外的国家或地区"的相关规定，认可 APEC "跨境隐私保护规则"及 APEC 处理器隐私识别（PRP）认证，这使新加坡组织可以将个人数据转移至新加坡以外的国家或地区。同样，日本个人信息保护委员会（PPC）在 2015 年修订的《个人信息保护法》（APPI）修正案有关的准则也承认，将 APEC "跨境隐私保护规则"作为 APPI 下处理数据传输的国际框架。

另外，将认证和行为守则作为《个人数据保护法案》下的数据传输机制的话，印度应考虑此类认证方式的可操作性。在向美国传输数据时，可以通过与FTC签署的一系列执法合作协议，按照双边执法合作协议或谅解备忘录，协助适当的执法行动，具体如下。

- 双边执法合作协议：为了确保对印美数据传输行为进行适当的监督，并进行强有力的执法，印度数据保护局可以与FTC就隐私和数据保护签订具有约束力的执法合作协议。根据2006年的《美国网络安全法》，如果第三国立法有要求，FTC会有权签订具有约束力的协议。
- 谅解备忘录：通常，FTC会与他国相关部门签署不具备法律效力的文件。根据FTC官网的说法，所有合作协议都可以归类为美国机构间的协定或国际协定。这些"国际协议"通常采用谅解备忘录的形式。此前，美国司法部和FTC均与印度政府相关部门和印度竞争委员会就反垄断合作签署过谅解备忘录。

（二）促进印美数据传输：《个人数据保护法案》下的充分性调查

根据《个人数据保护法案》第34条（1）款（b）项，印度中央政府有权与印度数据保护局协商，就第三国、实体单位或国际组织出于数据传输目的的数据保护水平进行充分性调查。印度可以寻求通过多种方式与美国达成相关国际协议，以推动充分性调查，后文将对此进行详细说明。

值得关注的是，美国不太可能再会与他国订立与《欧美隐私盾牌》协定及《瑞士-美国隐私盾牌》协议类似的协定，就双边数据传输机制与第三国达成某项协定。相反，美国一直在暗示，它将继续通过APEC"跨境隐私保护规则"解决与他国数据流动的问题，而不是单独与第三国签署双边协定。例如，2019年9月，美国白宫新闻秘书在《"欧美隐私盾牌"第三次年度审查报告》发表前发布了一份声明称，美国政府将继续将APEC"跨境隐私保护规则"优势扩展到APEC区域外的更多贸易伙伴，同时将加大力度落实《欧美隐私盾牌》协定。外界认为，相关表态表明美国将不再签署"隐私盾牌"这样的双边数据传输协议，而将寻求全球跨境数据流动的多边解决方案，特别是通过APEC"跨境隐私保护规则"。数据的全球可互操作性是全球数字经济持续增长的关键。多个国家或者地区之间建立不同的数据传输协议会导致运营成本增加、行政负担加大、经济效率降低。制定多边解决方案能够避免此类问题，使数据能够在更多国家之间流动，并能确保数据安全和数据使用效力。此外，如上所述，欧洲法院在 2020 年 7 月裁定《欧美隐私盾牌》协定无效，进一步使人们怀疑美国是否会与其他国家再签署类似协议。

有鉴于此，为了促进印美跨境数据安全有效地流动，印度可以考虑以下方式。

- 制定印美贸易协定，明确双方将在跨境数据转移框架内进行合作，并明确双方就隐私保护合作进行部署。APEC "跨境隐私保护规则" 是印美之间可以参考的、可行的数据流动框架。
- 印度数据保护局与美国联邦贸易委员会根据 2006 年制定的《美国网络安全法》，签署具有约束力的双边执法合作协议。
- 印度数据保护局与 FTC 签署谅解备忘录。

（1）以 APEC "跨境隐私保护规则" 为框架的印美贸易协定

印度可以与美国专门就双方如何在 APEC "跨境隐私保护规则" 下达成贸易协定进行谈判。印度中央政府可以承认，经过 APEC "跨境隐私保护规则" 认证的企业能够为跨境数据流动提供足够的保护。APEC "跨境隐私保护规则" 包含了 50 项要求，这些要求融入了 APEC 隐私框架的 9 项隐私原则（印度的《个人数据保护法案》中也有这些原则的体现，这些原则的制定依据包括 APEC 于 1980 年制定并于 2013 年更新的《保护隐私和个人数据越境流动的准则》），并且根据 APEC 成员的法律强制执行。但是，与印度的隐私法相比，如果印度认为 APEC "跨境隐私保护规则" 不够完善，则可以要求经过 APEC "跨境隐私保护规则" 认证的公司遵守以下其他关键要求，以满足印度的充足性要求。

相关举措并非没有先例。例如，日本为了获得欧盟的充分性认定，制定了补充规则，进一步说明《个人信息保护法》的保护措施。加拿大也有这样的例子。印度可以考虑使用 APEC 规定的隐私保护规则作为与美国进行贸易协定的基本框架。

鉴于数据行业和其他利益攸关方均倾向于制定跨境数据传输全球性解决方案而不是区域性解决方案，加入 APEC "跨境隐私保护规则" 的 APEC 经济体正在探索将 "跨境隐私保护规则" 范围扩大至 APEC 以外的国家或地区。正在考虑的方案包括：①非 APEC 成员采用与 "跨境隐私保护规则" 可以互通的认证机制；②将 "跨境隐私保护规则" 范围扩大至 APEC 成员以外，并允许非 APEC 国家加入。此外，APEC "跨境隐私保护规则" 相关规定正在更新中，如果第二个方案实施的话，包括印度在内的所有参与成员都可以参与更新相关规定的工作。印度寻求在APEC"跨境隐私保护规则"上与美国达成跨境数据流动协议，在确保"跨境隐私保护规则"能够更好地满足印度《个人数据保护法案》的关键要求方面发挥更积极的作用。另外一个益处在于，如果APEC"跨境隐私保护规则"向非APEC成员拓展，印度也可以正式加入该体系。如果是这样，印度还可以加入APEC"跨境隐私执法协作机制"，这是一项执法合作事项，所有参与成员负责执行"跨境隐私保护规则"的隐私执法机构都必须参加。

可以参照《美国-墨西哥-加拿大协定》（USMCA），以相同的方式将APEC隐私保护协议纳入印美贸易协定。由于印度和美国正在进行贸易谈判，因此这种方法较为适宜。

《美国-墨西哥-加拿大协定》关于数字贸易的章节（第19章）中的第8条要求美国、墨西哥和加拿大"采用某种法律框架，保护数字贸易用户的个人信息"，并要求在制定该法律框架时"应考虑国际机构的原则和指导方针，例如APEC隐私框架和APEC理事会《关于保护隐私和个人数据越境流动指南的建议（2013年）》"。它还鼓励各国制定"在不同的法律制度之间促进兼容性的机制，以保护个人信息"。重要的是，它指出，协议缔约方要认识到，APEC"跨境隐私保护规则"是促进跨境信息传输的有效机制。

2020年1月1日，美国和日本达成的数字贸易协定正式生效。该协议第15条涉及个人信息保护。第15条第1款要求各方均采用或维持一个法律框架，以保护数字交易用户的个人信息。第15条第3款鼓励建立发展机制，促进不同国家的不同隐私制度的互操作性，同时提出，各方可以采取不同的法律形式来保护个人信息。美国贸易代表办公室（USTR）详细说明了该协议的主要成果，指出该协议包含确保可执行的消费者保护制度（包括隐私等规则），适用于数字市场，并能促进诸如APEC"跨境隐私保护规则"之类的执法制度的互操作性。当然，美国和日本都加入了APEC"跨境隐私保护规则"，并且已经在它们自己和其他APEC成员之间运作了这个体系。印度和美国政府也可以参照这一模式。

印度和美国可以协商达成一项包含与《美日数字贸易协定》条款类似的数字贸易协议。根据美国贸易代表办公室的说法，《美日数字贸易协定》与《美国-墨西哥-加拿大协定》相似，是迄今达成的解决数字贸易壁垒的最全面、最高标准的贸易协定。因此，此类协定可能会为印美达成类似的贸易协定提供启发和指导。当然，具体细节还需印度和美国共同协商。即使印美以APEC"跨境隐私保护规则"为框架达成贸易协定，但对于印度《个人数据保护法案》中"跨境隐私保护规则"未涉及的数据保护规则，在印美跨境数据流动时也要遵守。

因此，如果印美双边贸易协定总体以APEC"跨境隐私保护规则"框架为基础，数据保护规定可能完全能达到印度的标准。数字贸易协议还可以解决执法问题，例如承诺鼓励相关隐私权执法机构（印度数据保护局和FTC）达成适当的执法合作事项。

（2）根据美国2006年制定的《美国网络安全法》签订的具有约束力的双边执法合作协议

美国2006年制定的《美国网络安全法》具有较强的法律约束力，是一部双边执法合作协议。就双边执法合作协议，FTC很少签订此类协议。但是，如果根据《个人数据保护法案》第34条（1）款（b）项规定的要求，FTC可能更愿意与印度签订这类协议。

（3）印度数据保护局与FTC之间的谅解备忘录（MOU）

关于谅解备忘录，根据《个人数据保护法案》第34条（1）款（b）项中提及"国际协议"的要求，FTC可能与印度数据保护局签订就数据保护执法合作签署谅解备忘录。

如前所述，美国联邦贸易委员会对美国经济的多个部门具有执法管辖权。但是，美国经济的某些方面，如医疗和金融服务领域同时受到美国其他政府机构的监管，包括隐私和数据保护事宜。虽然从印度到美国的大部分敏感数据传输可能受到FTC的管辖，但也会涉及美国其他监管机构，因此，需要加强与美国其他监管部门的合作。

此外，目前只有FTC管辖范围内的美国组织可以申请APEC的隐私认证，至少直到其他美国行业监管机构加入APEC"跨境隐私保护规则"作为隐私执法机构之前是这样的状态。实际上，印度对美国通过APEC"跨境隐私保护规则"认证公司的充分性认定可能会推动更多行业监管机构加入"跨境隐私保护规则"体系，从而扩大了本报告针对印美数据流动提出的基于"跨境隐私保护规则"的解决方案的范围。

对这些部门特有的问题需要进一步进行探讨，本报告不予探讨。

第五章：结论

鉴于印度《个人数据保护法案》仍处于审查之中，印度有很大的机会塑造多年前就想参与塑造的全球数据流格局。本报告根据《个人数据保护法案》现行文本，分析了向印度境外的国家或地区传输数据面临的挑战。为了确保数据持续和负责任地从印度继续向美国流动，印度应在《个人数据保护法案》内增加认证和行为守则机制作为传输机制的内容，并确保在设计时充分考虑到互操作性。此外，通过承认美国对数据流动保护有力，促进印美数据传输。

综上所述，印度迫切需要联合议会委员会、参与印度政府和印度隐私辩论中的其他主要利益攸关方采取行动，防止不必要的数据传输障碍，以免损害印度经济和数字化转型。印度需要立即采取行动。

4.5 欧盟《塑造欧洲的数字未来》

一、介绍

数字技术正深刻地改变着人们的日常生活、工作方式、商业经营方式以及旅行、交流和联系的方式。数字通信、社交媒体互动、电子商务和数字企业正在逐步改变人们的世界。它们正在生成越来越多的数据，如果对这些数据进行整合利用，可能会带来一种全新的价值创造方式和更高水平的价值创造水平。这是一场可媲美工业革命的根本性变革。

欧盟委员会主席冯德莱恩在其施政纲领中强调，欧洲需要在向健康的地球和新的数字世界转型过程中发挥领导作用。欧洲需要同时应对绿色和数字化转型两方面挑战。正如《欧洲绿色协议》规定的，应对这场变革需要寻求更可持续的解决方案，采用节约资源、循环利用和气候中立的方式。它要求每一位公民、雇员、商人，不分地域，都有公平的机会能从日益数字化的社会中获益。

通信系统、人工智能或量子技术等数字解决方案可以通过多种方式丰富人们的生活。但是，数字技术利弊并存，它同样面临风险和成本。人们逐渐发现正失去对个人数据的控制权，数字产品和内容使得人们疲惫不堪。恶意的网络活动还可能威胁个人福祉，破坏关键基础设施和更广泛的安全利益。

这种实质性的社会变革要求社会各阶层深入思考欧洲如何才能更好地应对

这些风险和挑战。这需要付出巨大的努力，但欧洲绝对能将更美好的数字未来带给每个人。

二、愿景和目标

欧盟委员会希望建立一个以数字解决方案为动力的欧洲社会，这种解决方案深深植根于欧盟的共同价值观，并能丰富欧盟所有人的生活：无论年龄、性别或专业背景，人人必须有机会追求个人发展，自由、安全地进行选择，以及能够参与社会事务。企业需要一个允许它们创业、扩张、汇集和使用数据以进行创新、公平竞争或合作的政策框架。欧洲也需要拥有选择权，以自己的方式推进数字化转型。

欧洲的技术主权的出发点是确保人们的数据基础设施、网络和通信具备完整性和弹性。这需要为欧洲发展和部署自己的关键能力创造适当的条件，从而减少欧洲对全球其他地区核心技术的依赖。在数字时代，欧洲定义自己的规则和价值观的能力将通过这些技术得到加强。欧洲的技术主权并不针对任何人，而是通过关注欧洲公民和欧洲社会模式的需求来确定的。欧盟将对那些愿意遵守欧洲规则、符合欧洲标准的人继续保持开放。

根据从非个人数据中获得的见解，公民应该被赋予做出更好决定的权利。这些数据应该对所有人开放——无论是公共部门还是私营部门，大型企业还是小型企业，初创企业还是巨型企业。这将有助于社会从创新和竞争中获得最大利益，并确保每个人都能从数字红利中受益。数字欧洲应该反映出欧洲最好的一面——开放、公平、多元、民主和自信。

未来5年，欧盟委员会将重点关注3个关键目标，以确保数字解决方案能够帮助欧洲以自己的方式进行数字化转型，通过尊重人们的价值观造福于欧洲公民。这将使欧洲在全球数字竞争中处于引领地位。

- 为人们服务的技术：开发、部署和采用影响人们日常生活的技术。一个强大且有竞争力的经济体，以符合欧洲价值观的方式掌握和塑造技术。
- 公平且有竞争力的经济体：一个没有摩擦的单一市场，任何规模和领域的公司都可以公平参与竞争，可以开发、营销和使用数字技术、产品和服务，提高生产力和全球竞争力，让消费者相信他们的权利可以受到尊重。
- 开放、民主和可持续的社会：一个值得信赖的环境，在这个环境中，公民享有自由行动和互动的权利，有权决定在线上和线下提供何种个人数据。

欧洲数字化转型的方式能够增强欧洲公民的民主价值观，尊重欧洲公民的基本权利，并有助于实现可持续的、气候中立、资源节约型的经济。

欧洲若想在全球范围内真正影响数字解决方案的开发和使用方式，就必须成为一个强大、独立且目标明确的数字参与者。为了实现这一目标，欧洲需要建立一个清晰的框架，促进人与人、企业与企业间可信赖的、数字化的社会互动。 如果不重视信任度这一点，数字化转型必将失败。

创建一个适合数字时代的欧洲并非易事，其中许多环节是相互关联的。如图 4-2 所示，这就像拼图游戏一样，如果不将所有的碎片拼在一起，就无法看清整幅拼图。以下章节将说明欧盟委员会如何完成这幅拼图，并将这一愿景变为现实。

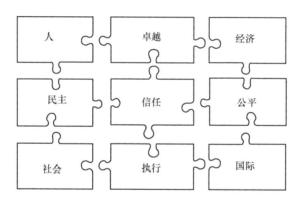

图 4-2　欧盟委员会实现数字化愿景拼图

（一）为人们服务的技术

长期以来，欧洲在科技和创造方面处于全球领先地位。欧盟及其成员国齐心协力时，欧洲是最强大的；要让各区市政府、学术界、民间社会、金融机构、企事业机构都参与进来。欧洲需要在研究和创新方面重点投资，分享经验，并推动国家间的合作。在超级计算和微电子等领域达成的合作协议表明，这种合作是非常奏效的。接下来，还将推动创新技术关键领域类似的合作倡议，而促进整个欧洲公共行政机构的数字化转型就属于这一关键领域的范畴。

欧洲必须加大对战略能力的投资，这样才能大规模开发和使用数字解决方案，并致力于实现关键数字基础架构的互操作性，例如 5G（以及未来的 6G）网络和深度技术。举个例子，连通性是数字化转型最基本的要素，它使数据流通，使人们可以不受地理位置限制进行协作，并将更多的对象连接到互联网，它改变了制造、出行和物流链。基于安全光纤和5G基础设施的千兆连接对于挖掘欧洲的数字增长潜力是至关重要的。为此，有必要在欧盟、国家和地区层面进行充分投资，以实现欧盟2025年互联互通的目标。

欧盟新的多年期财务框架将有助于实现这些目标。其目的是通过有针对性的筹资方案，并利用"投资欧盟"的托底作用以及结构性和农村发展基金，在重要领域实现更大规模和更高水平的战略能力。这些公共资金需要能够撬动私人资本投资，因为只有公私合力才能填补投资缺口。资本市场联盟将为创新型和高科技企业在整个欧盟获得市场化融资提供便利。因此，必须确保市场中存在大规模的公私资金可用于投资数字创新。

欧洲需要在互联互通、深度技术和人力资本，以及智能能源和交通基础设施方面进行投资。仅在数字基础设施和网络方面，欧盟每年的投资缺口就达650亿欧元。到2030年，实施改革并加大在研发和技术部署方面的投资可能会产生14%的GDP增量。迅速采取行动（例如到2022年而不是2025年之前加大投资和采取措施）将使GDP额外增加3.2%，并在2030年之前创造更多的就业机会。这是欧洲不能错过的推动社会经济的机会。

然而，投资创新只是问题的一部分。真正的数字化转型根本在于欧洲公民和企业，必须让他们相信使用的应用程序和产品是安全可靠的。人们之间的联通程度越高，就越容易受到恶意网络活动的攻击。为了应对这一日益严重的威胁，需要在所有阶段共同努力：制定统一的公司规则和更有力的信息共享机制；确保成员国之间、欧盟和成员国之间的合作；构建民用网络恢复力和网络安全执法和防御协同效应；确保执法部门和司法部门能够通过开发打击网络犯罪的新工具有效工作；最后也是最重要的，就是提高欧盟公民的网络安全意识。

安全感不仅限于网络安全问题。公民需要信任技术本身及其使用方式。这在人工智能问题上尤为重要。在这方面，欧盟委员会将发布一份基于欧洲价值观在AI领域创建卓越和可信生态系统的白皮书。

提高教育水平和技能是欧洲数字化转型总体愿景的关键部分。欧洲企业需要精通数字技术的员工，这样才能在全球技术驱动的市场中获得竞争力。反过来，职员们需要数字能力才能在日益数字化和快速变化的劳动力市场中取得成功。更多的女性可以而且必须在科技领域获得职位，而且欧洲科技需要受益于女性的技能和能力。

然而，获取数字技能不仅限于谋求职业发展。随着数字技术渗透到人们的工作和私人生活中，具备基本的数字素养和技能已经成为有效参与当今社会事务的前提。

随着越来越多的流程实现自动化，数字化将带来技术领域以外的变革。许多职业将被颠覆。数字化转型必须确保公平公正，并鼓励女性充分参与。在这种情况下，社会伙伴在其中起着至关重要的作用。同时，促进创新和技术普及是提高生活质量、创造就业机会和缩小现有参与差距的先决条件，特别是在人口老龄化和人口下降的农村和偏远地区。

工作条件方面也出现了新的挑战。越来越多的网络平台为人们创造了新的赚钱机会，也创造了进入或留在劳动力市场的机会。与此同时，它也带来了有关法律保护方面的新问题，即如何为那些本身并不具备工人身份但也承受与工人类似风险的人提供法律保护。因此，欧盟委员会将为网络工作者提出一个完善的框架。

采取的关键行动如下：

- 人工智能白皮书（与本文件同时通过），为可信赖的人工智能制定立法框架，后续还将对与人工智能相关的安全性、责任、基本权利和数据进行跟进（2020 年第四季度）；
- 在人工智能、网络、超级计算、量子计算、量子通信和区块链领域建立和部署尖端的联合数字能力。出台《欧洲量子和区块链战略》（2020 年第二季度），以及修订关于超级计算的欧洲高性能计算规则；
- 通过修订《宽带成本削减指令》，更新《5G 和 6G 行动计划》《无线电频谱政策计划（2021 年）》，加快对欧洲千兆网络的投资。将部署用于车联网和自动出行的 5G 走廊，包括铁路运输走廊（2021—2030）、铁路运输走廊（2021—2023）；
- 欧洲网络安全战略，包括建立一个联合网络安全小组、对《网络与信息安全指令》进行安全审查，并推动网络安全单一市场发展；
- 实施数字教育行动计划，提高各教育阶段的数字素养和能力（2020 年第二季度）；
- 巩固技能发展计划，增强全社会的数字技能，巩固"青年保证计划"，更加关注职业过渡初期的数字技能（2020 年第二季度）；
- 改善"平台工人"劳动条件的倡议（2021 年）；

- 强化欧盟各国政府的互操作性策略，以确保通过协作和通用标准促进公共部门数据流通和服务安全无边界（2021年）。

（二）公平且有竞争力的经济体

世界逐渐变成"世界村"，技术的重要性日益显现，欧洲需要继续独立行动和决策，减少对其他区域制定的数字解决方案的过度依赖。

为了开发更多的产品和服务，数据需要广泛可用、易于获取、容易访问、易于使用和处理。数据已经成为生产的关键要素，它所创造的价值也必须与提供数据的整个社会共享。这就是为什么需要建立一个真正的欧洲数据单一市场——一个基于欧洲规则和价值观的欧洲数据空间。

许多欧洲企业，尤其是中小型企业，在采用数字解决方案方面进展缓慢，因此尚未从中受益，也错失了扩大规模的机会。欧盟委员会将寻求通过一项新的欧盟产业战略来解决这一问题。该战略将制定行动，推动欧盟产业向更数字化、更绿色、更循环、更具全球竞争力的方向转型。该战略还将包括一项针对中小企业的内容。中小企业是欧洲经济的重要组成部分，往往因缺乏可用技能、融资渠道和市场而发展受阻。

无摩擦的单一市场将促进中小企业发展，因为地域或国家法规方面的差异将增加中小企业的行政负担。中小企业发展需要统一执行的清晰且适宜的政策支持，如此才能为中小企业提供一个强大的国内市场，进而在世界舞台上立足。

在数字时代，为大大小小的企业提供一个公平的竞争环境比以往任何时候都更重要。这表明，那些适用于线下的规则，如竞争和单一市场规则、消费者保护、知识产权、税收和工人权利等，也应适用于线上。消费者需要像信任其他产品一样信任数字产品和服务。尤其需要关注弱势消费者，确保安全法律的执行，这也适用于来自第三方国家的产品。一些规模较大的平台能够有效地充当市场、客户和信息的把关者。必须确保这些在线平台的体系性作用及其获得的市场力量不会危及市场的公平性和开放性。

就欧盟竞争法而言，它的基础原则对数字产业和传统产业同样适用。欧盟竞争法在欧洲运作效果良好，它为欧洲提供了一个公平的竞争环境，让市场为消费者服务。与此同时，欧洲竞争规则必须与快速变化、日益数字化以及日益环保的世界保持一致的步伐。有鉴于此，欧盟委员会正在反思现行规则是否有待革新，例如在反垄断救济方面，同时也在对规则本身进行评估和审查，以确保规则能够应对当前的数字挑战和绿色挑战。

针对横向和纵向协议的规则以及市场界定通知的审查已经在进行中，对国家援助指南的"适合性"检查也在进行中。欧洲数字化未来的关键问题包括数据访问、汇集和共享，以及线上和线下商务之间的平衡。对市场界定通知的审查还将考虑到新的数字商业模式，如用户在提供数据时可以访问的免费服务，以及这些模式是否有碍竞争。对2014年"欧洲共同利益重要项目"（IPCEI）通信的合适性检查，旨在评估是否有必要进行更新，以进一步明确在欧洲数字化和绿色未来的关键战略部门中，由成员国主导的大型项目可以在何种条件下进行。

欧盟委员会还计划启动一项行业调查，重点关注那些正在影响经济和社会的新兴市场。

但是，仅靠竞争政策无法解决平台经济中可能出现的所有系统性问题。基于单一市场逻辑，为确保可竞争性、公平性、创新性和市场准入，以及超越竞争或经济考虑的公共利益，欧洲还需要建立其他的规则。

保证数字经济中的公平性是一项重大挑战。在无国界的数字世界里，少数公司拥有极大市场份额，它们通过在数据经济中创造的价值获得了巨额利润。由于过时的企业所得税规则，这些企业无须为获取的利润缴税，这就扭曲了市场竞争。因此，欧盟委员会将着眼于解决经济数字化带来的税务挑战。

采取的关键行动如下：

- 欧盟数字战略（2020年2月）使欧洲成为数据敏捷经济的全球领导者，宣布数据治理的立法框架（2020年第四季度），并可能发布《数据法案》（2021年）；
- 持续评估和审查数字时代欧盟竞争规则的适用性（2020—2023年），并启动行业调查（2020年）；
- 欧盟委员会将在《数字服务法》的框架下进一步探讨事前规则，确保创新者、企业和新市场进入者可以在市场中公平竞争，而在这一市场中，具有显著网络效应的大型平台充当着把关人的角色（2020年第四季度）；
- 提出一套产业战略方案，展开一系列行动，促进欧盟产业向绿色、循环、数字化和具有全球竞争力的产业转型，包括强化中小企业和单一市场规则；
- 创建一个框架，实现便捷、有竞争力和安全的数字金融，包括针对加密资产、金融领域数字化运营和网络弹性的立法建议。同时，制定一体化欧盟支付市场战略，以支持泛欧洲数字支付服务和解决方案（2020年第三季度）；

- 就21世纪商业税收进行探讨，充分参考经济合作与发展组织（OECD）应对经济数字化所带来的税务挑战方面取得的进展；

- 修订《消费者议程》，使消费者能够在了解情况的前提下做出知情的选择，并在数字化转型中发挥积极作用（2020年第四季度）。

（三）开放、民主和可持续的社会

人们有权使用他们所信任的技术。线下非法的，在线上也一定是非法的。虽然无法预测数字技术的未来，但欧洲的价值观、道德准则以及社会和环境准则也必须适用于数字空间。

近年来，欧洲通过制定《通用数据保护条例》和平台与企业的合作规则，引领了互联网走向开放、公平、包容和以人为本的道路。为了保护欧洲民主和支撑它们的价值观，欧盟委员会将继续制定和实施创新、适宜的规则，以建立一个值得信赖的数字社会。这样的数字社会应该是充分包容、公平和人人享有的。

在这一背景下，有必要强化并更新适用于整个欧盟数字服务的规则，明确在线平台的角色和责任。对线上非法、危险或假冒商品的销售和非法内容传播的处理必须和线下一样高效。

建设网络信任体系也意味着需要帮助消费者更好地控制数据，并且对自己的数据和身份负责。需要就信息和数据流动把关人的透明度、行为和责任制定更明确的规则，并有效执行现有规则。在需要认证才能访问某些在线服务时，人们还应该有权操控自己的在线身份。因此需要一个能被普遍接受的公共电子身份（eID），使消费者能够访问他们的数据，安全地使用他们想要的产品和服务，而不需要使用不相关的平台，也不需要与他人共享个人数据。欧盟成员国公民还可以利用数据改善公共和私人决策，并从中受益。

当前，公众辩论和政治广告已经移至网络，必须准备好采取行动，强有力地捍卫民主。公众期望了解那些通过有针对性的、协调有序的虚假信息试图操纵信息空间的行为。欧洲需要提高互联网信息管理和共享的透明度。可信的优质媒体对于民主以及文化多样性至关重要。考虑到这些，欧盟委员会将出台《欧洲民主行动计划》和一项专门针对媒体和视听领域的行动计划。

数字发展也将是实现《欧洲绿色协议》和可持续发展目标的关键。作为可持续发展转型的强大推动力，数字解决方案可以促进循环经济，支持所有行业实现无碳化，减少欧盟市场中存在的产品对环境和社会的影响。例如，精准农业、交通运输和能源等关键行业可以从数字解决方案中受益，实现《欧洲绿色协议》的可持续发展目标。

数字解决方案，尤其是数据，能够实现高度集成的生命周期方法，从设计到获取能源、原材料和其他投放物，再到最终产品，直至报废阶段。例如，通过监测何时何地电力需求达到峰值，可以提高能源效率，减少化石燃料的使用。

然而，同样明显的是，信息和通信技术（ICT）部门本身也需要进行绿色转型。该行业对环境的影响是显著的，约占世界总用电量的 5% 至 9%，占所有排放的 2% 以上。数据中心和通信行业需要提高能效，重新利用废弃能源，并使用更多的可再生能源。到 2030 年，它们可以而且应该成为气候中立行业。

ICT 设备的设计、购买、使用和回收方式也很重要。除了达到《欧洲耗能产品生态设计指令》中对能源效率的要求外，ICT 设备还必须完全实现循环使用，使其寿命更长，维护妥善，并易于拆卸和回收。

数据的作用在卫生部门也很显著。在欧洲健康数据空间中收集的数字化健康记录可以帮助治疗重大慢性疾病（包括癌症和罕见病），也可以帮助所有公民平等地获得高质量的医疗服务。

采取的关键行动如下：

- 通过强化和协调在线平台和信息服务提供商的责任，以及加强对欧盟平台内容政策的监督，新增以及修订的规则将深化数字服务的内部市场（2020 年第四季度，作为《数字服务法》的一部分）；
- 修订 eIDAS 规则，提高其有效性，将其影响力扩宽至私营部门，并促进全体欧洲公民可信数字身份的建立（2020 年第四季度）；
- 媒体和视听行动计划，支持视听媒体行业的数字化转型，并提升竞争力，推动优质内容普及和媒体多元化（2020 年第四季度）；
- 欧洲民主行动计划，提高欧洲民主制度的弹性，支持媒体多元化，应对欧洲选举遭遇外部干预的威胁（2020 年第四季度）；
- 目的地地球计划，倡议开发地球的高精度数字模型（"地球数字孪生"），以提高欧洲的环境预测和危机管理能力（自 2021 年开始）；

- 循环电子计划，根据 2020 年推出的循环经济行动计划的可持续产品政策框架设计现有和未来的设备，以确保设备具有耐用性、维护性、可拆卸性和再循环性，并包括维修或升级的权利，以延长电子设备的生命周期，并避免其过早遭遇淘汰（2021 年）；
- 一些倡议，用于实现气候中立、高效节能和建立可持续的数据中心（不迟于 2030 年），以及针对电信运营商的环境影响的透明度措施；
- 推进"同一个欧洲"电子健康记录交换格式，使欧洲公民可以在整个欧盟范围内安全访问和交换健康数据。推广欧洲卫生数据空间，以提高卫生数据的安全性和可访问性，实现更有针对性、更快速的研究、诊断和治疗（从 2022 年开始）。

三、国际层面——欧洲作为全球参与者

事实证明，欧洲模式是世界各地许多其他合作伙伴寻求解决政策挑战的灵感来源，在数字化领域也是如此。

从地缘政治角度来讲，欧盟应利用其监管力量，通过增强工业和科技能力、外交实力和外部金融工具推进欧洲模式，并塑造全球互动。这包括在协会和贸易协定中完成的工作，也包括在欧盟成员国的支持下在联合国、经合组织、国际标准化组织和二十国集团等国际机构中达成的协定。

欧盟吸纳新成员、发展邻里关系、制定发展政策时更加注重与数字化的相关内容，将促进欧洲发展，并推动可持续发展，包括在伙伴国家和地区采取绿色ICT，这也与欧洲《2030 年可持续发展议程》中的承诺相一致。欧盟－非盟数字经济工作组的成果将为非洲数字化转型提供支持，包括在欧盟新的多年期财务框架下提供资金，创建一个单一的非洲数字市场。

全球许多国家在立法时会将欧盟强有力的数据保护制度作为重要参考因素，以保持与欧盟制度的一致性。欧盟应积极推广其安全、开放的全球互联网模式。

在标准方面，欧盟的贸易伙伴已经加入了由欧盟主导的流程，确立了5G 和物联网全球标准。欧洲现在必须在新一代技术的采用和标准化方面取得领先，包括区块链、超级计算、量子技术、实现数据共享和数据使用的算法和工具。

在贸易和投资方面，欧盟委员会将继续帮助化解欧洲企业在第三方国家面

临的不合理限制，例如数据本地化要求，并在市场准入、尊重知识产权、研发和标准化项目方面设定远大目标。欧盟正在与志同道合、共享欧盟价值观和高标准的伙伴国家进行对话，探讨建立可信赖的数据联盟，以促进数据流动和建立可用的高质量数据池。

对于来欧洲经商的商人而言，只要他们接受并尊重欧盟的规则，欧盟现在是、将来也是世界上最开放的贸易和投资地区。欧盟委员会将利用其所掌握的一切方式，确保每个人都尊重欧盟立法和国际规则，以维持数字领域的公平竞争环境。欧盟还将在必要时制定新的规则，例如欧盟正在起草法案，旨在消除外国补贴对欧盟市场的扭曲影响。

全球数字合作战略，将提出数字化转型"欧洲方案"，该战略基于欧盟长期以来在技术、创新和独特性方面的成就，秉承开放等欧洲价值观，并将其推向国际社会，与合作伙伴进行交流。它还将反映欧盟在非洲和其他地区在可持续发展目标、"数字化发展"和能力建设方面的工作。

欧洲非常善于应对信息空间的操纵干扰，并已研发出重要的方法和工具。欧盟将继续与七国集团（G7）等国际合作伙伴紧密合作，寻找共同的方法，以期制定国际规范和标准。

采取的关键措施如下：

· 全球数字合作战略（2021年）；

· 针对外国补贴的工具白皮书（2020年第二季度）；

· 一个促进发展的数字中心，将建立并整合欧盟整体方案，推广欧盟价值观，并动员欧盟成员国和欧盟工业、民间社会组织、金融机构、数字化专家和技术人员；

· 标准化战略，该战略将允许部署尊重欧洲规则的具有互操作性的技术，并在国际舞台上推进欧洲方案和维护欧洲利益（2020年第三季度）；

· 机会和行动计划相对照，以在双边关系和多边论坛中推广欧洲方案（2020年第二季度）。

四、结论

数字技术虽然先进，但它只是一种工具。它不能解决所有的问题。然而，它却使上一代人无法想象的事情成为可能。欧洲数字战略的成功与否，将取决于是否能够很好地运用这些工具来为欧洲公民提供公共服务和产品。

数字经济及其巨大的变革潜力将影响所有人，欧洲已经准备好了充分利用它带来的优势。然而，要让这种数字化转型完全成功，需要创建合适的框架，以确保技术值得信赖，并让企业有信心、有能力和有办法实现数字化。欧盟、成员国、各地区、公民社会和私营部门之间的协同努力是实现这一目标和加强欧洲数字领导的关键。

欧洲可以驾驭这种数字化转型，并在科技发展方面制定全球标准。更重要的是，它可以在确保包容和尊重每个人的同时做到这一点。只有能做到为所有人而不是少数人服务时，数字转型才能成功。这将是一个真正的欧洲项目——一个基于欧洲价值观和欧洲规则的数字社会，能够真正激励世界其他地区。

4.6　欧盟《欧洲数据战略》

一、简介

在过去几年中，数字技术改变了经济和社会，影响了欧洲所有社会活动和公民的日常生活。数据是导致社会变革的关键，未来还会导致更大的变革。数据驱动的创新将为公民带来巨大的利益，如个性化医疗、新的移动技术。在人人成为数据生产者的时代，在收集和使用数据时必须把个体的利益放在首位，数据收集和使用需要符合欧盟价值观、基本权利和规则。只有当公民确信欧盟的所有个人数据共享都将完全遵守严格的数据保护规则时，他们才会信任并接受数据驱动的创新。与此同时，欧洲非个人数据、工业数据及公共数据量不断增加，随着数据存储和处理方式的演进，这类不断积累的数据将成为潜在的经济增长点和创新来源，应当加以利用。

应该赋权公民依据非个人数据汇集的信息做出更好的决定。这些数据应该对所有人开放——无论是公共部门还是私营部门，大型企业还是小型企业或是初创企业。这将有助于社会从创新和竞争中获得最大利益，并确保每个人都能从数字红利中受益。数字化的欧洲应该反映出欧洲最好的一面——开放、公平、多样化、民主和自信。

欧盟可以成为一个数据能为企业和公共行业赋能做出更好决策支撑的社会的典范。为了实现这一目标，欧盟可以在数据保护、基本权利、安全和网络安全等方面建立一个强有力的法律框架，欧盟市场应该满是在各种产业和规模上都具有竞争力的企业。欧盟要想在数据经济中占据主导地位，就必须立即采取行动，以协调一致的方式解决连接、数据处理和存储、计算能力和网络安全等一系列问题。此外，它还必须改进用于处理数据的治理结构，并增加可供使用和循环使用的优质流量池。

最终，欧洲的目标是更好地利用数据带来的红利，这种红利包括拥有更高的生产率和竞争性的市场，以及健康和福利、环境、透明治理和便捷公共服务方面的改善。本战略提出的措施致力于构建数据经济的综合性方法，旨在提升欧洲统一市场对数据和智能产品、服务的使用和需求。

本战略概述了欧盟未来 5 年发展数据经济的政策措施和投资策略。该数据战略与《塑造欧洲的数字未来》和《人工智能白皮书》同时发布，其中，《人工智能白皮书》概述了欧盟委员会将如何支持和促进整个欧盟发展和应用人工智能。

在该战略的基础上，欧盟委员会就"在尊重欧洲社会基本价值观"的前提下"可以采取哪些具体措施，让欧盟保持在数据敏捷型经济中的领先地位"展开全面磋商。

二、关键问题

（一）不断增长的数据量和技术变革

全球产生的数据量正在迅速增长，从 2018 年的 33ZB 增加到 2025 年的 175ZB。每一轮新的数据浪潮都是欧盟成为这一领域世界领先者的重大机遇。此外，数据的存储和处理方式将在未来 5 年发生巨大变化。现今，80% 的数据处理和分析来源于数据中心和集中计算设施，20% 来源于智能连接对象，如汽车、家用电器或制造机器人，以及接近用户的计算设施（边缘计算）。到 2025 年，这一比例可能会逆转。这一发展态势除了能带来经济和可持续性优势外，它还为企业提供了更多的机会，以便为数据生产者开发工具，帮助它们增强对自身数据的控制。

（二）数据对经济和社会的重要性

数据将重塑人们的生产、消费和生活方式。人们生活的方方面面都能从数据中受益，从更明确的能源消费观，产品、原料及食品具备可追溯性，到更健康的生活方式和更好的医疗保健服务。

> 个性化医疗将使医生能够做出由数据驱动的决策，从而更好地满足患者的需求。这将有可能帮助医生做出更个性化的治疗策略和/或确定疾病的属性和/或提供及时和有针对性的预防措施。

数据是经济发展的命脉，它是创新产品和服务的基础，可以助推经济各部门提高生产力和资源效率，使产品和服务更加个性化，使政府能够更好地制定政策，并提升服务水平。对于初创企业和中小企业而言，数据资源对于产品和服务研发至关重要。数据的可用性对于训练人工智能系统十分关键，人工智能产品和服务模式正迅速从认知模式转向更复杂的预测技术，以更好地辅助决策。

数据还将推动广泛的变革，比如在制造业中使用数字孪生。

> 数字孪生能创建物理产品、过程或系统的虚拟副本。例如，副本可以根据数据分析预测机器何时会出现故障，从而通过预防性的维护来提高生产率。

此外，提供更多的数据并改进数据的使用方式对于应对社会、气候和环境方面的挑战，促进更健康、更繁荣和更可持续的社会至关重要。例如，这将更好地帮助实现《欧洲绿色协议》提出的既定目标。与此同时，据估计，信息和通信技术行业的环境足迹占全球总用电量的5%至9%，占所有排放的2%以上，这当中相当大部分归结于数据中心、云服务和网络连接。欧盟的数字战略《塑造欧洲的数字未来》为信息通信技术行业提出了绿色转型的一些措施。

（三）欧盟已为未来的数据经济做好了准备

目前，少数大型科技公司掌握了全球大部分的数据。这可能会降低数据驱动型企业在欧盟涌现、发展和创新的潜力和动力，但未来仍有大量机会。未来，大部分数据将来自工业和专业应用、公共利益领域或日常生活中的物联网应用，这些领域都是欧盟的强项。技术变革也将带来机遇，欧洲企业将在边缘云、保障关键应用的数字解决方案以及量子计算等领域拥有新的前景。这些趋势表明，"风水将轮流转"。但在未来几十年的数据经济中，决定竞争力的关键就是数据经济。这就是欧盟现在应该采取行动的原因。

欧盟有潜力建立成功的数据敏捷型经济，因为欧盟拥有具备技术、专业知识和高技能的劳动力。然而，中国和美国等竞争对手已经在迅速创新，并在全球推广它们的数据获取和使用概念。在美国，私营部门运营着数据空间，因此具有相当大的集中效应。

为了释放欧洲的潜力，必须找到欧洲特色的发展道路，在数据流动和广泛使用之间寻找平衡，同时在隐私、安保、安全和道德方面保持高标准。

（四）到目前为止做了什么？

自 2014 年以来，欧盟委员会已经采取了一些措施。随着欧盟《通用数据保护条例》（GDPR）的出台，欧盟建立了一个坚实的数字信任框架。针对 GDPR 的审查可能会进一步改善欧盟的数字信任框架。促进数据经济发展的其他举措包括制定《非个人数据自由流动条例》《网络安全法案》和《公共部门信息再利用指令》。欧盟委员会还参与了数字外交，承认 13 个国家对个人数据提供了足够的保护。

欧盟还通过了特定行业的数据访问立法，以解决已确认的市场失灵问题，如汽车、支付服务提供商、智能计量信息、电力网络数据或智能运输系统。欧盟《数字内容合同指令》积极作为，对数字内容合同的适约性判断标准做出了较为全面的规定。

三、愿景

欧盟委员会的愿景源于欧洲的价值观和基本权利，以及"以人为本"的信念。欧盟委员会深信，欧盟的企业和公共部门可以通过使用数据来强化自身能力，做出更好的决策。为了实现社会和经济效益，迫切需要抓住数据带来的机遇，特别是，数据与大多数经济资源不同，可以以接近零成本的方式进行复制，一个人或一个组织使用数据并不妨碍另一个人或组织同时使用数据。应发挥这一潜力，满足个人的需要，从而为经济和社会创造价值。为了释放这一潜力，需要确保能更好地访问数据，以及能负责任地使用数据。

欧盟应该创建一个有吸引力的政策环境，以便到 2030 年，欧盟在数据经济中所占的份额——在欧洲存储、处理和有效使用的数据——至少与其经济权重相符，这一目标不应通过法令，而应通过市场的自然选择达成。欧盟的目的是创建一个统一的欧洲数据空间——一个真正的统一的数据市场，向全球开放数据。在这里，个人和非个人数据，包括敏感的商业数据，都是安全的，企业也可以便捷地访问几乎无限量的高质量工业数据，促进经济增长和创造价值，同时尽量减少人类的碳排放和环境足迹。在这样一个空间内，欧盟法律、智能产品和智能服务的相关规范可以被有效执行。为此，欧盟应结合适当的立法和治理手段，确保数据的可用性，并在标准、工具和基础设施以及数据处理能力等关键领域进行投资。这种促进激励和选择的有利环境将吸引更多的数据在欧盟存储和处理。

欧洲的数据空间将使欧盟企业在较大规模、统一的欧盟市场上发展。欧洲共同规则和有效的执行机制应确保：

- 数据可以在欧盟内部和跨部门流动；
- 充分尊重欧洲的规则和价值观，特别是个人数据保护、消费者保护、竞争促进和规范方面的立法；
- 获取和使用数据的规则是公平、实用和明确的，而且有清晰可靠的数据治理机制；获取和使用数据的规则是基于欧洲价值观的，对国际数据流持开放且自信的态度。

此处列出的允许访问数据的步骤需要与针对数据敏捷经济的更广泛的行业策略相辅相成。数据空间应促进建立一个由企业、民间团体和个人组成的生态系统，人们更易借助这一生态系统获取数据，创造新的产品和服务。公共政策可以通过提高公共部门自身利用数据进行决策和公共服务的能力，以及更新法规和部门政策的能力，确保它们不妨碍生产性数据的使用，从而增加对数据的需求。

欧洲数据空间的运作情况将取决于以下事项：欧盟投资于下一代技术和基础设施以及数据扫盲等数字能力的强度和效率。这反过来又将增强欧洲在数据经济关键技术和基础设施方面的技术主权。这些基础设施应支持欧洲数据池的建立，通过符合数据保护、竞争促进和规范方面立法的方式进行大数据分析和机器学习，以培育由数据驱动的生态系统。这些资源池可以集中管理，也可以分散管理。提供数据的组织将获得回报，回报形式包括：相应地获得其他数据的访问权限、获得数据池的分析结果、预测性维护服务或许可费等。

虽然数据对经济和社会的各个部门都是必不可少的，但每个领域都有自己的特点，并非所有部门都在以同样的速度发展。因此，在为欧洲数据空间采取跨部门行动的同时，需要在制造业、农业、卫生、交通和通信等战略领域开发针对性的数据空间。

四、存在的问题

一些问题阻碍了欧盟数据经济潜力的发挥。

成员国之间数据的碎片化是建立共同的欧洲数据空间和进一步发展统一数据市场的主要障碍。一些成员国已开始调整其法律框架，如政府部门对私人持有数据的使用、以科学研究为目的的数据处理、竞争促进和规范方面立法的修改。在其他方面，如何处理这些问题的探索才刚刚开始。新的分歧强调了共同行动的重要性，共同行动有利于内部市场规模的扩展。未来，需要在以下问题上共同取得进展。

（一）数据的可用性

数据的价值在于它的使用和重复使用。目前没有足够的数据可用于创新性重用，包括用于开发人工智能技术。这些问题可以根据数据持有人和数据使用者两重身份进行分组，但也取决于所涉及数据的性质（即个人数据、非个人数据或将二者结合起来的混合数据集）。其中一些问题涉及公共利益数据的可用性。

> **公益性数据**：数据是由社会创造的，可用于应对洪水和火灾等紧急情况，确保人们能够更长寿、更健康，改善公共服务，应对环境恶化和气候变化，在必要和适当的时候也可用于打击犯罪。公共部门所产生的数据以及所创造的价值都应该为公共利益服务，包括通过特殊政策，确保研究人员、其他公共机构、中小企业或初创企业使用这些数据。来自私营部门的数据也可以充当公共产品为社会做出重大贡献。例如，使用聚合和匿名的社交媒体数据可能是流行病发生时补充全科医生报告的有效方法。

- **企业对公共部门信息的使用（政府对企业－G2B－数据共享）**。利用开放政府持有的信息是欧盟的一项长期政策。这些数据生产时基于公共资金的投入，因此应该有利于社会。最近修订的《公共部门信息再利用指令》以及其他针对具体行业的立法，目的是确保公共部门在独立的公共政策评估框架内，能使其产生的数据更易于使用，特别是易于中小企业、民间团体和科学界使用。然而，政府还可以做得更多。高价值的数据集通常并不能在欧盟全域获得共享，这妨碍了中小企业对数据的使用，因为这些中小企业无法负担独自使用这类数据的费用。同时，公共数据库中的敏感数据（如健康数据）往往不能用于研究，因为暂无相关机制来保护这样的研究活动，个人数据保护方面的细则还有待明确。

- 其他公司共享和使用私有数据（**企业对企业 -B2B-数据共享**）。尽管存在经济潜力，但企业间数据共享的规模还不够大。这是由于缺乏经济激励（包括担心失去竞争优势），经济主体之间缺乏对数据将按照合同协议使用的信任，谈判能力不平衡，担心第三方盗用数据，以及法律上不清楚谁可以使用数据（如共同创建的数据，特别是物联网数据）。
- 政府机构使用私有数据（**企业对政府 -B2G-数据共享**）。目前没有足够的私营部门数据可供公共部门使用，这些数据有助于改进以证据为导向的决策和公共服务，此类公共服务包括通过移动性管理或加强官方统计的范围和及时性，提高它们在社会发展方面的相关性。欧盟委员会设立的一个专家组 Expert Group 提出的建议包括建立 B2G 数据共享的国家框架、制定适当的激励措施以创建数据共享共识，探索欧盟监管框架以管理出于公众利益的重用（这里指公共部门对私人数据的重用）。
- 公共部门之间的数据共享也同样重要。它可以在改善政策制定和公共服务方面做出相当大的贡献，而且还可以减轻在欧盟统一市场经营的公司的行政负担（"一次性"原则）。

（二）市场力量的失衡

除了云服务和数据基础设施的高度集中外，在数据访问和使用方面也存在市场失衡，例如中小企业对数据的获取。一个典型的例子就是大型在线平台可能会积累大量数据，他们可以从丰富多样的数据中分析出重要的见解，获得竞争优势。这会影响特定情况下市场的可竞争性——不仅影响此类平台服务的市场，还包括平台所提供的商品和服务的各种特定市场，特别是当平台本身活跃于此类相关市场时。"数据优势"为平台带来的巨大的市场影响力，可以让大型参与者自主制定平台规则，单方面设定数据访问和使用的条件，他们在开发新服务和向新市场扩张时所拥有的这种"实力优势"或许可以称为"权力优势"。在其他情况下也可能出现失衡，比如从工业设备和消费者设备获取共同生成的物联网数据。

（三）数据互操作性和质量

数据互操作性和质量以及它们的结构、真实性和完整性是开发数据价值的关键，特别是在人工智能部署环境中。数据生产者和用户已经意识到了一些重要的互操作性问题，这些问题阻碍了同一行业内部不同来源的数据融合，不同行业之间的数据融合问题则更加严重。应通过《信息和通信技术标准化滚动计划》和《欧洲互用性框架》加强欧洲的互操作性，鼓励大家采用统一的、相互兼容的标准、格式和协议，培育跨行业和各垂直市场的统一互操作数据框架，通过这种框架，人们可以存储和处理不同来源的数据。

（四）数据治理

有人呼吁进一步加强社会经济中数据使用的治理。为了使这些数据空间具有可操作性，在现有法律框架的基础上实现数据驱动的创新，需要制定一定的组织方法和结构框架（公共和私有）。

（五）数字基础设施和技术

欧盟经济的数字化转型依赖于是否能获得安全、高效节能、可承担和高质量的数据处理能力，这种数据处理能力包括数据中心和边缘的云基础设施和服务供应的能力。由此看来，欧盟需要降低对处于数字经济中心的这些战略基础设施的技术依赖性。

但是，在云服务的供给侧和需求侧都存在挑战。

在供给侧：

- 欧盟的云服务提供商在云服务市场中只占据一小部分市场，这使得欧盟高度依赖外部提供商，易受外部数据威胁的影响，并可能丧失欧洲数字产业在数据处理市场上的投资潜力；

- 在欧盟运营的服务提供商也可能会受到第三国立法的约束，这可能导致欧盟公民和企业的数据被第三国司法管辖区内的用户访问，而这与欧盟的数据保护框架相背离；

- 尽管美国《澄清域外合法使用数据法案》之类的第三国法律是基于公共政策原因的，如部分法律的制定初衷是方便执法部门获取用于刑事调查的数据，但是外国司法管辖区法律的适用却引起了欧洲企业、公民和政府对其法律不确定性及其是否符合欧盟法律规定的担忧，例如其是否与欧盟的数据保护规则相背离。欧盟正在通过互惠互利的国际合作方式降低这方面的风险。例如拟议中的《欧盟－美国跨境电子取证协议》，降低了相关方面的法律冲突风险，明确了对欧盟公民和企业数据的保护；

- 欧盟在包括欧洲理事会在内的多边层面上，在充分保护基本权利和程序权利的基础上，制定电子取证的通用规则；

- 在云服务提供商是否遵守欧盟重要的规则和标准方面存在不确定性，例如数据保护的相关规则和标准；

- 中小微企业由于合同相关的问题，遭受到经济损失，例如，不遵守合同或存在不公平的合同条款。

在需求侧：

- 欧洲云服务普及率较低，只有25%的企业使用云服务，中小企业使用云服务的数量占比则更低，只有20%。欧盟成员国的云服务普及率也参差不齐，各国使用云服务的企业占比低的只有不到10%，高的占比达到65%；
- 欧盟公共部门的云使用率很低，这可能影响到数字公共服务的效率；
- 欧洲小型创新云服务提供商比较多，缺乏市场知名度；
- 欧洲企业经常会遇到多重云的互操作性问题，数据可移植性问题尤为突出。

（六）授权个人行使权利

人们珍视GDPR和电子隐私立法授予个人对数据进行高层级保护的权利。然而，人们行使权利的成本过高，缺乏易操作的技术工具和标准。欧盟委员会及部分国家（不仅限于欧盟成员国）在发布的报告中已经认可了GDPR第20条提出的实现新颖的数据流和促进竞争方面的潜力。但这一条款的制定初衷是刺激服务提供商之间的竞争，而不是在数字生态系统中实现数据重用，因此该权利在现实中存在局限性。

消费者在使用物联网设备和数字服务时生成的数据越来越多，这可能给消费者带来歧视、不公和"锁定"效应的风险。《支付服务指令》中有关数据访问和重用的条款在制定时主要考虑消费者赋权和创新赋能两方面因素。

为此，人们呼吁开发工具和手段，帮助个人更好地决策如何处理数据（通过MyData活动和其他方法）。这将给个人带来巨大益处，主要体现在获得健康、增加收入、减少环境足迹、更便捷地获取公共和私人服务，以及加强个人数据的监督和透明度等方面。这些工具和手段包括共识管理工具、个人信用管理程序、基于区块链的完全去中心化的解决方案，以及在个人数据经济中充当新型中立中介的个人数据合作社和信托。目前，对这些工具的开发仍处于初级阶段，它们具有巨大的潜力，需要政策支持。

（七）技能和数据素养

当前，欧洲大数据分析人才极度短缺。2017年，欧盟27国大数据分析领域相关人才缺口约为49.6万个。此外，欧洲公民社会数据素养相对较低，且各群体掌握程度不一（如老年人掌握程度过低）。如果数据专家短缺及社会数据素养不足的问题得不到解决，欧盟战胜数据经济和社会挑战的能力将大打折扣。

（八）网络安全

在网络安全领域，欧盟已经建立了较为成熟的帮助成员国、企业和公民应对网络安全威胁的框架，欧盟将继续发展和改善这方面的机制，保护数据安全和基于数据的服务的安全。只有有了极高的安全标准，数据赋能的产品和服务才能得到广泛使用。欧盟网络安全认证框架和欧洲网络与信息安全局（ENISA）在这方面可以发挥重要作用。

然而，今后，数据中心存储的数据将越来越少，越来越多的数据将以"渗透性"的方式进行传输，这给网络安全带来了新的挑战。数据交换过程中保护数据安全十分必要。确保跨数据价值链访问控制的持续性（即如何管理和尊重数据的安全属性）将是促进数据共享和确保欧洲数据生态系统参与者之间信任的关键且必要的条件。

> 区块链等去中心化的新兴技术为个人和企业自主地控制数据流动和使用提供了更大的可能性。此类技术将使个人和企业能够实时实现动态数据的迁移。

五、战略

《欧洲数据战略》旨在实现构建真正的数据单一市场的愿景，并在过去几年已经取得的成就的基础上，解决在政策实施和投资过程中发现的问题。

每项立法的制定和评估都将遵守符合更好的监管的原则。

这些行动基于以下 4 个支柱。

（一）跨部门数据访问和使用治理框架

第一，针对跨部门（或横向）的数据访问和使用，应构建必要的监管框架，避免部门间或成员国之间不一致的行动造成内部市场分化，损害经济发展。尽管如此，这些措施应考虑到个别部门和成员国的特殊性。

欧盟委员会的监管方法是创建一个政策框架，这个框架旨在促进欧盟建成一个充满生机的生态系统。由于难以充分考虑数字敏捷经济转型过程中涉及的所有因素，欧盟委员会有意避免制定过于细化、严格的事前监管措施，因此倾向于使用一种灵活的治理方法，如试验（如监管沙箱）、迭代和差异化等方法。

根据这一原则，实现欧盟愿景的首要任务是针对欧洲共同数据空间的治理创建一个强有力的立法框架（2020 年第四季度）。这种治理结构应该支持用户在特定条件下使用特定数据，促进跨境数据使用，并优先考虑部门内部和跨部门互操作性需求和标准，同时兼顾监管部门对行业监管的需求。该框架将强化成员国及欧盟层面必要的框架，以促进部门或特定领域或跨部门的商业创新数据的使用。该治理框架将以各成员国和部门最近的倡议为基础，目的是解决以下一项或多项问题：

- 加强欧盟层面和成员国之间跨部门数据使用及公共部门数据的使用机制，包括公私部门的数据使用。欧盟将制定相关机制，对标准化活动进行优先排序，并致力于形成对数据集及数据对象和标识符统一的描述和概述，提升相关部门之间的数据互操作性（即它们在技术层面的可用性）。这可以按照数据的可查找性、可访问性、互操作性和可重用性（FAIR）原则进行，并将特定监管部门的发展和决策纳入考虑范围；
- 在遵守 GDPR 的前提下，帮助决策哪些数据可以使用、如何使用和由谁进行科学研究，这对于包含敏感数据，又未被列入《开放数据指令》的公共数据库尤为重要；
- 在遵守 GDPR 的前提下，使个人更方便共享其数据，以促进公共利益（数据利他主义）。

第二，欧盟委员会将努力共享更多优质的公共部门数据，特别是那些对中小企业潜力具有激发作用的数据。为了开放关键公共数据集以促进创新，欧盟委员会将在《开放数据指令》框架内推进《高质量数据集实施法案》（2021 年第一季度）。这些数据集将以机器可读的格式，并通过标准化的应用程序接口，免费在欧盟范围内进行共享。欧盟委员会将研究制定一些满足中小企业特定需求的机制。欧盟委员会还将帮助成员国在 2021 年 7 月之前出台属地化的《开始数据指令》新规则。

第三，针对影响数据经济参与主体之间关系的一些问题，欧盟委员会将研究是否有必要立法，以促进跨领域的横向数据共享（附录中列举的部门之间的数据共享）。欧盟委员会将致力于通过《数据法案》（2021 年）解决以下问题：

- 根据企业对政府数据共享专家组报告中提出的建议，促进企业对政府数据的共享，以维护公众利益；
- 促进企业间数据共享，特别是解决共同数据（如工业物联网设备数据）的使用权利问题，这些问题通常会被列入合同条款中。欧盟委员会将同样寻求识别和处理任何现存的阻碍数据共享的不当壁垒，并明确数据使用的责任（如法律责任）。总的原则是促进数据的主动共享；

- 仅在必要情况下，才可以强制获取数据，并且这种数据获取应遵循公平、透明、合理、相称、非歧视的原则；
- 评估知识产权框架，以进一步提高数据获取和使用的效率，包括可能修订《数据库指令》，以及明确将《商业秘密保护指令》作为授权文件。

此外，欧盟委员会将评估构建数据分析和机器学习数据池的必要措施。

欧盟委员会将修订《横向合作协议指南》，就数据共享和数据池构建是否符合欧盟竞争法，为利益攸关方提供更多指导。必要的话，欧盟委员会还准备额外针对特定项目进行合规性指导。在限制并购方面，欧盟委员会将密切关注并购带来的数据积累对竞争的潜在影响，并利用数据访问或数据共享的方式解决相关问题。

在《国家援助指南》审查中，欧盟委员会将检查公众对数据化转型等各项举措的支持度，以及通过要求受益主体进行数据共享，最大限度降低对市场竞争的损害。

依据市场云服务主体的进展，在对云服务提供商推广云服务的行业监管现状进行审查后，欧盟委员会将决定下一步举措。

欧盟委员会还将审议与数据有关的管辖权问题。这些问题给企业发展带来了不确定性，可能存在互相矛盾的规则。在原则性问题上，欧盟委员会不会妥协：所有在欧洲销售数字化产品和服务的企业都必须遵守欧盟法律，没有例外。

欧盟委员会将考虑制定措施促进产品和服务数据化，并扩大人们对数据服务的需求。部门审查应该查明数据和数据化产品使用过程中存在的监管和非监管障碍。数据可用性和标准化的提升也应该有助于促进实时跨境数据使用的合规性，从而减轻统一市场的行政负担和壁垒。此外，政府还可以通过在公共服务和决策中增加使用数据分析和自动化服务来促进需求。

在线平台经济观察组织正在分析大型科技企业掌握的海量数据在议价中的作用，以及这些企业跨部门使用和共享数据的方式。

《数据法案》不会涉及这一问题，但欧盟委员会会针对部分平台进行反垄断调查，并在欧盟委员会《数字服务法》框架下解决平台数据集权的问题。根据反垄断调查结果，欧盟委员会将研究如何解决与平台和数据有关的其他系统性问题，包括在适当情况下通过事前监管，确保市场的开放性和公正性。

以身作则

欧盟委员会将全力管好内部的数据，使数据更好地服务于决策，并将数据共享于他人，如通过欧盟数据开放门户网站进行数据共享。

欧盟委员会将继续按照"能开尽开、应关尽关"的原则，共享通过研究和项目部署获取的数据，并继续通过"欧洲开放科学云"计划促进研究员发现、共享、访问和重用数据和服务。

此外，欧盟还将共享哥白尼地球观测计划的数据和基础设施，以促进欧盟相关数据空间的发展。与此同时，欧盟委员会将通过欧洲数字技术解决方案完善哥白尼生态系统，这将为公共和私营部门的数据空间发展带来新的创新机遇。

欧盟将努力在其内部流程中更多地使用数据和运用数据分析技术，并将其作为欧盟委员会进行决策和审查现有政策的依据。

主要措施：
• 提出欧盟共同数据治理立法框架（2020年第四季度）；
• 通过《高价值数据集实施法案》（2021年第一季度）；
• 在适当情况下推出《数据法案》（2021年）；
• 分析数据在数字经济中的重要性（例如通过在线平台经济观察组织），并在《数字服务法》计划框架范围内审查现有的政策框架（2020年第四季度）。

（二）赋能因素：投资数据领域，提升欧盟的数据存储、处理、使用和互操作能力及完善基础设施

欧盟的数据战略有赖于强劲的私营部门生态系统，利用它们的数据创造经济和社会价值。在开发和发展充分利用数据革命的颠覆性商业模式方面，初创企业和规模较大的企业将发挥关键作用。欧洲应该提供一个促进数据驱动创新的环境，并刺激对以数据为重要生产要素的产品和服务的需求。

想要在战略领域的数据驱动创新方面取得快速进展，私营和公共部门需要进行投资。欧盟委员会将利用其号召力及欧盟资助计划，加强欧盟在数据敏感经济方面的数据主权。这将通过制定标准、开发工具、征集处理个人数据的最佳实践（特别是数据的假名化），以及开发下一代数据处理基础设施来实现。在适当情况下，欧盟成员国相关监管机构将协调推进投资，相关资金将依据《国家援助指南》，并通过结构性基金和投资基金的投资，与国家和区域资金配套。

从 2021 年至 2027 年，欧盟委员会将投资一个与欧盟数据空间和云基础设施整合有关的具有重大影响力的项目。

该项目将对基础设施、数据共享工具、架构和治理机制进行投资，以促进数据共享和人工智能生态系统的发展。项目将以欧盟数据整合（即互联互通）为基础，旨在建立高能效、可靠的边缘计算和云基础设施（基础设施即服务、平台即服务和软件即服务）。它将满足欧盟部分行业的特定需求，包括打造混合云部署范例（云到边缘），在无延迟的情况下进行边缘数据处理。欧洲数据密集型企业将参与该项目，并从中获利。同时，该项目也将为欧盟企业和公共部门的数字化转型提供支持。

若想把该项目打造成一个值得信赖的泛欧洲倡议，项目必须获得足够的投资。欧盟成员国、产业界有望与欧盟委员会共同投资该项目，总投资规模约为40 亿欧元到 60 亿欧元。但基于下一个多年度财政框架下的协议，欧盟委员会可能会通过多个项目进行投资，总额为 20 亿欧元。

作为欧盟产业战略的一部分，欧盟委员会于 2020 年 3 月推出了一个更广泛的新技术战略投资计划，上述项目即为该投资计划的组成部分之一。这些投资重点聚焦边缘计算、高性能计算/量子计算、网络安全、低功耗处理器和 6G 网络领域。这些投资对欧盟未来的数据基础设施至关重要，它能帮助欧洲打造强大的基础设施和处理数据的网络安全工具，并掌握计算能力和加密能力。

（1）具有重大影响力的项目：构建欧盟共同的数据空间，并存进云基础设施整合

具体来说，欧盟委员会计划在一些战略领域投资构建可进行互操作性的泛欧盟共同数据空间。这些数据空间将整合必要的工具和基础设施，并解决信任问题，如通过为数据空间制定共同规则，消除跨部门共享数据中存在的法律和技术障碍。在特定领域和跨部门间，着力于：开发数据共享工具，部署数据共享平台；构建数据治理框架；提升数据的可用性、数据质量及互操作性。此外，项目还将支持欧盟成员国相关监管机构开放高质量的数据集，以供公共部门重复利用相关数据。

欧盟委员会对数据空间建设的扶持还包括提高符合环境性能、安全、数据保护、互操作性和可伸缩性等基本要求的数据处理和计算能力。

项目将重点投资欧盟层面支持的具有明显附加值的领域，也可能涵盖成员

国和欧洲层面现有计算能力的整合，其中包括高性能计算能力，以及在需要时整合数据处理资源的能力。其目的是开发公益性的公共数据和世界级云基础设施，为公共部门和研究机构提供安全的数据存储和处理服务。与欧洲开放科学云（EOSC）和基于数据和信息访问服务（DIAS）的云平台进行互连有望产生类似的积极影响，其中，DIAS平台可提供基于哥白尼地球观测数据的服务的访问。

私营部门，尤其是中小型企业，其数据、云基础架构和服务也需要具备安全性、可持续性、互操作性和可伸缩性等基本特点。欧洲企业若想从数据生成、处理、访问和重复使用的全价值链获取收益，这点必不可少。该项目将通过私人参与者与公众的合力，开发公共平台，提供对多种云服务的访问，以实现安全的数据存储和共享，以及从人工智能到仿真、建模、数字孪生和高性能计算资源的应用。该平台将覆盖所有数据、计算基础设施和服务，并抓住最新技术发展带来的机遇，如边缘计算开发、5G部署和工业物联网发展。该平台还有助于构建一个欧洲全价值链的动态生态系统，这一系统基于数据和云制造产业集群。

由具有重大影响力的项目组成的云集合将逐步平衡云端集中式数据基础设施和高度分布式边缘智能数据处理。因此，这一项目从一开始就会推进新兴边缘计算能力的整合。随着时间的推移，该项目会进一步推进对高性能计算机的访问，并将其与主流数据处理服务结合起来。这将构建一个高度耦合的计算系统，以最大限度地促进和利用欧洲公共数据空间，开发公共、产业和科学领域的应用。

为此，欧盟委员会将促进欧洲云资源整合与成员国项目（如GAIA-X）之间的协同。这对于避免小型的云资源整合和数据共享项目数量的激增至关重要，因为这一项目的成功将取决于泛欧国家的参与程度和扩展能力。为此，欧盟委员会将推动在2020年第三季度之前与成员国签署谅解备忘录，将优先与那些已经实施云资源整合和数据共享项目的国家签署。

（2）促进对有竞争力、安全和公平的欧洲云服务的访问

为了保护欧盟企业和公民的权益，欧盟委员会将在成员国有关部门的支持下，特别关注在欧盟市场运营云服务的提供商遵守欧盟规则（例如GDPR、《非个人数据自由流动条例》和《网络安全法案》）的情况，并在适当时考虑通过自我/共同监管机制以及加深信任的技术手段来落实相关法规，例如自动合

规技术的开发。欧盟尚未向云提供商和用户全面阐述欧盟的规则以及成员国自我和共同监管机制。因此，欧盟委员会将在 2022 年第二季度之前，以《云规则手册》的形式，围绕云服务的不同适用规则（包括自我监管），制定一个整体性的框架。首先，《云规则手册》将提供一个现有云行为准则和认证的概要，囊括安全性、能源效率、服务质量、数据保护和数据可移植性。在能源效率领域，欧盟委员会将更快采取行动。

根据《云规则手册》，欧盟委员会将推动制定欧洲数据处理服务的通用公共采购标准和要求。这将使欧盟在欧洲、成员国、地区和地方各级的公共部门也能够成为欧盟新的数据处理能力的驱动者，而不仅仅是那些欧洲基础设施的受益者。

为了充分利用这一潜力，欧盟委员会需要做的还有很多，应该促进创新性的定制数据处理服务，以契合私营和公共部门的需求，特别是平台即服务和软件即服务方面。

欧盟委员会将在 2022 年第四季度之前为欧盟私营和公共部门用户建立一个云服务市场。潜在用户（尤其是公共部门和中小型企业）能够在市场中挑选和购买云处理、软件和平台服务产品，这些产品在数据保护、安全性、数据可移植性、能源效率和市场实践等领域均符合欧盟的要求。服务提供商申请进入市场的先决条件是要保证透明性和公平性，而当前的市场环境还做不到完全透明和公正，特别是对于微型企业和中小企业用户而言。云服务市场可以为公共部门提供云服务代替解决方案，同时由于公共部门对相关方案需求巨大，可以有效支撑市场发展。

尽管一些成员国已经在国内推出了类似的市场项目，但欧盟层面的云服务市场具备两方面的优势：首先，它可以解决全球性的大型云服务提供商之间的市场不对称问题，它们提供一些集成式解决方案时常包含由小型云服务提供商开发的应用。其次，它可以明确相关云服务是否符合欧盟规则。这将确保欧盟云服务供需更匹配，特别是在公共管理、公共利益服务和中小企业方面。

（3）促进数据技术发展

"欧洲地平线"项目将继续支持开发在下一轮数据经济发展中发挥至关重要作用的技术，如保护隐私的技术以及支持工业和个人数据空间的技术。几个"欧洲地平线"合作伙伴关系（如人工智能、数据和机器人合作伙伴关系和欧洲开放科学云合作伙伴关系）有助于引导这一领域的投资。

主要措施：
- 投资欧洲数据空间的有重大影响力的项目，其中包括数据共享体系架构（包括数据共享标准、最佳实践和工具）和治理机制，并将欧盟高效能和可靠的云基础设施和服务整合起来。目标是获得40亿到60亿欧元的共同投资，其中欧盟计划投入20亿欧元。预计2022年将进入第一个实施阶段；
- 与成员国签署关于云整合的谅解备忘录（2020年第三季度）；
- 启动欧洲云服务市场，整合所有云服务产品（2022年第四季度）；
- 制定欧盟（自我）监管《云规则手册》（2022年第二季度）。

能力：授权社会个体，增加技能培训和中小企业方面的资金投入

授权社会个体行使其数据方面的权利。应进一步支持个人在使用其生成的数据方面的权利。可以授权他们借助工具和方法来控制数据，帮助他们更加便利地对如何处理数据进行决策（个人数据空间）。可以通过加强GDPR第20条所规定的个体具有可移植性权利这一点，给予个体更大的权利决定谁能访问和使用机器生成的数据来实现，例如通过对实时数据访问的接口提出更严格的要求，以及强制使用机器可读的格式读取某些产品和服务产生的数据（例如，智能家电或可穿戴设备产生的数据）。此外，可以考虑针对个人数据应用程序提供商或新型数据中介（例如个人数据空间提供商）制定规则，以确保其中立立场。这些问题可以在上述《数据法案》中进行进一步的探讨。此外，"数字欧洲计划"还将支持"个人数据空间"的开发和推广。

（三）在技能和一般数据素养方面的投资

"数字欧洲计划"中专门用于技能培训的资金将有助于缩小大数据和分析能力方面的差距。该计划将投资扩大数字人才库，使欧盟企业中约25万人能够掌握最新的技术。鉴于数据在数字经济中的重要性，其中许多技术可能与数据有关。

总体而言，到2025年，欧盟和成员国应将弥补50万数字专家的缺口，这一数据占缺口的一半，并将着重提高女性数字专家的数量。

将对由企业对政府数据共享专家组提出的"跨数据密集型组织（企业和公共部门）数据管理者网络"的构想进行进一步审议。

在通用数据素养方面，"强化技能议程"将为欧盟及成员国提供方案，指导它们在2025年前将欧盟公民中掌握基本数字技能的比重从57%提升至65%。

大数据和学习分析为通过数据获取、分析和使用改善教育和培训提供了新的路径。修订的《数字教育行动计划（2021—2027）》将优先帮助人们更好地访问和使用数据，以便使教育和培训机构适应数字时代发展，同时使其更好地进行决策，并提升其技能和能力。

专门针对中小企业的能力建设

即将出台的《欧洲中小型企业战略》将推出增强中小型企业和初创企业能力的措施。在这一战略框架内，数据是一项重要资产，因为成立数据公司及数据公司后续扩张的成本不高。中小企业和初创企业通常要有法律和监管方面的建议，才能充分抓住基于数据的商业模式的商机。

"欧洲地平线计划"和"数字欧洲计划"以及结构和投资基金将为中小企业带来数据经济发展的机遇，帮助中小企业更好地获取数据，并利用数据开发新的服务和应用。

主要措施：
• 研究加强 GDPR 第 20 条所规定的个体具备的可移植性权利，使个体对谁可以访问和使用机器生成的数据有更多的发言权（可能纳入 2021 年《数据法案》）。

（四）在战略领域和公共利益领域构建欧盟共同数据空间

作为对横向框架的补充，以及对（一）、（二）和（三）项关于个人技能和赋权的支持，欧盟委员会将促进在战略经济部门和公共利益领域构建欧洲共同数据空间。在这些部门或领域，数据的使用将对整个生态系统和所有公民产生系统性的影响。

这一共同数据空间将向涉及的部门和领域共享大量数据，还将开发使用和交换数据所需的技术工具和基础设施，并制定适宜的治理机制。尽管没有完全通用的方法，但是治理的概念和模式可以互相借鉴。

作为对横向框架的补充，将在适当情况下制定与数据访问和使用有关的部门立法以及确保互操作性的机制。部门之间的差异性将取决于部门针对数据可用性进行讨论的深度以及明确的问题。另一个重要因素是公众对各部门的兴趣度和参与程度不一，比如对健康等领域的关注度和参与度较高，对制造业等领域的关注度和参与度较低。此外，还需要考虑到数据可能跨部门使用。数据空间将完全以符合数据保护规则和最高的网络安全的标准进行开发。

另外还需要制定数据空间政策，刺激数据使用和对数据服务的需求。将通过制定整个数据价值链的部门措施，指导部门数据空间的工作。

在欧洲开放科学云研究共同体的基础上，欧盟委员会还将支持建立以下9个欧洲公共数据空间：

- 欧盟工业（制造业）共同数据空间：该数据空间将提升欧盟工业的竞争力和效益，挖掘制造业中的非个人数据的价值潜力（到2027年估计为1.5万亿欧元）；
- 《欧洲绿色协议》共同数据空间：该数据空间将借助数据的巨大潜力，支持《欧盟绿色协议》在气候变化、循环经济、零污染、生物多样性、森林砍伐和合规保证方面的优先行动；
- 欧盟交通共同数据空间：该数据空间将使欧洲跻身智能交通系统发展的最前沿，包括互联汽车以及其他交通方式。这类数据空间将有助于获取、汇集和共享现有的及未来的与交通相关的数据库的数据；
- 欧盟医疗卫生共同数据空间：该数据空间对于加强和改善疾病的预防、诊断和治疗、进行科学决策至关重要，可以提升医疗系统的可及性、有效性和可持续性；
- 欧盟金融共同数据空间：通过加强数据共享和创新，该数据空间将提升市场透明度，促进可持续金融发展，并扩大欧盟企业和更一体化的市场的融资渠道；
- 欧盟能源共同数据空间：该数据空间将以客户为中心，并以安全可靠的方式提高数据的可用性，促进跨行业数据共享，因为这将有助于制定创新的解决方案，支持能源系统脱碳；
- 欧盟农业共同数据空间：该数据空间将通过处理和分析生产数据及其他数据来促进农业部门的可持续发展，提升它们的竞争力，以帮助农场采取准确和定制化的生产方法；
- 欧盟公共行政共同数据空间：该数据空间将提升公共支出的透明度和审计实效，帮助欧盟及成员国惩治腐败，解决执法需求和促进欧盟法律的有效执行。该数据空间还将促进开发治理技术、监管技术和法律技术，为从业人员及其他公共利益服务提供支持；
- 欧盟技能共同数据空间：该数据空间将降低教育和培训体系与劳动力市场需求之间的不匹配程度。

附件更详细地介绍了各个具体部门和特定领域的欧洲共同数据空间，以及各部门政策和法律的制定背景，这些政策和法律为在不同部门和领域构建此类数据空间奠定了基础。附件还提出了大量针对具体部门的、切实可行的、专注于数据的举措，并附有实施时间表。

欧盟委员会可能会以循序渐进的方式推出其他欧盟共同数据空间。

六、开放和主动的国际策略

根据欧盟共同数据空间的愿景和欧盟的价值观，欧盟将对国际数据流动保持开放和积极的态度。欧盟企业在一个超越欧盟边界的互联互通的环境中运营，国际数据流动对于欧盟企业而言至关重要。依靠欧盟单一市场监管环境的优势，欧盟对领导和推进全球数据合作、制定全球数据流动标准以及在完全遵守欧盟法律的条件下，创建一个能使经济和技术蓬勃发展的环境有着浓厚的兴趣。

与此同时，一些在第三国运营的欧洲企业面临的不合理的壁垒和数字限制越来越多。欧盟将继续在双边磋商和国际论坛（包括世界贸易组织）中解决这些阻碍数据流动的不合理壁垒，同时在符合欧盟立法的条件下，保护和完善欧洲数据处理规则和标准。欧盟委员会将特别注重维护欧洲公民和企业的权利、义务和利益，特别是在数据保护、安全和公平可信的市场实践方面。欧盟委员会相信，国际合作必须建立在促进欧盟基本价值观的基础上，包括保护隐私。因此，欧盟必须确保对欧盟公民个人数据和欧洲商业敏感数据的所有访问都符合欧盟的价值观和法律框架。因此，应促进可信国家之间的数据传输和共享。个人数据跨境流动需要进行充分性决策，并借助其他现有的传输工具，这些工具确保能对数据进行实时保护。此外，在不影响欧盟个人数据保护框架的前提下，遵照国际义务与他国进行的跨境数据流动应当受到欧盟公共安全和秩序相关法规条例及其他合法公共政策目标的限制。这将使欧盟能够根据自身价值观和战略利益，在跨境数据流动方面采取开放和积极的方法。

欧盟委员会将继续加强能力，分析欧盟在进一步促进跨境数据流动中的战略立场。为此，欧盟委员会将创建一个欧洲数据流分析框架（2021年第四季度）。这一框架具有长期适用性，它能够提供持续分析数据流和欧盟数据处理部门经济发展情况的工具，包括稳健的方法、经济估值和数据流收集机制。它将有助于更好地了解欧盟内部和欧盟与世界其他地区之间的数据流动模式和关键点，如有必要，它还可以支撑欧盟委员会进行政策回应。它还应有助于激励投资，防止因基础设施不足而阻碍数据流动。因此，欧盟委员会将在适当时候寻求与有关的金融组织和国际组织就数据流动评估框架展开合作（例如欧洲投资银行、欧洲复兴开发银行、经济合作与发展组织、国际货币基金组织）。

欧盟应利用自身有效的数据监管和政策框架，吸引其他国家和地区来欧存储和处理数据，并推动这些数据空间进行高附加值创新。欧盟欢迎全球企业使用欧洲数据空间，但前提是这些企业必须遵守欧盟的使用标准，包括与数据共享相关的标准。"连接欧洲基金计划""社区发展与国际合作项目"和"加入前援助项目"将支持第三国家与欧盟互联互通，这反过来又将促进欧盟与相关伙伴国家之间的数据传输。

与此同时，欧盟还将与世界各地的合作伙伴一起积极推广标准和价值观。欧盟将通过多边论坛，打击滥用数据的行为，如政府过度获取数据的问题（如对个人数据的访问不符合欧盟数据保护规则）。为了在全球推广欧洲模式，欧盟将与拥有共同标准和价值观的值得信赖的伙伴合作，帮助那些希望让本国公民获得更多数据控制权的国家，且这些举措不违背它们与欧盟共同的价值观。例如，欧盟将支持非洲为发展数据经济，使其公民和企业从中获利。

> **主要措施：**
> 制定一个框架，以评估欧盟内部与世界其他地区之间的数据数据流动，并估算其经济价值（2021年第四季度）。

七、结论

本战略聚焦欧洲数据战略，其愿景是使欧盟成为全球最具吸引力、最安全和最具活力的数据敏捷经济体。这一战略将为欧盟提供完善决策和改善全体公民的生活所需的数据。本战略阐述了实现这一目标所需的政策措施和资金投入。

因为欧盟技术发展的未来取决于欧盟能否借助自身优势，抓住日益增多的数据和数据使用带来的机遇，因此该战略的最终效果具有不确定性。欧盟处理数据的方式将确保更多的数据可用来应对社会挑战和发展经济，同时尊重和弘扬欧洲的共同价值观。

为了确保欧盟数字化发展的未来，欧盟必须抢抓数字经济发展窗口期。

八、《欧洲数据战略》附录

战略部门和公共利益领域的共同欧洲数据空间

《欧洲数据战略》提出创建针对特定部门和领域的数据空间。

本附件提供了关于特定部门政策和立法的更多背景资料，这些政策和立法为在不同部门和领域构建此类数据空间奠定了基础。

（一）欧盟工业（制造业）共同数据空间

欧洲拥有强大的工业基础，尤其是制造业，数据的生成和使用对于欧洲工业效益和竞争力影响重大。2018 年的一项研究估算，到 2027 年，在欧洲制造业中使用非个人数据的潜在价值将达到 1.5 万亿欧元。

为了释放这种潜力，欧盟委员会将采取以下措施：

- 作为更广泛的《数据法案》（2021 年第四季度）的一部分，解决与共同生成的工业数据（在工业环境中创建的物联网数据）的使用权有关的问题；
- 推动制造业主要参与主体，以符合竞争规则和公平合同原则的方式达成协议，商定他们共享数据的条件，以及如何进一步促进数据生成，特别是通过智能互联产品（从 2020 年第二季度开始）。如果涉及个人生成的数据，应在这一过程中充分维护个人利益，并且确保遵守数据保护规则。

（二）《欧洲绿色协议》共同数据空间

《欧洲绿色协议》为欧洲制定了一个雄心勃勃的目标，即到 2050 年使欧洲成为全球第一个气候中立的大洲。《欧洲数据战略》明确强调了数据对实现这一目标的重要性。为此，《欧洲绿色协议》共同数据空间将借助数据的巨大潜力，支持《欧盟绿色协议》在气候变化、循环经济、零污染、生物多样性、森林砍伐和合规保证方面的优先行动。

欧盟委员会将采取以下措施。

- 启动"GreenData4All"计划。该计划包括评估和审查《欧盟空间信息基础设施指令》和《环境数据访问指令》，以及《环境信息获取指令》（2021 年第四季度或 2022 年第一季度）。这一计划将借助技术和创新带来的机遇，帮助欧盟制定现代化的制度，使欧盟公共机构、企业和公民更容易支持向绿色和碳中性经济转型的政策，并减轻行政负担。
- 大规模推出可重复使用的数据服务，以协助收集、共享、处理和分析海量数据，从而确保与《欧洲绿色协议》优先行动相关的环境法规和规则得到遵守（2021 年第四季度）。

- 针对智能循环应用程序构建一个欧洲共同数据空间，提供最相关的数据，实现供应链中的循环价值创造，首先将特别侧重《循环经济行动计划》提及的行业和部门，例如建筑环境、包装、纺织、电子、信息通信技术以及塑料行业。此外，将开发数字化"产品护照"，该"护照"将提供有关产品的来源、耐用性、成分、再利用、维修和拆卸可能性以及报废处理的信息。制定《架构和治理》（2020 年）、《部门数据策略》（2021 年）、《采用带有产品护照的可持续产品政策》（2021 年）以及《资源映射和废物运输追踪》（2021 年）等政策文件。

- 在"零污染愿景"框架下，启动数据战略的早期试点，以利用化学、空气、水和土壤排放、消费品中的有害物质等方面尚未充分利用的数据，挖掘已有丰富数据的政策领域的潜力，早期成果可以直接造福消费者和地球（2021 年第四季度）。

- 启动"目的地地球"计划。

> "目的地地球"计划将汇集欧洲科学和工业精英，开发一个高精度的地球数字模型。这项具有开创性的倡议将构建一个数字化建模平台，以可视化、监控和预测地球上的自然和人类活动，支持可持续发展，从而推动实现《欧洲绿色协议》所提出的加强环境保护的目标。从2021年起，将逐步建造数字孪生地球。

（三）欧盟交通共同数据空间

欧盟在交通和出行方面优势明显，但相关领域引发的数据共享争议也最多。争论的焦点领域主要是汽车领域，其中互联汽车及其他运输方式高度依赖数据。交通运输和物流的数字化转型和数据将是"欧洲运输系统"后续工作的重要部分，尤其是《可持续和智能交通战略》（2020 年第四季度）。这将包括涉及所有运输部门、跨模式数据共享物流和乘客生态系统的举措。

（1）汽车行业

当前，现代汽车每小时产生大约 25GB 的数据，而无人驾驶汽车产生的数据则以 TB 计算，这些数据可用于与创新性出行相关的服务以及维修和保养服务。汽车领域要想创新，汽车数据必须以安全可靠的方式进行共享，同时还要符合不同经济参与主体的竞争规则。自 2007 年起，欧盟车辆审批立法将车载数据的访问纳入其中，以确保维修人员可以公平地访问某些车辆数据。鉴于当前汽车互联网服务（3G-4G 和所谓的远程诊断）规模不断扩大，欧盟正在修订这一法规，以尊重车主的权益，并确保汽车行业遵守数据保护法规。

（2）整个交通运输系统

2015 年至 2050 年，客运总量预计增长 35%。到 2050 年，预计内陆运输的货运量将比客运量增长更快，增长率达到 53%。在支持运输可持续发展方面，数字化和数据发挥着越来越重要的作用。一些立法框架已经纳入了数据共享义务，确定了一系列需要共享的数据集（包括与公共交通有关的数据集）。此外，数字运输和物流论坛正在研究"联合平台"的概念，以确定欧盟需要采取哪些措施，将公共和私营平台连接起来，促进数据共享和重复使用。此外，将在共享数据的成员国内部署国家接入点网络，共享公共和私营部门生成的数据，促进道路安全、交通发展和多模态出行信息服务。在公共交通系统中广泛共享和使用数据，有可能会使公共交通服务更高效、更环保，并对用户更友好。利用数据改善交通系统也是智慧城市建设的一个核心特征。

欧盟委员会将采取以下措施：

• 审查欧盟现行机动车辆审批立法（当前侧重于维修和保养方面的无线数据共享），使更多数字化汽车服务能够纳入其中（2021 年第一季度）。这项审查将特别关注汽车制造商如何访问数据、汽车制造商在遵守数据保护规则的前提下如何获取这些数据以及汽车车主充当什么角色、拥有什么权利；

• 审查协调河流信息服务的指令和《智能交通系统指令》，包括这些指令授权的法规，以进一步提升数据的可用性、重用性和互操作性（均在2021 年）。建立一个更强大的协调机制整合国家接入点，这些接入点是依据支持"连接欧洲设施"计划的行动及在《智能交通系统指令》的框架下部署的（2020）；

• 修订《欧洲单一天空条例》提案，以便将与数据供应商数据可用性和市场准入有关的新规定纳入其中，以促进空中交通管理的数字化和自动化（2020 年）。这将提高空中交通的安全性、效率和容量；

• 审查铁路运输系统中关于可互操作数据共享的监管框架（2022 年）；

• 根据《欧盟海运单一窗口条例》以及《电子货运信息条例》建立公共数据集（分别于 2021 年第三季度和 2022 年第四季度），以促进企业和管理部门之间的数字传输和数据重用。

（四）欧盟医疗卫生共同数据空间

当前的监管和研究模式依赖于健康数据的获取，包括患者的个人医疗数据。加强和扩大医疗卫生数据的使用和再利用对于医疗保健行业的创新至关重要。它还有助于提升医疗卫生机构的循证决策能力，改善医疗系统的可访问性、有效性和可持续性。此外，它还有助于提高欧盟工业的竞争力。更好地获取健康数据有助于显著提升医疗卫生监管机构的工作效率、更好地评估医疗产品以及论证其安全性和有效性。

公民完全有权力访问和控制其个人健康数据，并要求数据具有可移植性，但这项权利的行使状况存在差异。努力确保每个公民都能安全地访问其电子健康记录，并确保这些记录在欧盟境内和境外都具有可移植性，将提升医疗卫生服务的可用性和质量，降低成本，并加快医疗卫生系统的现代化进程。

还需要向公民保证，一旦他们同意共享其数据，医疗保健系统将以合乎道德的方式使用这些数据，并确保可以随时终止数据共享。

医疗卫生领域是可以获取数字化红利的一个领域，数字化革命既可以提高医疗质量，又有助于降低成本。该领域的进展通常取决于成员国和医疗服务提供者的合作意愿，以及他们使用和整合数据的方法，这一方法必须符合欧盟GDPR，而且医疗卫生数据必须受到绝对保护。尽管GDPR为使用医疗卫生个人数据创造了一个公平的竞争环境，但成员国内部和成员国之间仍然存在分歧，并且数据访问的治理模型也多种多样。数字医疗服务领域仍然缺乏合作，特别是在跨境医疗服务方面。

欧盟委员会将采取以下措施：

- 作为公共数据空间横向框架的补充，欧盟委员会将为欧洲卫生数据空间制定针对特定部门的立法或非立法措施。采取措施加强公民对健康数据的访问、提升数据的可移植性，并消除跨境提供数字化医疗服务和产品存在的壁垒。根据GDPR第40条的规定，推动制定医疗卫生部门个人数据处理行为准则。这些行动将建立在成员国个人健康数据使用情况以及对"医疗卫生"计划（2020—2023年）联合行动的实施情况的调查的基础上；

- 为了构建欧洲健康数据空间，部署数据基础架构、工具和计算能力，更具体地说，通过应用电子健康记录交换格式，推动创建国家电子健康记录，并提升健康数据的互操作性。扩大医疗数据的跨境流动范围；根据

GDPR，通过安全的互联互通的存储库，整合和使用特定种类的医疗数据，例如电子健康档案、基因组信息（到 2025 年至少涵盖 1000 万人）和数字化医疗图像。到 2022 年，使 22 个参与电子健康数字服务基础设施（eHDSI）的成员国可以互相传输患者的病历摘要和电子治疗方案；通过 eHDSI 启动跨境传输医疗图像、实验室检查结果和出院报告，同时促进欧盟发展"参考网络虚拟诊断模式"，并推广相关模式；为监管体系推广大数据项目提供支持。欧盟的这些措施将在公共卫生领域的疾病预防、诊断和治疗（尤其是癌症、罕见病以及常见和复杂疾病）、研究和创新、决策和监管活动方面为成员国提供支持。

（五）欧盟金融共同数据空间

在金融领域，欧盟立法要求金融机构披露大量的数据产品、交易和财务结果。此外，新修订的《支付服务指令》标志着欧盟向开放银行迈出了重要一步，因为指令放开了访问消费者和企业银行账户的数据的权限，这有助于研发创新性的支付服务。展望未来，加强数据共享将有助于刺激金融创新，并实现欧盟层面的其他重要政策目标。

在 2020 年第三季度出台的《欧盟数字金融战略白皮书》中，欧盟委员会就这方面制定了一些具体计划，并采取以下措施：

- 欧盟委员会将进一步促进财务数据和监督报告数据的公开，根据欧盟现行法律，这些数据必须公开，例如通过推动采用有利于竞争的通用技术标准。这将有助于更有效地处理此类公开数据，其他一些公共利益政策也能从中获利，例如推动构建更一体化的资本市场，拓宽欧洲企业的融资渠道，提高市场透明度，并促进欧盟可持续金融的发展；
- 根据开放金融市场的最新发展情况，欧盟委员会将继续确保全面贯彻落实新修订的《支付服务指令》，并在此基础上研究制定更多的措施和计划。

（六）欧盟能源共同数据空间

能源领域现有的一些指令规定，在遵守数据保护法的前提下，在透明、非歧视性的基础上，用户可以使用和移植电表和能源消耗数据。具体的治理框架则由成员国自己确定。此外，还有立法规定了电网运营商具有数据共享的义务。在网络安全方面，欧盟正在努力解决能源方面面临的一些挑战，特别是实时需求、级联效应以及传统技术与智能/最新技术的结合方面。

以安全可靠的方式提供数据访问和跨行业共享数据，有助于开发创新的解决方案，并支持能源系统脱碳。《欧洲绿色协议》提出了智能行业整合战略，这一战略于2020年第二季度实施，欧盟委员会将在战略框架下解决这些问题。

欧盟委员会将采取以下措施：

- 根据《2019/944（2021/2022）号电力指令》以及现行惯例，审议通过实施法案，提出互操作性的要求以及制定非歧视和透明的数据访问程序（2021年和2022年）；
- 研究制定措施，提升智能建筑和产品的互操作性，以提高其能源效率，降低当地能源消耗，并加大可再生能源的整合（2020年第四季度）。

（七）欧盟农业共同数据空间

数据是促进农业部门可持续发展和提升竞争力的关键因素之一。处理和分析生产数据，特别是结合供应链上的其他数据以及其他类型的数据（例如地球观测数据或气象数据），可以帮助农场采取准确和定制化的生产方法。2018年，欧盟利益攸关方制定了一项通过合同协议共享农业数据的行为准则，其中包括农业和机械行业。

根据现有的数据共享方法建立的农业共同数据空间有助于开发独立且中立的农业数据平台，平台收集和共享的数据包括私营和公共部门的数据。此举有助于推动构建基于公平合同关系的创新性数字化生态平台，提升公共政策的贯彻落实效果，同时减轻政府和受益主体的行政负担。2019年，成员国携手签署了《欧盟农业和农村地区智能和可持续的数字未来》合作宣言，宣言认可数字技术在农业部门和农村地区的潜力，并支持建立数据空间。

欧盟委员会将采取以下措施：

- 在当前数字化农场解决方案市场的基础上，根据农业对数据可用性和数据使用的要求，欧盟将与成员国和利益攸关方一起，全面分析通过实施《基于合同协议的农业数据共享利益相关方行为准则》获取的经验（2020年第三季度/第四季度）；
- 欧盟将与利益攸关方及成员国一起评估现行农业数据空间，包括根据"地平线2020"计划投资建成的农业数据空间，并就欧盟的举措做出决策（2020年第四季度/2021年第一季度）。

（八）欧盟公共行政共同数据空间

公共行政部门既是重要的数据生产者，也是很多领域数据的重要使用者。公共行政部门数据空间也将体现这一特征。欧盟在这方面的举措将侧重于法律数据、公共采购数据以及其他公共利益领域数据，例如根据欧盟法律（包括适当原则和数据保护规则）改善欧盟执法的数据使用。

公共采购数据对于提高公共支出的透明度和审计实效、惩治腐败和优化支出至关重要。公共采购数据分布在成员国的一些相关系统中，这些数据的格式不一，并且不易实时使用。在很多情况下，公共采购数据质量需要进一步提高。

同样，高效访问和重用欧盟和成员国立法、判例以及有关电子司法服务的信息不仅对于有效实施欧盟法律至关重要，而且有助于开发创新性"法律技术"应用，为从业人员（法官、公职人员、公司律师和私人律师）提供支持。

欧盟委员会将采取以下措施：

- 制定涵盖欧盟层面（欧盟数据集，例如每日电子标讯）和成员国层面的公共采购数据计划（2020 年第四季度）。此外，还将制定采购数据治理框架（2021 年第二季度）；
- 与成员国密切合作，在欧盟与成员国层面发布针对法律数据的通用标准和互操作性框架的指导意见（2021 年第一季度）；
- 与成员国合作，确保与欧盟预算执行相关的数据的可查找性、可访问性、互操作性和可重用性。

（九）欧盟技能共同数据空间

欧盟公民掌握的技能是欧盟最强大的资产。在全球人才争夺战中，欧盟的教育和培训体系以及劳动力市场必须迅速满足新出现的技能需求。这涉及资格、学习机会、工作和人员技能方面的高质量数据。在过去的几年中，欧盟委员会制定了一系列开放标准、参考框架和语义资产，以提高数据质量和互操作性。依据《数字教育行动计划》，欧盟委员会制定了欧洲通行证数字证书框架，以安全且可互操作的数字格式向学习者颁发证书。

欧盟委员会将采取以下措施：

- 支持成员国制定数字证书转换计划，编制可重复使用的"资格和学习机会数据集"（2020—2022 年）；
- 与成员国和主要利益攸关方密切合作，为后续管理欧洲通行证数字证书框架建立治理模型（到 2022 年）。

（十）"欧洲开放科学云"计划

除了创建 9 个欧洲公共数据空间外，欧盟将继续实施"欧洲开放科学云"（EOSC）计划，EOSC 将通过可靠和开放的分布式数据环境和相关服务，为欧盟研究人员、创新主体、企业和公民提供轻松访问和可靠的研究数据。因此，"欧洲开放科学云"是科学、研究和创新数据空间的基础，它将汇集研究和项目产生的数据，并将与部门数据空间进行互联。

欧盟委员会将采取以下措施：

- 部署"欧洲开放科学云"系统，在2025年前，为欧盟研究人员提供相关服务；指导以利益攸关方为主导的EOSC基础治理结构，可能在2020年年底启动相应的EOSC欧盟伙伴关系；
- 从中期来看，从2024年起，在研究领域以外更广泛的公共部门和私营部门共享、连接和整合EOSC。